CB014614

O espetáculo da cultura

Teatro e tv em São Paulo
1940 - 1950

projeto
david josé

Projeto David José
Equipe
David José Lessa Mattos
Paulo Todescan Lessa Mattos
Carlos Magalhães
Patricia De Filippi
Luis Ludmer

Apoio   Realização

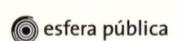   

David José Lessa Mattos

O espetáculo da cultura
Teatro e TV em São Paulo

1940 - 1950

Ateliê Editorial

1ª edição, 2002, Códex
2ª edição, 2024, Ateliê Editorial

Este livro é a reprodução, com mínimas alterações, da tese de doutorado *Cultura Brasileira: Teatro e Televisão em São Paulo – Anos 1940 e 1950*, defendida no Departamento de História da Universidade de São Paulo, em fevereiro de 2001, por José Lessa Mattos Silva, nome oficial do autor. Da banca examinadora fizeram parte os historiadores Carlos Guilherme Mota (orientador) e Fernando Novaes, a antropóloga Eunice Durham e os professores do Instituto de Artes da Unicamp, Sara Lopes e Eusébio Lobo da Silva.

Direitos reservados à
Ateliê Editorial
Estrada da Aldeia de Carapicuíba, 897
06709-300 – Cotia – SP – Brasil
Tel.: (11) 4702-5915
www.atelie.com.br
contato@atelie.com.br
facebook.com/atelieeditorial
blog.atelie.com.br
instagram.com/atelie_editorial

Printed in Brazil 2024
Foi feito o depósito legal

Ficha Catalográfica

Dados Internacionais de Catalogação na Publicação (CIP)
Câmara Brasileira do Livro, SP, Brasil

Mattos, David José Lessa
O espetáculo da cultura
Teatro e TV em São Paulo
1940-1950

David José Lessa Mattos
2. ed. Cotia SP Ateliê Editorial 2024

Bibliografia

ISBN **978-65-5580-143-9**

1.	Arte	São Paulo (SP)	História
2.	Cultura	São Paulo (SP)	História
3.	Rádio	São Paulo (SP)	História
4.	Teatro	São Paulo (SP)	História
5.	Televisão	São Paulo (SP)	História

I. Título. II. Título. Teatro e televisão em São Paulo (décadas de 1940 e 1950).

24-216017	CDD-792.098161

Índices para catálogo sistemático
1. Cultura e arte : São Paulo : Cidade : História 306.470981611
2. São Paulo : Cidade : Cultura e arte : História 306.470981611
3. São Paulo : Teatro : História 792.098161

Cibele Maria Dias - Bibliotecária
CRB-8/9427

Sumário

Agradecimentos

Agradeço ao Fundo de Apoio ao Ensino e à Pesquisa – Faep, da Universidade Estadual de Campinas, pelo auxílio prestado para a pesquisa e reprodução do material fotográfico apresentado neste estudo, e à Fundação Memorial da América Latina, órgão da Secretaria de Estado da Cultura, cujo apoio foi fundamental para que eu pudesse terminar a pesquisa e redigir o texto final. Meus sinceros agradecimentos a Fábio Magalhães, diretor-presidente, a Cristina Masagão, chefe de gabinete, e à professora Marlyse Meyer, diretora do Centro Brasileiro de Estudos da América Latina.

Meus agradecimentos vão também para a Associação Paulista dos Pioneiros da Televisão – Appite*. Graças à gentileza de seus diretores, Vida Alves e Luiz Galon, pude dispor de importante acervo de entrevistas realizadas nos últimos cinco anos com os pioneiros da televisão no Brasil.

Ao professor Carlos Guilherme Mota sou imensamente grato. Nossa amizade data dos tempos da Faculdade de Filosofia, Ciências e Letras, na rua Maria Antônia. Como orientador deste estudo, soube revelar-me toda a grandeza humana que se esconde atrás do importante intelectual e historiador que ele reconhecidamente é.

Especial gratidão devo ao historiador Fernando Novaes e à professora Eunice Duhram. Tenho o privilégio inestimável de ter sido aluno de ambos e de poder privar da sua amizade. Fernando Novaes foi quem me encaminhou ao Departamento de História da USP. Prestou-me apoio e estímulo constantes, auxiliando-me sempre com sua inteligência, sabedoria e espírito crítico rigoroso. Quanto a Eunice Duhram, não há como avaliar quanto lhe devo. Com inteligência e objetividade, ela muitas vezes colocou em ordem minhas ideias e pensamentos. Sem a sua ajuda, que foi fundamental, por certo não teria chegado ao fim deste trabalho.

Não posso deixar de registrar igualmente meus agradecimentos ao meu antigo professor de sociologia, Octávio Ianni, e ao professor de língua grega da USP, Henrique Murachco. Com sabedoria, entusiasmo e generosidade, eles sempre se dedicaram à formação e ao desenvolvimento intelectual de seus alunos, nunca deixando de dar-lhes atenção e estímulo. A eles sou

---

* No ano de 2000, em que se comemoraram os cinquenta anos de televisão no Brasil, o nome da Appite mudou para Pró-TV – Associação dos Pioneiros, Profissionais e Incentivadores da Televisão Brasileira. Em 2021, passou a se chamar MBRTV – Museu Brasileiro de Rádio e Televisão.

profundamente grato, como também a Eusébio Lobo da Silva, professor e colega do Instituto de Artes da Unicamp, que generosamente acompanhou, desde o início, a elaboração deste trabalho, incentivando-me sempre a não desistir da empreitada.

Sou imensamente grato às pessoas que me deram importante ajuda na fase da pesquisa, especialmente a Tatiana Belinky e Edi Cerri, queridas amigas desde os meus tempos de criança, a Haydée Bittencourt, Roberto Koln, Ruy Affonso, Jacó Guinsburg, Jaime Serebrenic, Francisco Abramovitch e, por fim, a Lia de Aguiar, falecida recentemente, que foi uma das atrizes pioneiras da TV Tupi-Difusora de São Paulo e a quem gostaria de prestar minha homenagem ao tornar público este trabalho.

Meu reconhecimento vai também à ajuda que recebi de Angela Maria Pereira, da Cia. de Desenvolvimento Habitacional e Urbano do Estado de São Paulo; de Célia Godoy Cardoso de Melo, que acompanhou desde o início a redação do texto, fazendo-me sempre importantes observações; de Maria Lúcia da Motta Bicudo, que transcreveu grande parte das entrevistas gravadas; e de Regina Maria Nogueira, que colaborou na revisão final do texto.

Os casais amigos sabem que lhes devo uma infinita gratidão por todo o apoio, carinho e incentivo que me têm dado. Sou muito grato a Maria Lúcia e Dalmo do Valle Nogueira Filho; a Maristela e Antonio Carlos Bernardo; a Maria Antonia e Luiz Eduardo Cerqueira Magalhães; a Riva e Leão Rapoport; e a Célia e Luiz Alberto Cardoso de Melo. Um agradecimento muito especial, que não será possível traduzir em palavras, devo ao casal Maria Cristina e Alex Wissenbach. O que dizer? Como expressar minha profunda gratidão? Deixem-me primeiro falar do projeto gráfico da tese apresentada à Universidade de São Paulo. Alex, juntamente com o arquiteto Vivaldo H. Tsukumo (amigo de sempre, a quem vai também meu agradecimento), decidiu cuidar de sua produção, contando com a colaboração de Irineu Santana e Paulo Hoshino. Mas a gentileza não fica só nisto. Cristina e Alex foram as pessoas que desde o início me escutaram pacientemente, uma vez por semana, no mínimo, num clima ameno e distendido, ele sempre atento, procurando ajudar-me com sua inteligência e espírito crítico; ela, com sua alma gentil e suave, colaborando delicadamente todo o tempo com seus conhecimentos de historiadora e sua experiência acadêmica, sem contar o trabalho que teve fazendo a revisão das notas e referências bibliográficas. Não sei como agradecer-lhes.

Finalmente, chegou a vez de registrar o reconhecimento que devo a Lígia, amiga e companheira, que sempre me incentivou e apoiou, não somente agora, mas durante toda a vida. A ela e a nossos filhos, Paulo e Luiz, ofereço este estudo.

Apresentação
Sobre a formação cultural paulista: um percurso brilhante
Carlos Guilherme Mota

O Espetáculo da Cultura Paulista é um livro que está destinado a se tornar obra de referência nas discussões sobre o Brasil contemporâneo. Fruto de um doutorado no Departamento de História da Faculdade de Filosofia, Letras e Ciências Humanas da Universidade de São Paulo, na disciplina de História Social das Ideias, sob minha orientação, o estudo revela um autor maduro e vivido, que sabe do que está falando, pois conheceu muitos personagens e problemas do período que analisa.

A tese versa sobre a formação cultural paulista, examinada pelo ângulo da História das vicissitudes do teatro e da televisão em São Paulo, abrangendo o complexo e fecundo período das décadas de 1940 e 1950. Em estilo fluente e agradável, pode ser lida como importante capítulo da História de São Paulo, de sua busca de identidade em meados do século XX, época decisiva de mudança de mentalidades, de tecnologias no campo da comunicação, e de ampliação dos conceitos de cultura, de política, de sociedade. Ao longo do livro, o leitor mais atento poderá notar – não sem alguma vertigem – a profunda alteração do próprio conceito de tempo histórico, observável naquelas duas décadas efervescentes.

Acompanhando a intensa industrialização e urbanização (com o correspondente desenvolvimento tecnológico dos meios de comunicação), a ampliação do circuito financeiro-comercial e a expansão da rede universitária, novas formas e conceitos de produção político-cultural se impuseram. São Paulo se "moderniza", para utilizarmos uma noção hoje posta em desuso, mas corrente da época, e se internacionaliza, afirmando-se no cenário nacional – falava-se em "colonialismo interno" nessa época, com a "metrópole" aqui – e articulando-se como centro cosmopolita.

Com o teatro e a televisão (mas também com o rádio – objeto de um capítulo precioso, "A Cidade nas Ondas do Rádio" – e o cinema), assiste-se, e não por acaso, ao início de uma crítica renovada e de um periodismo moderno, que atingirão um patamar bastante elevado no fim da década de 1950. Quem não se lembra da revista *Senhor* ou do "Suplemento Literário", dos sábados, no *Estadão*? Ou da fermentação político-estético-cultural que alimentava os bares (como o Nick Bar, o Paribar, o Flamingo) e bistrôs nas imediações da Biblioteca Municipal (então dirigida por Sérgio Milliet), ou no restaurante Gigetto? Dos comentários – por exemplo – de um Anatol Rosenfeld?

Nesse processo, São Paulo torna-se o cenário de intenso movimento de redefinição de valores, conflitos e novas combinações entre estamentos, classes e – também – remanescentes castas sociais, como na obra de um Jorge Andrade, de um Gianfrancesco Guarnieri. A releitura que se faz então da obra de Monteiro Lobato talvez seja o exemplo mais eloquente dessa conjunção entre arte dramática, literatura e novas tecnologias da comunicação, e nessa quadra David José (o "Pedrinho") tem um papel singular. Como singular e emblemático será o seu percurso, pois de "Pedrinho" passará a "Tiradentes", no Teatro de Arena, já na década de 1960. E, depois, a estudante, pesquisador e professor de Ciências Sociais.

Um passar de olhos pelos títulos das peças e programas daqueles anos é suficiente para notarmos essa lenta e incompleta passagem de uma sociedade oligárquico-estamental-escravista para uma sociedade de classes, embora com seus contornos ainda pouco definidos. Com efeito, os embates político-ideológicos se exacerbaram, e as diferenças de concepção de arte, de representação, de comunicação e de mundo revelam a intensidade desse período, em que se assiste na História a processos de transformação profundos, como a descolonização, as revoluções socialistas no Terceiro Mundo, a crítica à Guerra Fria, o nascimento das teorias do subdesenvolvimento, a internacionalização acelerada (que hoje toma o nome de "globalização"). Na metrópole paulistana, os dilemas não são menores, como se observa no capítulo polêmico e revelador da Introdução, "Pensamento Marxista e Pensamento Democrático-liberal no Universo Cultural Paulista", que abre um rico filão de problemas e temas para pesquisas e teses futuras.

As metamorfoses e inovações no teatro e o impacto da televisão na vida da urbe excitam o "temperamento da Metrópole", para usarmos a feliz expressão do historiador Richard Morse, em sua *Formação Histórica de São Paulo* (ele também homem de teatro quando de sua chegada ao Brasil, nos anos 1940).

Sem exagero, pode-se dizer que o teatro e a televisão consagram a maioridade de nossa cidade. Não por acaso, também, a cidade foi entrando para o circuito internacional, se desprovincianizando, recebendo ao longo dessas décadas a visita de personagens marcantes da cultura contemporânea, como Robert Frost, Graham Greene (acompanhado pelo jovem historiador Leslie Bethel), Fernand Braudel, Lucien Febvre, Roger Bastide, William Faulkner – que numa certa manhã acordou de ressaca no Hotel Terminus, da avenida Ipiranga, certo de ainda estar em Chicago, e ter perdido o voo para o Brasil – e de um sem-número de atores e atrizes, diretores de teatro e cinema, cantores.

****

Uma visão muito particular da história da formação cultural paulista, eis o que nos traz David José, o ator de talento e ele próprio personagem de uma época de grandes transformações. Também conhecido como professor José Lessa Mattos Silva, do Instituto de Artes da Universidade Estadual de Campinas, onde leciona desde 1984, ele nos introduz de modo crítico e ao mesmo tempo cordial aos principais personagens, as constelações, as primeiras "estações" de TV (como a famosa PRF-3, TV Tupi-Difusora), as artes do espetáculo profissional e amador, as inflexões das elites em direção às artes e os esforços para sua difusão. E sublinha o papel de uma figura-chave como Júlio Gouveia, ilustrado e politizado, os locutores das Arcadas (Homero Silva, Maurício Loureiro Gama, Enéas Machado de Assis), de poucos mas decisivos homens-sábios como Túlio de Lemos, e tantos outros personagens. Estes, como a notável e vibrante Tatiana Belinky, circulam pelo texto de David José, ele próprio destacado personagem infantil, depois juvenil, hoje universitário maduro.

Curioso e raro percurso, pois agora é o universitário de mérito que, avisadamente e com instrumentos adequados, se volta para nos fazer compreender esse tempo de sua/nossa formação, trazendo uma memória viva, crítica, construtiva. Memória suavemente crítica, límpida como é o "David José", ou o professor José Lessa, excelente escritor.

A leitura do livro desperta ainda o interesse do leitor para uma série de outras pesquisas que poderiam (e deverão, espero) ser realizadas, como, por exemplo, as contribuições dadas pelos músicos, a maior parte italianos, que na época atuaram no rádio e na televisão. Ou o surgimento, já na década de 1960, da indústria de telenovelas, com a TV Excelsior, tão marcante e, logo em seguida, com a Rede Globo, que alterou a vida do país. Ou ainda, expressão das exigências de uma burguesia mais educada e cosmopolita, o nascimento das grandes companhias teatrais, a partir do Teatro Brasileiro de Comédia (TBC), grupo-matriz decisivo para o surgimento de outras formas e conceitos de teatro (por vezes até antagônicos), de cinema, de cultura enfim.

****

Finalmente, eu gostaria de relembrar alguns traços pouco conhecidos desse autor, que desenharam sua trajetória como intelectual, ator e como pessoa. José Lessa Mattos Silva é filho de Escola Pública, nomeadamente o Colégio Paes Leme, tendo se formado em Ciências Sociais pela Faculdade de Filosofia, Ciências e Letras da USP, no ano crítico de 1968. Licenciou-se também em Sociologia, pela Universidade de Paris-VIII, Vincennes, em 1969/1970.

Sob a orientação da professora Annie Goldmann, tornou-se Mestre em Sociologia da Cultura, pela Universidade de Paris-X, Nanterre, em 1973, com a tese *La Question de la culture nationale au Brésil. Introduction à une étude sociologique.* Dentre seus cursos de especialização e Estudos Superiores, contam-se, em Paris, os dos professores Jean-Claude Passeron, Hélène Clastres, Pierre Francastel, Edgar Morin, Lucien Goldmann, Bernard Dort (do Institut d'Études Théâtrales de la Sorbonne). E, em São Paulo, de Henrique Murachco (Língua Grega). Como pesquisador de campo e Técnico Docente de Pesquisa, trabalhou com os professores Aziz Simão,

Luís Gonzaga Belluzzo e Luís Pereira, dentre outros. No exterior, marcou sua presença em festivais internacionais de teatro, como os de Nancy, e, como jornalista em tempos difíceis, em boletins para o Brasil (em radiodifusão em ondas curtas, de Paris e da Alemanha, entre 1969-1973), e diretor de programas para a TV, o principal dos quais foi *Crítica e Autocrítica* (TV Bandeirantes).

Como ator, sua carreira é notável. Desde os tempos de ator infantojuvenil, do "Grilo Falante", do seriado *As Aventuras de Pinócchio*, levado ao ar em 1954 pela TV Tupi-Difusora, Canal 3, São Paulo, com direção de Júlio Gouveia e Tatiana Belinky; do "Pedrinho", do *Sítio do Picapau Amarelo* (1955-1958); do *Kim* (de Rudyard Kipling); e do *Oliver Twist* (de Charles Dickens), David José marcou uma nova concepção de teatro na TV. Tais seriados serviram de teste para a nova fase que viria. Também o *TV de Vanguarda* (teleteatro semanal) e o *Grande Teatro Tupi* definiram uma época, e neles esteve David de 1954 a 1966. Como ator de telenovelas e teleteatros, registram-se várias participações, desde *Ana Terra, Um Certo Capitão Rodrigo, Cara a Cara* até *Rosa Baiana* e *O Fiel e a Pedra* (este, de Osman Lins). Neles, contracenou com Sérgio Cardoso, Carlos Zara, Leila Diniz, Irene Ravache, Fernanda Montenegro, Renato Borghi, Marco Nanini, Gianfrancesco Guarnieri, Leo Vilar, para citarmos alguns nomes. Trabalhou também como adaptador e argumentista e como diretor de teleteatros e telenovelas, como no seriado *O Comprador de Fazendas* (de Monteiro Lobato), pela TV Cultura, em 1981.

No teatro, como ator, quem não se lembra de Damis, em *O Tartufo*, de Molière, dirigido por Augusto Boal, em 1964? A partir de então, a lista se encomprida e se adensa, com *Arena Conta Zumbi* (1965/66), *Arena Conta Tiradentes* (1967), *Volpone* (1977), *O Rei David* (1978), *É...* (1979), *Oedipus Rex* (1981/82), *Werther* (1983)... E no cinema, registram-se *O Sobrado* (1955), em que ele faz o menino Rodrigo Cambará, e depois o menino Lampião, em *Lampião Rei do Cangaço* (1963), *Domingo no Parque* (1968), *Os Marginais* (1968), *Celeste* (Paris, 1970), *Doramundo* (1977; do qual foi também roteirista), *Os Amantes da Chuva* (1978), *Uma Estranha História de Amor* (1978), *O Homem do Pau-Brasil* (1980), *Nasce uma Mulher* (1982).

Muito haveria ainda a dizer de David José/José Lessa Mattos Silva. Creio que ele se transformou num personagem paulistano, desses que ajudam a definir o lado bom e suave, nada obstante crítico, de nossa metrópole complexa, por vezes exasperante e desvairada. Nem sempre generosa para com seus cidadãos. Mas duas lembranças me ocorrem quando penso nos caminhos trilhados por ele.

Dois episódios para mim muito significativos, que ajudam a definir o personagem/ator/professor/homem. O primeiro foi em 1967, quando ele fazia o papel do Tiradentes. Procurou-me para que, na qualidade de professor de sua turma, desse algumas informações sobre o alferes e inconfidente, pois estava embaraçado, dividido, angustiado. O que me surpreendeu, pois David José trazia uma versão nova, refrescante do bom alferes. Com uma bela bacalhoada na rua da Consolação, discutimos durante longas horas todo o processo revolucionário, ambos saindo com mais dúvidas sobre os papéis de Tiradentes, de Tomás Antônio Gonzaga (o excelente poeta, que tanto ou mais nos impressionava) e sobre os destinos do Brasil que – não poderíamos adivinhar? – caminhava para o golpe de 1968.

O segundo episódio, foi um *continuum* entre o David José maduro, aluno/colega/debatedor empenhado durante o curso de Pós-Graduação em História Social do Departamento de História da FFLCH/USP e o aguerrido professor/defensor deste livro-tese. Creio que foi a defesa de tese de doutorado mais empenhada, articulada, crítica e gentil da qual participei como orientador (em verdade, um interlocutor apenas, dentre os muitos que José Lessa sabe cultivar).

Naquele dia e naquele contexto, pude entender o sentido pleno do conceito de prática-teórica e de engajamento que tantos de nós, dentro e fora da universidade, cultivamos, perseguimos e nem sempre encontramos. David José, prático-teórico, continua a nos evocar o tempo em que o frescor das ideias, da polêmica, da representação e da pesquisa nos encantava, consolava e orientava. E pude perceber que nem tudo está perdido: o espetáculo tem que continuar.

Pontal da Cruz, São Sebastião
Março de 2002.

Introdução
Uma abordagem da cultura paulista: implicações históricas, conceituais e metodológicas

O Tema Inicial e o Historiador

Inicialmente, o tema geral deste trabalho dizia respeito ao teatro paulista nos anos 1960, mais particularmente ao Teatro de Arena e seus espetáculos *Arena Conta Zumbi* e *Arena Conta Tiradentes*, de autoria de Gianfrancesco Guarnieri e Augusto Boal. Esses espetáculos, dirigidos por Boal, foram encenados respectivamente em 1965 e 1967, com cenografia e figurinos executados por Flávio Império, artista plástico e, na época, professor da Faculdade de Arquitetura e Urbanismo da Universidade de São Paulo.

Dentre as razões que pesaram na escolha do Teatro de Arena e dos espetáculos *Zumbi* e *Tiradentes* como tema inicial deste estudo, está o fato de que, usando o pseudônimo de David José, pertenci ao elenco de atores desse grupo teatral durante quatro anos consecutivos, de 1964 a 1967, tendo participado das montagens das peças *O Tartufo*, de Molière, em 1964, e logo a seguir das montagens de *Zumbi* e *Tiradentes*, interpretando, nesta última, o papel do próprio Tiradentes. Além disso, vivi aqueles anos da década de 1960 como estudante de Ciências Sociais na Faculdade de Filosofia da USP, então instalada no bairro de Vila Buarque, na hoje legendária rua Maria Antônia.

Quando o Teatro de Arena encenou essas peças, dois outros atores do elenco eram também estudantes de Ciências Sociais na USP: Wânia Santana, que acabou se tornando esposa de Guarnieri, e Isaías Almada, que participou do espetáculo *Arena Conta Tiradentes* e algumas vezes, também, do espetáculo *Arena Conta Zumbi*, juntamente com a atriz e cantora Marília Medalha, com quem se casou logo depois.

Wânia Santana, Isaías Almada e eu, enquanto estudantes universitários, mantínhamos ligações, cada um a seu modo, com grupos políticos de esquerda que atuavam no movimento estudantil e que, com base no pensamento marxista, nos forneciam instrumentos conceituais para a análise da sociedade capitalista brasileira, alertando-nos para a urgente necessidade da transformação do país na direção do socialismo. Ao mesmo tempo, nos cursos da Faculdade de Filosofia, adquiríamos conhecimentos teóricos indispensáveis, adentrando com certa solenidade no chamado terreno da racionalidade e dos conceitos abstratos, aprendendo pouco a pouco a distinguir o fato social do fato individual, o sentimento da razão, e a lidar com os tradicionais e clássicos modelos da explicação sociológica: os de Weber, Marx e Durkheim. Por certo, a explicação marxista era a que nos empolgava mais. Enquanto atores, além de uma satisfação muito especial proporcionada pelo trabalho teatral e pela convivência no meio artístico, gozávamos de prestígio, sobretudo entre os colegas universitários de esquerda, pois, embora estivéssemos representando personagens no palco, a pequena arena do teatro era considerada na época pelos atores e pela maioria da plateia como uma trincheira de luta contra a ditadura militar instaurada em 1964. Desfrutávamos ainda da simpatia e solidariedade de nossos jovens professores da Faculdade de Filosofia, que mais de uma vez foram ao teatro assistir aos espetáculos e ver seus alunos em cena[1].

Toda uma produção artística e cultural, especialmente nos campos da música, da poesia, do teatro e do cinema, marcou a década de 1960 não só em São Paulo, mas em todo o país, década hoje designada pela imprensa e pela mídia em geral como aquela dos anos dourados, em comparação com os difíceis anos de chumbo da década de 1970, quando uma rígida censura governamental, imposta a partir do endurecimento do regime militar, em dezembro de 1968, atingiu as artes, a imprensa e a universidade, cerceando a liberdade de expressão e de pensamento. As realizações teatrais e cinematográficas dos Centros Populares de Cultura – CPCs, da União Nacional dos Estudantes – UNE; os filmes *O Pagador de Promessas* (1962), de Anselmo Duarte, *Deus e o Diabo na Terra do Sol* (1964), *Terra em Transe* (1967) e *Antônio das Mortes* (1968), de Glauber Rocha; os filmes *Vidas Secas* (1963), de Nelson Pereira dos Santos, e *Os Fuzis* (1965), de Rui Guerra; os filmes de Leon Hirszman, Cacá Diegues e Joaquim Pedro de Andrade, jovens cineastas do Rio de Janeiro que, juntamente com outros, haviam iniciado o movimento do Cinema Novo em fins da década de 1950; as experiências de teatro universitário que proliferavam em vários Estados e que, em São Paulo, resultaram em espetáculos memoráveis como *Morte e Vida Severina* (1965), de João Cabral de Melo Neto, e *O&A* (1966), de Roberto Freire e Silnei Siqueira, montados pelo Teatro da Universidade Católica – Tuca e dirigidos pelo próprio Silnei Siqueira, ou ainda *Os Fuzis da Senhora Carrar* (1968-1969), de Bertolt Brecht, espetáculo montado pelo Teatro Universitário da USP – Tusp e dirigido por Flávio Império; toda essa produção artística e outras mais revelam, com efeito, um momento rico e fecundo do processo cultural brasileiro no século XX, em que se pode verificar nas artes a presença ativa de estudantes e professores universitários, de

---

1   Entre muitos outros, imediatamente vêm à memória os nomes de Roberto Schwarz, Célia Quirino, Maria do Carmo Campeio de Souza, Lourdes Sola, Fernando Novaes, Carlos Guilherme Mota e Leôncio Martins Rodrigues. A respeito do clima cultural daquele tempo, das relações entre a Faculdade de Filosofia da rua Maria Antônia, os grupos de esquerda e os acontecimentos artísticos e culturais do bairro da Consolação, consultar Cláudia de Arruda Campos, *Zumbi, Tiradentes (e Outras Histórias Contadas pelo Teatro de Arena de São Paulo)*, São Paulo, Perspectiva/Edusp, 1988.

intelectuais, de jornalistas, de lideranças político-partidárias, de lideranças da Igreja Católica, de representantes enfim dos vários setores progressistas da sociedade, todos intimamente envolvidos com os artistas e animados de algum modo pelos ideais do pensamento marxista.

Desde alguns anos, quando este ex-ator e, hoje, historiador começou a pensar na possibilidade de escrever sobre o movimento artístico e cultural paulista na década de 1960, algo lhe sugeria, não sem uma certa dose de presunção, que sua condição de observador participante, seja como ator do Teatro de Arena, seja como estudante da USP, e já podendo beneficiar-se de um distanciamento histórico de mais de trinta anos, pudesse talvez resultar num estudo que trouxesse à luz alguns elementos novos para a reflexão, análise e compreensão daquele animado período de produção artística e cultural ocorrido em São Paulo e em todo o país. O desafio principal era o de tentar abordar o Teatro de Arena e seus espetáculos tomando como referência o contexto histórico particular da sociedade brasileira da época. Isto com o objetivo mais amplo de apreender certos traços ou aspectos que marcaram o processo cultural brasileiro no século XX, alguns dos quais ainda remanescentes, e também com o intuito de compreender o significado das transformações verificadas nos padrões artísticos e culturais que regem hoje nossa sociedade.

Entretanto, não faltam exemplos de trabalhos que, com rigor intelectual, têm buscado relacionar essa rica produção artística e cultural com as circunstâncias políticas e sociais do momento histórico. De fato, existem vários estudos a respeito da produção artística daquele período, incluindo as realizações do Teatro de Arena, que revelam suas conexões com os movimentos políticos e sociais, com os partidos políticos, com a ação política das classes e grupos sociais, com as ideias, pensamentos e ideologias dominantes na sociedade. Dentre eles, alguns ganharam destaque nos meios acadêmicos, especialmente o ensaio pioneiro e, hoje, clássico, de Roberto Schwarz, "Cultura e Política, 1964-1969: Alguns Esquemas", escrito em Paris em 1969-1970 e publicado pela primeira vez em julho de 1970 na revista francesa *Temps Modernes*[2], e o livro do historiador Carlos Guilherme Mota, *Ideologia da Cultura Brasileira, 1933-1974*, publicado em 1977[3]. Nesta obra, em particular, toda uma produção artística, intelectual e cultural é analisada com relação ao processo histórico de formação de um pensamento brasileiro, de um modo novo de explicação da realidade do país, de um pensamento que se radicaliza passo a passo a partir dos escritos, na década de 1930, de Sérgio Buarque de Holanda, Gilberto Freyre e Caio Prado Júnior. Acompanhando os próprios impasses do desenvolvimento da sociedade capitalista no Brasil, esse pensamento encontra seus expoentes mais significativos em Antonio Candido e Florestan Fernandes. Não menos relevante é o estudo de Antonio Albino Canelas Rubim, "Marxismo,

2 Ensaio reproduzido em Roberto Schwarz, *O Pai de Família e Outros Estudos*, Rio de Janeiro, Paz e Terra, 1978.
3 Carlos Guilherme Mota, *Ideologia da Cultura Brasileira, 1933-1974*, 6. ed., São Paulo, Ática, 1990.

Cultura e Intelectuais no Brasil"[4], em que o autor analisa a influência do Partido Comunista Brasileiro nas artes e na cultura do país, influência esta conquistada por meio da montagem, ao longo de anos, de um poderoso aparelho político-cultural que incentivou as artes e deu suporte às atividades de grande parte dos artistas, dos intelectuais e da juventude estudantil e universitária. Referidos mais diretamente à atividade artística do Teatro de Arena, entre outros escritos destacam-se especialmente a preciosa documentação histórica, acompanhada de observações analíticas, de autoria de Carmelinda Guimarães, Maria Thereza Vargas e Mariangela Alves Lima, publicada em número especial da revista *Dionysos*[5], e o estimulante texto de Cláudia de Arruda Campos, *Zumbi, Tiradentes (e Outras Histórias Contadas pelo Teatro de Arena de São Paulo)*[6], publicado em 1988. Isto, bem entendido, sem contar vários outros estudos como, por exemplo, as interpretações teóricas de Sônia Goldfeder, em seu texto "Teatro de Arena e Teatro Oficina – o Político e o Revolucionário"[7], ou aquelas, no mesmo sentido, de Iná Camargo Costa, em seus livros *A Hora do Teatro Épico no Brasil* e *Sinta o Drama*[8]. No terreno da crítica especializada e da pesquisa histórica teatral, com uma série de referências ao Teatro de Arena, por certo são indispensáveis os estudos de Sábato Magaldi e, especialmente, toda a vigorosa e inestimável obra de Décio de Almeida Prado[9].

A Pesquisa e Seus Desdobramentos Temáticos

Mesmo sem uma definição precisa do método de análise – mas com a suspeita de que o caminho metodológico devesse privilegiar mais as ações individuais dos artistas e pessoas envolvidas com a arte do que a ação dos partidos políticos e os interesses dos grupos e classes sociais –, foi iniciada a pesquisa sobre o Teatro de Arena. Só que, nesse momento, este grupo teatral já era observado não apenas como um fenômeno artístico e cultural paulista característico dos anos 1960, mas, sobretudo, como resultado de

---

4   Antonio Albino Canelas Rubim, "Marxismo, Cultura e Intelectuais no Brasil", em João Quartim de Moraes, *História do Marxismo no Brasil*, volume III (Teorias. Interpretações), São Paulo, Editora da Unicamp, 1998.

5   Revista *Dionysos*, "Especial: Teatro de Arena", Rio de Janeiro, MEC/DAC-Funart/SNT, n. 24, out. 1978.

6   Cláudia de Arruda Campos, *Zumbi, Tiradentes (e Outras Histórias Contadas pelo Teatro de Arena de São Paulo)*, São Paulo, Perspectiva/Edusp, 1988.

7   Sônia Goldfeder, "Teatro de Arena e Teatro Oficina: o Político e o Revolucionário", dissertação de mestrado, IFCH/Unicamp, 1977.

8   Iná Camargo Costa, *A Hora do Teatro Épico no Brasil*, Rio de Janeiro, Paz e Terra, 1996; e *Sinta o Drama*, Petrópolis, RJ, Vozes, 1998.

9   De Sábato Magaldi, notadamente, *Panorama do Teatro Brasileiro*, republicado em 1977 (1. ed., 1962, Serviço Nacional do Teatro/Funarte/MEC); e *Um Palco Brasileiro: o Arena de São Paulo*, São Paulo, Brasiliense, 1984. Quanto a Décio de Almeida Prado, especialmente, *Teatro em Progresso*, São Paulo, Martins, 1964; *O Teatro Brasileiro Moderno: 1930-1980*, São Paulo, Perspectiva/Edusp, 1988; *Peças, Pessoas, Personagens: O Teatro Brasileiro de Procópio Ferreira a Cacilda Becker*, São Paulo, Companhia das Letras, 1993; e *História Concisa do Teatro Brasileiro: 1570-1908*, São Paulo, Edusp, 1999.

uma série de acontecimentos de natureza artística e cultural ocorridos em São Paulo no período que vai da instauração do regime democrático, após a queda do Estado Novo de Getúlio Vargas, em 1945, até o golpe militar de abril de 1964[10]. Nessa perspectiva, investigando os acontecimentos artísticos e culturais que antecederam o surgimento do Teatro de Arena, permanecia sempre o objetivo mais amplo do trabalho, que era chegar a perceber certos aspectos ou traços que marcaram a produção artística e cultural paulista naquele determinado momento histórico.

Na medida em que a investigação prosseguia, a atenção concentrava-se cada vez mais nas décadas de 1940 e 1950, no período que se abre em 1945, cobrindo todos os anos 1950. Este foi um período em que se observa grande ímpeto nas atividades artísticas e culturais em São Paulo, a partir de algumas iniciativas tomadas por determinados setores das elites paulistanas. Apenas a título de exemplo, no campo das artes plásticas pode-se citar a criação do Museu de Arte de São Paulo – MASP (1947), do Museu de Arte Moderna – MAM (1949) e a organização das Exposições Bienais de São Paulo, a primeira em 1951, as quais passaram a ter sede definitiva no parque do Ibirapuera, inaugurado em 1954, com base em projeto de Oscar Niemeyer. No campo da educação artística e cultural, além dos inúmeros cursos regulares de arte oferecidos nesses museus e nas bienais, surgem a Faculdade de Arquitetura e Urbanismo da USP (1947) e a Fundação Armando Álvares Penteado (1948), projetada inicialmente para ser uma escola de Belas-Artes. No campo das artes cênicas, é criada a Escola de Arte Dramática e inaugurado o Teatro Brasileiro de Comédia – TBC (1948). No campo do cinema, são construídos enormes estúdios no município de São Bernardo do Campo, que passou a ser conhecido como a Hollywood paulista, onde se instala a Cia. Cinematográfica Vera Cruz (1949). Ao mesmo tempo, outras importantes empresas de cinema, como a Maristela e a Multifilmes, iniciam suas atividades. E, completando essa série de iniciativas associadas à arte, à formação artística e à produção cultural, no dia 18 de setembro de 1950 é inaugurada em São Paulo a primeira emissora de televisão da América Latina, a PRF-3 TV, canal 3, Tupi-Difusora. A televisão nasce integrada a todo esse movimento de incentivo e valorização das artes e da cultura que irrompe, notadamente em São Paulo, no imediato pós-guerra. E é com base na experiência de alguns artistas e profissionais do cinema, do teatro

---

10 Segundo Francisco Weffort, em 1945 abre-se o período democrático na sociedade brasileira: "Desde a chamada Revolução de 1930 tivemos dois longos períodos ditatoriais: o primeiro de 1930 a 1945, o segundo de 1964 até hoje (1984). Entre 1945 e 1964, está um período democrático, de reconhecida fragilidade, que se sustentou muito mais nas pressões das massas populares urbanas que recém-ingressavam no cenário político do que em qualquer suposto entusiasmo da burguesia pelas formas democráticas". Francisco Weffort, *Por que Democracia?*, 2. ed., São Paulo, Brasiliense, 1984, p. 39. Conforme periodização estabelecida pelo historiador Edgar Carone, em 1945 instala-se no país a República Liberal ou Quarta República. Ver: *A República Liberal, 1945-1964*, São Paulo, Difel, 1985, 2 vols. Esse mesmo período recebe outras designações, entre elas as de República Populista e Democracia Populista, conforme a ele se referem Hélgio Trindade e Maria do Carmo C. de Souza, em Alain Rouquié, Bolivar Lamounier e Jorge Schavarzer (orgs.), *Como Nascem as Democracias*, São Paulo, Brasiliense, 1985.

e, principalmente, do rádio que a televisão vai definir as linhas e diretrizes gerais da programação artística e cultural que caracterizou seus primeiros dez anos de existência na década de 1950.

A pesquisa avançava, ampliava-se o âmbito da investigação e se redefinia o seu objeto inicial. A televisão e o rádio passam a ser também considerados como parte de um mesmo universo sociocultural e apresentam-se integrados de alguma forma aos importantes acontecimentos artísticos e culturais daquele momento. Mas que relações ou laços existiam efetivamente entre, de um lado, o meio radiofônico e televisivo e, do outro, as artes plásticas, o teatro e o cinema que tanto floresceram na época? Além disso, que conexões é possível estabelecer entre a arte e a cultura dos anos 1940 e 1950, aí incluídos o rádio e a televisão, e o movimento artístico e cultural dos anos 1960, tomado inicialmente como ponto de partida deste estudo? Como é sabido, este movimento, do qual fazia parte o Teatro de Arena, contestando e negando ideologicamente as artes e a cultura do período anterior, reivindicava um caráter renovador, nacional e popular para as suas realizações.

Ao lado dessas novas questões identificadas no processo da pesquisa, que não deixaram de apontar para a necessidade de uma definição clara do método de análise, restava o problema da definição conceitual do termo *cultura*. Esse termo pode ter várias significações e, particularmente, um significado amplo e abrangente, tal como decorre de seu emprego nas pesquisas antropológicas. Entretanto, neste estudo optou-se por entender cultura em uma de suas acepções mais clássicas e tradicionais, aquela em que ela é considerada como o resultado das iniciativas e das ações que conduzem ao desenvolvimento das faculdades espirituais, artísticas e intelectuais do homem. Conforme observa Antonio Albino Canelas Rubim, a "concepção tradicional, oriunda do latim *colere* (cultivar), implica cultura *animi*, o ato de cultivar o espírito (como se cultiva uma planta, denunciando a origem 'agrária' da noção) e autoeducação do indivíduo"[11]. Nesse sentido, cultura não deixa de ter aqui um significado civilizador e formador, pois apresenta-se como o fruto de uma atividade que propicia aos indivíduos que a exercem o cultivo e desenvolvimento de suas potencialidades artísticas e intelectuais[12].

Desse modo, por cultura brasileira e, em particular, a cultura paulista das décadas de 1940 e 1950, objeto deste estudo, entende-se o conjunto das obras artísticas e de pensamento realizadas em um contexto político, econômico e social particular, cuja produção envolveu a participação de artistas, intelectuais e um número considerável de pessoas que amavam as artes e as atividades voltadas para o conhecimento. E que teve também o concurso

---

11 Antonio Albino Canelas Rubim, "Marxismo, Cultura e Intelectuais no Brasil", em João Quartim de Moraes, *História do Marxismo no Brasil*, pp. 306-307.

12 A respeito dessa concepção de cultura como atividade formadora do indivíduo, ver Hans-Georg Gadamer, *Vérité et méthode*, Paris, Éditions du Seuil, 1996, pp. 25-35. Igualmente, Werner Jaeguer, *Paideia: a Formação do Homem Grego*, São Paulo, Martins Fontes, 1979.

de pessoas que tomaram a iniciativa de dotar São Paulo de condições materiais, equipamentos e instalações físicas destinados ao desenvolvimento do trabalho artístico e da produção intelectual. Assim, quando se aborda aqui a questão cultural, ênfase é dada, de uma parte, à ação dos artistas, dos incentivadores e dos promotores das artes e das atividades intelectuais e, de outra, ao conjunto das obras artísticas e de pensamento, estas entendidas como formas particulares de expressão da própria cultura nacional.

Neste estudo, a cultura brasileira é tomada também como um processo em permanente formação, de tal modo que sua existência depende da ação de determinados indivíduos, de artistas, de estudiosos e pesquisadores, de amantes das obras de arte e das obras de conhecimento. De fato, para readquirir vida, para não permanecer como algo inerte referido ao passado, a cultura brasileira depende sempre da vontade, do entusiasmo e da ação das novas gerações no sentido de buscar identificar suas manifestações, suas expressões no campo das artes e das obras de pensamento. Sua vitalidade depende sempre do interesse e da motivação existentes na atualidade social, no sentido de identificar suas obras, reinterpretá-las, revivificá-las à luz dos horizontes contemporâneos do conhecimento. Em suma, para existir, a cultura de um país precisa ser reconhecida. E a cada novo reconhecimento ela recobra seu alento vital. A existência mesma da cultura brasileira está na dependência das tentativas reiteradas de ida ao seu encontro, tentativas levadas a efeito por artistas, intelectuais e amantes da arte que buscam de alguma forma expressá-la na medida mesmo em que saem à sua procura.

Procedimentos Metodológicos

Examinando vasta bibliografia e considerando não apenas os temas artísticos e culturais, mas igualmente as questões econômicas, políticas e sociais do país, a pesquisa pôde enfim distinguir ao menos três perspectivas nas quais o historiador poderia colocar-se como observador da vida artística e cultural paulista. Primeiro, no plano por assim dizer factual, e a partir da obtenção de informações e dados o mais possível detalhados e rigorosos, buscou-se organizar, numa ordenação ou sucessão histórica, os diversos acontecimentos artísticos e culturais pesquisados, na tentativa de relacionar uns aos outros. Depois, perseguiu-se o desenrolar da história pessoal e profissional de cada personagem envolvido nos acontecimentos. Por fim, no plano mais propriamente das ideias, procedeu-se ao levantamento das problemáticas intelectuais, das questões conceituais e teóricas presentes nas explicações dadas da sociedade brasileira, as quais, por sua vez, penetrando toda a vida social, iam atingir diretamente os artistas e as pessoas que atuavam de alguma forma no buliçoso mundo das artes e da cultura, repleto de ideias e inquietações.

Em certa medida, esses passos metodológicos não deixam de ter como uma de suas fontes de inspiração a historiadora inglesa Frances Yates, falecida em 1981. Com erudição e sólidos conhecimentos baseados em pesquisas históricas, ela é autora de importantes estudos sobre o universo de ideias e pensamento da Renascença italiana, e sua influência tardia, no século XVI e inícios do XVII, na filosofia, nas ciências e nas artes da Inglaterra da rainha Elizabeth Primeira[13]. Principalmente em seus livros *Giordano Bruno e a Tradição Hermética* e *A Filosofia Oculta na Era Elisabetana*, Frances Yates revela a presença, na base do pensamento científico, filosófico, político e religioso renascentista, de uma filosofia oculta "hermético-cabalista" que reunia elementos da astrologia, da alquimia e da magia, atribuídos de uma maneira geral a Hermes Trismegistus[14], e elementos da cabala judaica, que teve grande desenvolvimento na Espanha durante a Idade Média até o momento em que os judeus foram de lá expulsos, em 1492. Essa filosofia oculta assume uma forma cristã ao ser introduzida no pensamento neoplatônico da Renascença – que floresceu no círculo dos Médicis, em Florença –, pelo médico e sacerdote Marsilo Ficino e, principalmente, por seu discípulo Pico della Mirandola[15].

Perseguindo Giordano Bruno em suas viagens por vários países, particularmente pela França e Inglaterra, quando ele divulgava suas ideias e sua nova filosofia do heliocentrismo, Frances Yates observa que, por trás do Giordano Bruno filósofo e cientista, havia o Giordano Bruno *iluminattus*, propagador de uma religião esotérica banhada na atmosfera neoplatônica da Renascença. Em Londres, por volta de 1583, numa espécie de missão religiosa hermética, ele participa de debates organizados na Universidade de Oxford e defende todo um programa de reformas baseado na imagem das constelações que tinha a pretensão de dar fim, "através da magia, do amor e da harmonia universal", aos conflitos político-religiosos que marcavam aquele tempo[16]. No ano de 1600, Giordano Bruno, condenado como herege pela Igreja, é queimado vivo numa praça pública de Roma. Esse ano marca o início de um forte e organizado movimento de repressão à filosofia da Renascença, movimento este que se espalha por toda a Europa. A Inglaterra elisabetana, no entanto, vivia ainda mergulhada numa atmosfera mágica e profundamente religiosa, sob as influências das tradições do pensamento renascentista que ganharam novo impulso com a divulgação das ideias de Giordano Bruno.

---

13 Este tema amplo envolve praticamente toda a obra de Frances Yates. Entre seus vários livros, dos quais apenas dois, salvo engano, foram publicados no Brasil, consultar: *O Iluminismo Rosa-Cruz*, São Paulo, Cultrix/Pensamento, 1983 (edição: Londres, Routledge & Kegan Paul, 1972); *Giordano Bruno e a Tradição Hermética*, São Paulo, Cultrix, 1987 (1ª edição: Londres, Routledge & Kegan Paul, 1964); *The Theater of the World*, London, Routledge & Kegan Paul, 1969; *The Occult Philosophy in the Elizabethan Age*, London, Ark Paperbacks, 1983 (1ª edição: 1979); *Astrée: le symbolisme impérial au XVIe siècle*, Paris, Éditions Belin, 1989 (1ª edição: Londres, Routledge & Kegan Paul, 1974); *Les dernières pièces de Shakespeare: une approche nouvelle*, Paris, Éditions Belin, 1993 (1ª edição: Londres, Routledge & Kegan Paul, 1975).

14 "... sábio egípcio mítico, que os florentinos acreditavam ser o representante de uma sabedoria antiga, fonte longínqua do próprio Platão." Frances Yates, *The Occult Philosophy in the Elizabethan Age*, p. 17.

15 *Idem*, pp. 17 e ss.; e Frances Yates, *Giordano Bruno e a Tradição Hermética*, pp. 75 e ss.

16 *Idem*, pp. 232 e ss.; ver igualmente: *Les dernières pièces de Shakespeare: une approche nouvelle*, p. 11.

Frances Yates mostra que o mais importante filósofo da era elisabetana foi John Dee[17], mago e matemático, grande erudito das ciências dos números, autor do prefácio da tradução inglesa, em 1570, da obra *Elementos* do matemático grego Euclides, que contém as bases da geometria elementar. Inspirado na filosofia neoplatônica da Renascença, na ciência hermética[18] e, sobretudo, na cabala cristã, ele teve presença destacada no mundo elisabetano. Exerceu grande influência sobre a aristocracia, que durante um certo tempo lhe deu proteção e também aplicou seus conhecimentos matemáticos na vida prática, atuando como mestre e conselheiro de navegadores, artesãos e técnicos. Sua influência não deixou de alcançar as artes propriamente ditas e os artistas, indo manifestar-se na simbologia e nos motivos poéticos presentes nas obras dos grandes poetas elisabetanos, como Edmund Spenser, George Chapman e Shakespeare[19]. John Dee influenciou a própria rainha Elizabeth Primeira, a última dos Tudor, a "virgem imperial", a "Astreia", a "Vênus celeste", a "rainha das fadas", conforme descrita na poesia de Spenser[20]. A ela John Dee serviu com zelo e entusiasmo, sempre defendendo a ideia de um mítico Império Britânico, da expansão da monarquia reformada e liberal elisabetana, que poderia vir a contrapor-se às pretensões expansionistas da Contrarreforma, dos Habsburgos e dos católicos da Espanha.

O interesse fundamental de Frances Yates, manifesto em quase toda a sua obra, é a compreensão de um dos momentos mais importantes da história da Inglaterra, o período elisabetano. Um período que para ela constitui um mundo "não unicamente povoado por duros marinheiros, por políticos obstinados e por teólogos sérios. Era um mundo de espíritos, bons e maus, fadas, demônios, feiticeiras, fantasmas, conspiradores"[21]. Um mundo cuja filosofia dominante "era precisamente a filosofia oculta com sua magia, sua melancolia, sua ambição de penetrar as esferas profundas do conhecimento e da experiência, científicas e espirituais, seus temores dos perigos de uma tal busca e da oposição feroz que ela encontrou"[22]. Ela tenta "penetrar na era elisabetana e sua filosofia como num período de pensamento que pode ser identificado e cujas origens podem ser levantadas"[23]. Para tanto, persegue uma série de personagens – reis, filósofos, príncipes, religiosos, cortesãos, magos, pensadores, poetas, artistas, estudiosos e cientistas –, cujas ações e obras deram vida àquele período. Ao mesmo tempo, busca recolocá-los no contexto histórico, um contexto que implica "tanto os acontecimentos

17 Particularmente a respeito de John Dee, consultar sobretudo, de Frances Yates, *The Theater of the World*, *op. cit.*; e *The Occult Philosophy in the Elizabethan Age*.

18 "A ciência hermética *par excellence* é a alquimia; a famosa *Tábula Esmeralda*, bíblia dos alquimistas, é atribuída a Hermes Trismegistus e apresenta, numa forma misteriosamente compacta, a filosofia do Todo e do Um". Frances Yates, *Giordano Bruno e a Tradição Hermética*, p. 174.

19 Especialmente, de Frances Yates, *Astrée: le symbolisme impérial au xvie siècle*; *Les dernières pièces de Shakespeare: une approche nouvelle*; e *The Occult Philosophy in the Elizabethan Age*, parte 2, pp. 95 e ss.

20 Frances Yates, *Astrée: le symbolisme impérial au xvie siècle*, pp. 113 e ss.

21 Frances Yates, *The Occult Philosophy in the Elizabethan Age*, p. 75.

22 *Idem, ibidem.*

23 *Idem*, p. 78.

históricos reais quanto os movimentos de pensamento que os acompanham"[24]. Assim procedendo, ela recupera os laços históricos reais e os laços históricos de pensamento que uniram de alguma forma Giordano Bruno a John Dee, estes a Edmund Spenser, a George Shapman, a Albrecht Dürer, a Shakespeare e, até mesmo, a Francis Bacon e a Isaac Newton, entre muitos outros[25]. Realmente, este seu modo particular de reconstituir um período histórico não deixou de influenciar a pesquisa, principalmente na medida em que motivou a investigação a afastar-se decididamente de conceitos explicativos ou interpretativos em voga e sempre à mão e a aventurar-se nos mares dos fatos históricos já "d'antes navegados" conceitualmente, mas que permanecem desconhecidos em muitos de seus aspectos reais.

Em diferente perspectiva de análise, mas oferecendo pontos de contato com Frances Yates, outra fonte de inspiração na condução da pesquisa foi o historiador francês da arte Pierre Francastel, particularmente em seu único escrito dedicado especificamente às questões metodológicas, publicado em 1970, pouco antes de sua morte[26]. Com efeito, entre outras coisas, pode-se ler aí que

> [...] é absolutamente falso pensar que as obras de arte, quer se tratem de monumentos ou de obras figurativas, tenham uma realidade e possam ser criadas independentemente da colaboração de um artista criador e de um círculo de testemunhas. A obra de arte [...] é um local de encontro entre espíritos, ela é um signo, um sinal de ligação [...]. O artista pertence à sociedade na qual vive. Ele não possui dessa sociedade uma experiência equivalente, idêntica, à de um matemático ou de um especialista em gramática [...]. As obras de arte [são] o produto de uma atividade problemática cujas possibilidades técnicas, tanto como as capacidades de integração dos valores abstratos, variam de acordo com os meios sociais considerados e levando-se em conta o desenvolvimento desigual das faculdades intelectuais dos diferentes meios nas diferentes etapas da história [...]. Todo objeto de arte é um *lugar* de convergência onde encontramos o testemunho de um número maior ou menor, mas que pode ser considerável, de pontos de vista sobre o homem e sobre o mundo. O caráter apaixonante da pesquisa, que convém sempre ser conduzida no interior do objeto considerado, resulta dessa descoberta incessantemente renovada dos pontos de vista[27].

Quando escreveu esse texto, Pierre Francastel criticava os estudos de sociologia da arte da época – década de 1960, na França –, cujas análises se baseavam geralmente em pesquisas e avaliações estatísticas que pretendiam

24 Frances Yates, *Les dernières pièces de Shakespeare: une approche nouvelle*, p. 13.
25 A respeito de Francis Bacon e Isaac Newton e suas relações com a filosofia oculta renascentista, Frances Yates, notadamente: *O Iluminismo Rosa-Cruz*, capítulos IX e XIV.
26 Pierre Francastel, "Pour une sociologie de l'art: méthode ou problematique?", *Études de Sociologie de l'Art*, Paris, Denoël/Gonthier, Bibliothèque Médiations, 1970.
27 *Idem*, pp. 11-17.

determinar o alcance da difusão e do consumo de determinadas obras de arte junto a grupos e classes sociais. A partir daí, tais análises buscavam estabelecer conclusões sobre o valor social e simbólico de certos bens artísticos e culturais[28]. Estava igualmente empenhado na crítica aos métodos utilizados por Arnold Hauser em sua *História Social da Arte*, que, segundo ele, consistiam na colocação em paralelo de "um certo esquema da história, necessariamente tomado de empréstimo dos manuais, e de um outro esquema da história da arte que não adere estritamente ao estudo direto das obras"[29]. O caminho metodológico de Arnold Hauser, criticado por Francastel, não deixava de inserir-se na respeitável tradição do pensamento marxista, que tinha então em Lucien Goldmann um de seus mais importantes representantes na França, tradição esta que, na análise da obra de arte, buscava de um modo geral interpretá-la com relação aos conteúdos históricos e sociais, aos valores, aspirações e visões de mundo das classes sociais[30].

Dando também importância aos condicionamentos históricos e sociais da obra de arte, Pierre Francastel considera, no entanto, que é de importância capital, na análise e interpretação de uma obra, que se leve em consideração a conduta do artista, uma conduta que é essencialmente técnica, o modo como ele lida com os meios técnicos e intelectuais à sua disposição e os utiliza artisticamente. Por isso, ele diz:

> Não é somente porque o artista nos permite lembrar a existência desse ou daquele problema intelectual contemporâneo que ele fixa nossa atenção e enriquece nossa própria experiência. O artista não apenas transpõe para um sistema particular [isto é, a obra de arte] ideias e valores suscetíveis de receber outras roupagens [representações]. É somente na medida em que realiza, através da técnica, obras harmoniosas e originais que ele se afirma como o porta-voz de sua *entourage*[31].

Inspirando-se, pois, em Frances Yates e Pierre Francastel, este estudo pôde finalmente definir-se como uma tentativa de reencontrar as personagens principais que, num determinado contexto histórico – a cidade de São Paulo nos anos 1940 e 1950 –, estiveram diretamente envolvidas nas atividades artísticas e culturais. Na verdade, trata-se de um contexto histórico que, segundo Frances Yates, implica uma filosofia dominante e envolve "tanto os acontecimentos históricos reais quanto os movimentos de pensamento que os acompanham". De outra parte, nele o teatro e a televisão apresentam-se como o *lugar* apontado por Francastel, o espaço que reflete a convergência de ideias, pensamentos, opiniões e pontos de vista, não apenas sobre a arte propriamente dita, mas "sobre o homem e sobre o mundo"; seriam os "locais

---

28   *Idem*, p. 8.
29   *Idem*, p. 7.
30   Lucien Goldmann, *Sociologia do Romance*, Rio de Janeiro, Paz e Terra, 1967, particularmente o capítulo sobre o "Método Estruturalista Genético na História da Literatura", pp. 203 e ss. O autor busca aí demonstrar que, em última instância, o verdadeiro sujeito da criação artística não é o indivíduo criador, mas o grupo ou a classe social a que pertence o artista.
31   Pierre Francastel, "Pour une Sociologie de l'art: méthode ou problematique?", pp. 16-17.

de encontro entre espíritos", os "sinais da ligação", marcas que refletem na história o movimento e a continuidade do processo de formação da cultura brasileira no século XX. E assim como a obra de arte "não pode ser criada independentemente da colaboração de um artista criador e de um círculo de testemunhas", a cultura de um país não pode ser concebida sem que se considerem a ação e a colaboração de artistas e homens de pensamento em meios sociais determinados, e sem que se leve em conta "o desenvolvimento desigual das faculdades intelectuais dos diferentes meios nas diferentes etapas da história".

Critérios de Análise, Hipóteses e Objetivos

Nessa linha de reflexões vai-se definindo o interesse deste estudo. Seu objetivo não é o de analisar e interpretar obras particulares da dramaturgia ou da teledramaturgia, peças e espetáculos de teatro ou de televisão nos quais se possam perceber temas condizentes com as questões artísticas e intelectuais, com os debates políticos e ideológicos que animaram o meio social da época. Evidentemente, essas questões e esses debates serão levados em conta, mas não a partir da análise e interpretação de obras particulares, com a preocupação de decifrar suas significações e conteúdos político-ideológicos. O que se pretende é chegar a uma aproximação do contexto histórico e social da época, perseguindo, acompanhando e, assim, na medida do possível, *reconstituindo historicamente a ação de artistas do teatro e da televisão e o envolvimento deles no seu círculo de relações profissionais, artísticas e intelectuais.* O problema, pois, que se coloca do ponto de vista metodológico é sempre o da reconstituição do contexto histórico e social. Entretanto, a perspectiva aqui adotada é aquela do historiador que, investigando os acontecimentos artísticos e culturais, reconstitui o contexto histórico e social principalmente no seu reflexo, naquilo que ele projeta em termos de ideias, de obras artísticas e de obras de pensamento e que acaba formando o universo cultural da sociedade. Portanto, se o teatro e a televisão se tornaram o tema central deste estudo, seu objetivo é a construção de um grande e colorido painel capaz de refletir, a partir de São Paulo, uma época da nossa história e um momento do processo da formação cultural brasileira no século XX. Afinal, como diz o grande poeta, "é no seu reflexo colorido que encontramos a vida"[32].

Outra questão levada em conta neste estudo é que a cultura brasileira, no século XX, não deixa de apresentar-se, também, como um fenômeno associado ao desenvolvimento das cidades, à formação de nossa sociedade urbano-industrial, à modernidade. De fato, a pesquisa bibliográfica, as entrevistas realizadas e os depoimentos colhidos junto aos artistas e participantes das atividades radiofônicas, televisivas e teatrais do período estudado permitem constatar que o rádio e a televisão, enquanto atividades

---

32 Verso de Goethe, citado por Alexis Philonenko, em E. Kant, *Critique de la faculté de juger*, Paris, J. Vrin, 1993, p. 21.

culturais ligadas às tecnologias de comunicação, diferentemente do teatro e em parte do cinema, têm participação direta no processo de desenvolvimento tecnológico e modernização da sociedade brasileira. Observa-se que o rádio, desde a sua inauguração em São Paulo, em 1924, e a televisão, a partir de 1950, apresentam-se como fenômenos culturais típicos do desenvolvimento urbano, do crescimento e modernização da metrópole paulista[33].

O historiador Nicolau Sevcenko, em seu livro *Orfeu Extático na Metrópole: São Paulo, Sociedade e Cultura nos Frementes Anos 20*, assinala o surgimento em São Paulo, já na década de 1920, de "uma nova mentalidade", de uma "nova ordem cultural", de "um quadro revelador da nova sensibilidade que se vai definindo na cidade que cresce em escala fenomenal"[34]. Ele aponta para o fato de que a cidade, invadida pelas novas tecnologias e vivendo sob o império da máquina e da ação, torna-se um mundo em que predominam "a incontinência dos modos e a irreverência de pensamentos"[35]. Conforme ele escreve, naquela época

> [...] a nova metrópole emergente era um fenômeno surpreendente para todos, tanto espacialmente, por sua escala e heterogeneidade, quanto temporalmente, tão absoluta era a sua ruptura com o passado recente. [...]. Tanto a forma histórica da metrópole, quanto as moderníssimas tecnologias implicadas nela para transporte, comunicações, produção, consumo e lazer, a experiência mesma de assumir uma existência coletiva inconsciente, como "massa urbana", imposta por essas tecnologias, se abateram como uma circunstância imprevista para os contingentes engolfados na metropolização de São Paulo [...]. O recondicionamento dos corpos e a invasão do imaginário social pelas novas tecnologias adquirem, portanto, um papel central nessa experiência de reordenamento dos quadros e repertórios culturais herdados, sob a presença dominante da máquina no cenário da cidade tentacular. A cidade viraria ela mesma a fonte e o foco da criação cultural...[36]

Estas pertinentes observações de Nicolau Sevcenko conduzem a que se leve em consideração a formação na cidade de São Paulo, e em outros centros metropolitanos, de uma cultura popular de massa, à qual não pareceria descabido vincular o rádio e a televisão. Na verdade, não há como não reconhecer sua existência, assim como não se pode negar a existência de uma cultura de elite que, em São Paulo, guarda traços notórios herdados

---

33 Sobre a história do rádio, consultar, principalmente, Antonio Pedro Tota, *A Locomotiva no Ar: Rádio e Modernidade em São Paulo, 1924-1934*, São Paulo, PW Editores/Secretaria de Estado da Cultura, 1990; Luiz C. Saroldi e Sônia V. Moreira, *Rádio Nacional: o Brasil em Sintonia*, Martins Fontes/Funarte, 1984; e Maria Elvira Bonavita Federico, *História da Comunicação: Rádio e TV no Brasil*, Petrópolis (RJ), Vozes, 1982.

34 Nicolau Sevcenko, *Orfeu Extático na Metrópole: São Paulo, Sociedade e Cultura nos Frementes Anos 20,* São Paulo, Companhia das Letras, 1992, p. 28.

35 *Idem*, p. 35. (Aqui Nicolau Sevcenko utiliza a definição da cidade dada por um cronista da época.)

36 *Idem*, pp. 31, 32 e 40.

de padrões artístico-culturais europeus, particularmente franceses. Na história cultural paulista, a essa cultura de elite poder-se-ia associar o próprio desenvolvimento do teatro e uma série de iniciativas importantes no campo das artes e da cultura, entre elas a criação, nos anos 1930, da Escola de Sociologia e Política, da Faculdade de Filosofia e da própria Universidade de São Paulo, como também, mais tarde, no pós-guerra, a organização, por exemplo, das Bienais de Artes Plásticas e, mesmo, da Cia. Cinematográfica Vera Cruz.

Realmente, cultura popular de massa e cultura de elite poderiam apresentar-se neste estudo como vertentes explicativas do processo de formação da cultura paulista e brasileira. Entretanto, a própria pesquisa histórica revelou que a insistência na distinção ou diferenciação entre essas duas esferas não constitui procedimento analítico que permita apreender, no período estudado, as diversas conexões e relações reais existentes entre, de um lado, as atividades do rádio e da televisão e, do outro, aquelas manifestações próprias da chamada alta cultura ou cultura de elite, entre as quais se inclui historicamente o teatro profissional paulista, inaugurado pelo TBC[37].

Sem desconsiderar, portanto, a realidade desses dois tipos de cultura, este trabalho toma a seguinte hipótese como eixo norteador da pesquisa: o teatro e a televisão em São Paulo, nas décadas de 1940 e 1950, antes de terem sido formas de expressão artística e cultural vinculadas a setores ou camadas sociais de uma sociedade que se industrializava e se modernizava, foram primordialmente fenômenos artísticos e culturais correlacionados, entrelaçados e, ambos, articulados ao projeto comum das tradicionais lideranças políticas e intelectuais de São Paulo que se mobilizaram em torno da ideia da construção de uma sociedade democrática no Brasil. Nesta perspectiva, a investigação sobre o teatro e a televisão tomou o caminho – reencontrando neste ponto Frances Yates – de tentar identificar, naquele momento histórico particular, algumas das principais correntes de pensamento que influenciaram a produção artística e cultural paulista e que, malgrado suas diferenças, puderam encontrar pontos de confluência na generalizada ideia da formação de um novo país, de construção de uma nova sociedade em que imperasse a democracia em lugar do autoritarismo e totalitarismo. Por certo, essas correntes de pensamento e a ideia de democracia deviam encontrar fundamento no contexto histórico, político e social da época. Isso significa

---

37 Como exemplo de conexões ou relações reais entre o rádio e a cultura de elite, pode-se citar o caso da Rádio Eldorado, pertencente à família Mesquita e ligada ao jornal *O Estado de S. Paulo*. João Lara Mesquita, seu diretor-executivo, em entrevista à TV comunitária, TV a cabo, apresentada em outubro de 1999, relata que sua família montou a rádio no início dos anos 1950 com a finalidade precípua de possuir um veículo para a divulgação dos ideais liberais e voltado para a promoção da cultura. Ele conta que até 1958, quando foi modificada sua programação, a Rádio Eldorado funcionava como uma "verdadeira emissora de rádio inglesa: concertos, música clássica, óperas, informativos culturais e boa música brasileira. Os *jingles* (propagandas pré-gravadas, geralmente na forma musical) eram proibidos. O próprio locutor da rádio é quem lia os textos comerciais". Cabe assinalar que, naquela época, o diretor artístico da Rádio Eldorado, Carlos Vergueiro, pai do cantor e compositor da MPB, Carlinhos Vergueiro, atuava também como ator no TBC, o teatro das elites e da burguesia, tal como foi considerado durante muito tempo.

que deve ter havido, realmente, um momento, na história paulista e brasileira, em que diferentes setores da sociedade, com suas diversas aspirações, seus diversos interesses, tenham-se mobilizado em favor da construção no país de um estado democrático. Esse momento histórico aconteceu. Foi em 1945, fim da Segunda Guerra Mundial e, no Brasil, fim do governo ditatorial de Getúlio Vargas. Trata-se, pois, de identificar algumas características da atmosfera política e cultural da época, tentando perceber quais foram as mais importantes correntes de pensamento que, já delineadas historicamente na sociedade paulista, encontraram modos particulares de expressão naquele contexto histórico, indo influenciar a produção do teatro e da televisão a partir da ação de determinadas lideranças políticas, artísticas e intelectuais.

Cenário Histórico: Contexto Político-ideológico Mundial

Terminada a Segunda Guerra Mundial, chega ao fim no Brasil o longo período do governo de Getúlio Vargas. Ele subiu ao poder durante os acontecimentos políticos que culminaram com a Revolução de 30 e lá permaneceu durante quinze anos, até 1945. O fim do Estado Novo, regime ditatorial por ele imposto em 1937[38], ocorre numa conjuntura internacional francamente favorável à afirmação dos princípios liberais e dos valores democráticos. Naquele momento, revelados ao mundo os crimes de guerra, a discriminação racial e as atrocidades cometidas pelo Estado nazifascista contra o povo judeu, ocorre uma verdadeira difusão e afirmação em escala mundial dos valores humanos e das liberdades individuais pautados no ideário do pensamento liberal já consagrado desde o século XVIII. Temas referentes à liberdade, à dignidade humana, à educação e ao cultivo dos valores espirituais para a formação do cidadão livre e da democracia ganham expressão e entram na ordem do dia. Aquele momento, como diz Eric J. Hobsbawm, foi a abertura de um período na história do século XX que pode ser visto como uma espécie de era de ouro, sucedendo a uma era de catástrofe iniciada em 1914 com a Primeira Grande Guerra. Foi um período de "cerca de 25 ou trinta anos de extraordinário crescimento econômico e transformação social, anos que provavelmente mudaram de maneira mais profunda a sociedade humana que qualquer outro período de brevidade comparável"[39]. Principalmente no mundo capitalista ocidental, com repercussões diretas nos países latino-americanos, essa era de ouro produziu-se sob a liderança dos Estados Unidos e foi acompanhada da exaltação do pensamento liberal e da democracia.

De fato, em 1945, no momento mesmo em que se anunciava a paz mundial, o fim da guerra parecia proclamar a vitória dos regimes democrático-liberais do Ocidente sobre os regimes totalitários nazifascistas dos

---

38 Edgar Carone, *A República Nova: 1930-1937*, 3. ed., São Paulo, Difel, 1982; e Edgar Carone, *O Estado Novo (1937- 1945)*, 2. ed., São Paulo, Difel, 1977.

39 Eric J. Hobsbawm, *A Era dos Extremos: o Breve Século XX, 1914-1991*, 2. ed., São Paulo, Companhia das Letras, 1996, p. 17.

países do Eixo: o Japão, do imperador Hirohito, a Itália, de Mussolini, e a Alemanha, de Hitler. Os Estados Unidos, além de passarem a ser vistos no cenário mundial ocidental como o país-modelo da democracia, surgem então como uma das maiores potências econômicas e militares que o mundo jamais conhecera. De forma trágica, a humanidade tomou conhecimento deste fato através da destruição atômica das cidades japonesas de Hiroshima e Nagasaki, em agosto de 1945.

Todavia, no pós-guerra, instaurada uma nova ordem econômica mundial, o jogo político internacional complicou-se. Ao lado dos Estados Unidos, a Rússia também emergira da guerra como uma superpotência, transformando-se em União das Repúblicas Socialistas Soviéticas – URSS, bloco de países socialistas por ela liderados no Leste Europeu[40]. Ora, é sabido que a vitória sobre a Alemanha nazista só foi possível graças à aliança militar entre Estados Unidos, União Soviética e Inglaterra. Mais ainda, "a vitória sobre a Alemanha de Hitler foi, como só poderia ter sido, uma vitória do Exército Vermelho" russo[41]. Na verdade, como observa Eric J. Hobsbawm, durante a guerra

> [...] houve uma aliança temporária e bizarra entre capitalismo liberal e comunismo [...]. De muitas maneiras, esse período de aliança capitalista-comunista contra o fascismo – sobretudo nas décadas de 1930 e 1940 – constitui o ponto crítico da história do século xx e seu momento decisivo. De muitas maneiras, esse é um momento de paradoxo histórico nas relações entre capitalismo e comunismo que na maior parte do século – com exceção do breve período de antifascismo – ocuparam posições de antagonismo inconciliável[42].

Finda a guerra, no entanto, essa aliança tornou-se insustentável. As relações entre os Estados Unidos e a União Soviética começaram a entrar num processo de deterioração, cujo ponto culminante foi atingido em março de 1947, quando Truman, o novo presidente norte-americano, eleito após a morte de Roosevelt, ocorrida em abril de 1945, anunciou oficialmente a bipolarização do mundo "entre dois sistemas incompatíveis": o capitalismo

---

40 Sobre as negociações diplomáticas entre Stalin, Roosevelt e Churchill para a instauração de uma nova ordem internacional, além de Eric J. Hobsbawm, ver Pedro S. Malan, "Relações Econômicas Internacionais do Brasil (1945-1964)", em *História Geral da Civilização Brasileira*, 3 ed., Rio de Janeiro, Bertrand do Brasil, 1995, tomo III, *O Brasil Republicano*, quarto volume, livro primeiro, *Economia e Cultura (1930-1964)*, p. 54.

41 Eric J. Hobsbawm, *A Era dos Extremos: o Breve Século xx, 1914-1991*, p. 17.

42 *Idem*, p. 17. Eric Hobsbawm argumenta que, no período entre as duas grandes guerras, a aliança temporária entre capitalismo liberal e comunismo foi possível porque os movimentos sociais inspirados no socialismo não constituíram perigo quase nenhum aos Estados dotados de regimes políticos baseados nos ideais liberais-democráticos. Naquela época, a ameaça efetiva às instituições da democracia liberal foi fruto da ação de grupos políticos direitistas, e não esquerdistas, resultando numa onda de regimes totalitários após a Primeira Grande Guerra. Naquele momento histórico, as forças de direita e os regimes autoritários "representavam não apenas uma ameaça ao governo constitucional e representativo, mas uma ameaça ideológica à civilização liberal como tal". *Idem*, pp. 114 e 116.

e o comunismo[43]. Foi quando teve início o chamado período da Guerra Fria, em que os Estados Unidos e a Rússia passaram a manter uma situação de confronto no cenário político internacional, situação esta que se refletiu ideologicamente em todo o mundo, cristalizando a oposição binária entre teorias e formas de pensamento alinhadas, de um lado, ao capitalismo, e do outro, ao socialismo ou comunismo.

Na realidade, a oposição entre capitalismo e comunismo – enquanto formas de pensamento e sistemas de ideias – vai encontrar na Revolução Russa de 1917 o seu momento histórico decisivo[44]. De fato, uma das conse-quências da Revolução de Outubro foi a valorização e a difusão da ideia de que o novo Estado soviético tornara o pensamento marxista uma realidade. Fruto da ação organizada e revolucionária do povo russo frente ao poder do Estado czarista, a Revolução Russa de 1917 teria consumado a tão desejada união da teoria à prática. Desde então, o marxismo passou não apenas a ser capaz de compreender e explicar o processo histórico de mudança social e de transformação das sociedades por meio da luta de classes, de desvendar nas sociedades capitalistas o mecanismo de formação do capital e os instru-mentos políticos e econômicos de dominação da burguesia sobre as classes trabalhadoras, como também passou a apresentar-se ao proletariado, aos movimentos populares urbanos e às populações de classe média como um pensamento poderosamente inspirador do ponto de vista revolucionário, capaz de conduzir à revolução, à reversão da ordem social capitalista e à instauração da sociedade comunista[45].

Pensamento Marxista e Pensamento Democrático-liberal no Universo Cultural Paulista

No Brasil, durante os anos 1920, em meio aos conflitos políticos e sociais que marcaram a história daquele tempo (os tenentes no Rio de Janeiro, em 1922, e em São Paulo, em 1924; a Coluna Prestes, logo em seguida), a con-traposição entre capitalismo e comunismo não encontrou formas de expres-são contundentes e ampliadas socialmente. O que se observa, sobretudo

---

43 *Idem*, pp. 230-231. Igualmente, Pedro S. Malan, "Relações Econômicas Internacionais do Brasil (1945- 1964)", p. 55.

44 "Fomos todos marcados por ela [a Revolução Russa de 1917], por exemplo, na medida em que nos habituamos a pensar a moderna economia industrial em termos de opostos binários, 'capita-lismo' e 'socialismo' como alternativas excludentes, uma identificada com economias organizadas com base no modelo da União Soviética, a outra com todo o restante. Agora já deve ter ficado evidente que essa oposição era uma construção arbitrária e em certa medida artificial que só pode ser entendida como parte de determinado contexto histórico". Eric Hobsbawm, *A Era dos Extremos: o Breve Século xx, 1914-1991*, São Paulo, Companhia das Letras, 1996, p. 14.

45 Referindo-se ao movimento operário em São Paulo, em torno dos anos 1920, e às diferenças entre comunistas e anarquistas, Gildo Marçal Brandão faz a seguinte observação: "todo partido comu-nista é filho problemático do casamento por paixão ou interesse entre uma esquerda nacional e a Revolução de Outubro. [...] é a Revolução Russa que age como dissolvente das velhas visões de mundo e formidável fator de aceleração do amadurecimento da pequena vanguarda operária. [...] 'fazer como na Rússia' marcou a identidade política da embrionária classe...". Gildo Marçal Brandão, *A Esquerda Positiva. As Duas Almas do Partido Comunista, 1920/1964*, São Paulo, Hucitec, 1997, pp. 68-69.

depois da Revolução de 30, é uma progressiva penetração do pensamento marxista na sociedade brasileira, impregnando com seus ideais e princípios políticos a vida dos principais centros urbanos e influenciando sobremaneira as artes, a cultura e a produção intelectual do país. Na década de 1930, quando o marxismo começa a propagar-se com mais força na sociedade brasileira, verificou-se o ingresso nas fileiras do Partido Comunista do Brasil (PCB)[46] de considerável número de artistas e de intelectuais, de jovens universitários, de profissionais liberais, de militares e de membros das classes médias e das classes populares urbanas. Os acontecimentos políticos e sociais de 1934 e 1935 em torno da Aliança Nacional Libertadora – o grande movimento de frente ampla que, liderado pelo PCB, envolveu ampliados contingentes do operariado e da classe média – revelam a importância da presença desse partido nos principais centros urbanos do país[47]. Realmente, "durante parte significativa de sua história brasileira, o marxismo teve existência simbiótica com o Partido Comunista (PCB)", de tal forma que, até fins da década de 1950, este partido deteve quase que exclusivamente a hegemonia da inserção do pensamento marxista no Brasil[48]. Foi através da constituição pelo PCB de "um poderoso aparato político-cultural", uma imensa "rede de organização, produção e difusão da cultura", que o pensamento marxista se inseriu vigorosamente na sociedade brasileira. Essa aparelhagem político-cultural incluía os mais variados instrumentos de atuação político-ideológica: escolas do partido, revistas, jornais, editoras de livros, produtoras de cinema, grupos de ação teatral, clubes de cinema e de artes plásticas, centros culturais e outros mais. Montada durante anos pelo PCB, essa "teia expande-se e penetra de modo fino e por vezes imperceptível em inúmeras instituições destinadas a organizar, produzir e/ou difundir bens simbólicos, potencializando enormemente a presença e a influência cultural dos marxistas"[49].

Paralelamente à ação do PCB, cuja política ideológica de divulgação do marxismo baseava-se, diga-se de passagem, muito mais nos textos de Lênin e Stalin do que nos escritos de Marx, o pensamento marxista e sua concepção materialista e dialética da história passam pouco a pouco a

---

46 O PCB foi criado em março de 1922. Sobre sua história há um conjunto enorme de importantes obras. Aqui neste estudo serviram de referência os seguintes autores: Edgar Carone, *A República Liberal (1945-1964)*, volume I, pp. 333-348, e volume II, pp. 22-27; Edgar Carone, *O PCB (1922 a 1943)*, São Paulo, Difel, 1982; Paulo Sérgio Pinheiro, *Estratégias da Ilusão: a Revolução Mundial e o Brasil, 1922-1935*, São Paulo, Companhia das Letras, 1991; Jacob Gorender, *Combate nas Trevas – a Esquerda Brasileira: das Ilusões Perdidas à Luta Armada*, 4. ed., São Paulo, Ática, 1990; João Quartim de Moraes (org.), *História do Marxismo no Brasil, Teorias, Interpretações, op. cit.*; e, principalmente, Gildo Marçal Brandão, *A Esquerda Positiva. As Duas Almas do Partido Comunista, 1920/1964, op. cit.* Esta obra, dotada de substantiva argumentação, recompõe a trajetória do PC e da esquerda no Brasil, fazendo ao mesmo tempo uma revisão analítica e crítica de praticamente toda a bibliografia existente sobre este partido e os movimentos políticos e sociais a ele referidos.
47 A respeito da Aliança Nacional Libertadora, ver Edgar Carone, *A Segunda República*, pp. 362 e ss., e pp. 421 e ss. Igualmente, Gildo Marçal Brandão, *A Esquerda Positiva. As Duas Almas do Partido Comunista, 1920/1964*.
48 Antonio Albino Canelas Rubim, "Marxismo, Cultura e Intelectuais no Brasil", pp. 306 e ss.
49 *Idem*, p. 306.

constituir-se, nos meios artísticos, culturais e intelectuais, um incitante instrumento teórico de análise, compreensão e explicação da sociedade brasileira. Inúmeros foram os intelectuais e artistas brasileiros que, atuando nas várias áreas do conhecimento e nos diversos campos da arte, tiveram nessa época significativa influência do pensamento marxista, estivessem ligados ou não ao Partido Comunista[50]. Seguindo as pistas de Antonio Candido[51], o historiador Carlos Guilherme Mota, em seu estudo sobre a ideologia da cultura brasileira[52], aponta os anos 1930 como um momento decisivo no processo de conhecimento histórico do Brasil, momento em que se revelam novas linhas de interpretação da realidade brasileira. De fato, entre 1933 e 1937, surge um conjunto de autores que, contestando de maneira radical a mentalidade conservadora e a "historiografia da elite oligárquica", podem ser tomados como os pontos de partida do estabelecimento de novos parâmetros para a análise e explicação histórica do Brasil. Um novo modo de refletir e interpretar a realidade do país, rompendo radicalmente com a "visão conservadora das elites oligárquicas", aparece nas obras de Gilberto Freyre (*Casa-grande & Senzala*, 1933), Sérgio Buarque de Holanda (*Raízes do Brasil*, 1936), Roberto Simonsen (*História Econômica do Brasil*, 1937) e, principalmente, na obra de Caio Prado Júnior (*Evolução Política do Brasil*, 1933). Essa obra é apontada por Carlos Guilherme Mota como aquela que, pela primeira vez, assinala o surgimento das classes sociais, enquanto categoria analítica, nos horizontes da explicação da realidade política e social brasileira. Partindo das bases materiais da sociedade, "apontando a historicidade do fato social e do fato econômico", procedendo a uma interpretação das relações sociais com base no método do materialismo dialético introduzido por Marx, Caio Prado Júnior representa a primeira tentativa sistemática de explicação marxista da história do país[53].

Naqueles mesmos anos 1930, todavia, enquanto o pensamento marxista expandia-se na sociedade brasileira, inspirando a formação e a ação de vários grupos e partidos políticos de esquerda, entre eles a Liga Comunista Internacionalista (trotskista) e o Partido Socialista[54], em São Paulo ganhava força também uma corrente de pensamento liberal-democrático que, desde os anos 1920, vinha nutrindo os ideais de muitos jovens universitários e professores da Faculdade de Direito do largo de São Francisco e que

50 Sobre esses artistas e intelectuais que, nas décadas de 1930, 1940 e 1950, estiveram filiados ao PCB ou atuaram junto dele como simpatizantes, consultar a obra supracitada de Antonio Albino Canelas Rubim. Sobre a atuação política de artistas e intelectuais paulistas, consultar Aracy A. Amaral, *Arte Para Quê? A Preocupação Social na Arte Brasileira, 1930-1970*, 2. ed., São Paulo, Nobel, 1987. Sobre Mário de Andrade e sua descoberta do marxismo, ver Telê Porto Ancona Lopes, *Mário de Andrade: Ramais e Caminhos*, São Paulo, Livraria Duas Cidades, 1972.

51 Antonio Candido, *Literatura e Sociedade*, São Paulo, Companhia Editora Nacional, 1965, especialmente o capítulo "Literatura e Cultura de 1900 a 1945", pp. 147-150; e *idem*, "Sérgio, o Radical", em *Sérgio Buarque de Holanda: Vida e Obra*, São Paulo, Secretaria de Estado da Cultura-USP, 1988, pp. 63-65.

52 Carlos Guilherme Mota, *Ideologia da Cultura Brasileira, 1933-1974, op. cit.*

53 *Idem*, pp. 27-33.

54 Edgar Carone, *A Segunda República*, p. 408.

estivera na base da formação do Partido Democrata Paulista (PDP), em 1927[55]. A figura expoente na defesa dos valores liberais-democráticos era Júlio de Mesquita Filho[56], que assumira, em 1927, com a morte do pai, a direção do jornal da família, *O Estado de S. Paulo*, e que articulou e liderou a Revolução Constitucionalista de 1932, levante armado de São Paulo contra o governo provisório de Getúlio Vargas[57]. Com a derrota militar paulista, ele é preso no Rio de Janeiro e, juntamente com seu irmão Francisco Mesquita e companheiros do PDP – entre eles o então jovem jornalista Paulo Duarte e o poeta Guilherme de Almeida –, é forçado a exilar-se em Portugal[58]. Porém, pouco tempo depois, em 1934, Júlio de Mesquita Filho, tendo ao lado o cunhado e empresário Armando de Salles Oliveira, liderará o movimento de criação da Universidade de São Paulo e de sua Faculdade de Filosofia, Ciências e Letras[59]. Esta iniciativa contou com a participação de um grupo grande de pessoas, entre elas um número considerável de jovens com formação intelectual, a maioria empolgada pelos ideais liberais-democráticos e ligada de alguma forma às elites culturais, políticas e econômicas paulistas, herdeiras das riquezas do café. Dois anos antes, em 1932, parte desse grupo havia participado da criação da Escola Livre de Sociologia e Política. Essa escola e, principalmente, a Faculdade de Filosofia da USP são marcos institucionais da abertura de uma fase de crescente animação cultural e produção intelectual na cidade de São Paulo, com repercussões em todo o país. Com efeito, o início das atividades da Faculdade de Filosofia, Ciências e Letras, com seus cursos espalhados em diferentes locais do centro da cidade; a presença de professores estrangeiros, com destaque para os de

55   Sergio Miceli, *Intelectuais e Classe Dirigente no Brasil, 1920-1945*, São Paulo, Difel, 1979, especialmente cap. I, pp. 1-18.

56   Falecido em 1969, Júlio de Mesquita Filho era formado em Direito pela Faculdade do largo de São Francisco. Na adolescência, fez estudos de segundo grau em Lisboa e em Genebra, adquirindo formação básica europeia. Teve destacada participação nos mais importantes acontecimentos políticos brasileiros no século XX. Desde a Revolução de 30, passando pelo Movimento Constitucionalista de 32, pelo fim do Estado Novo, pelo golpe militar de 1964, foi figura central nas grandes articulações políticas do país, buscando afirmar seus ideais liberais e sua fé no Estado constitucional democrático. Participou da montagem do golpe militar de 1964, porém rompeu com os militares, em 1968, quando percebeu que eles pretendiam manter-se no poder e fazer perdurar a ditadura militar. Ver "As Lutas de um Liberal", jornal *O Estado de S. Paulo*, Caderno 2 – Cultura, 11 de julho de 1999.

57   "Ele procurou aliança para formar uma frente única em São Paulo [...]. E a frente única, graças ao Julinho, se fez, e a Revolução de 32, cuja eclosão se deve a ele, pôde estruturar-se com a participação militar do coronel Salgado, comandante da Força Pública, do general Isidoro Dias Lopes e do coronel Euclides Figueiredo." Paulo Duarte, *Memórias*, São Paulo, Hucitec, 1975, vol. I, p. 73.

58   Mais tarde, em 1937, com a instalação do regime ditatorial do Estado Novo, Júlio de Mesquita Filho afastou-se mais uma vez do Brasil, indo desta vez exilar-se na França. De 1940 a 1945, o jornal *O Estado de S. Paulo* esteve sob intervenção e controle do governo federal, depois de ter sido invadido e confiscado por agentes do Departamento de Imprensa e Propaganda (DIP), órgão de censura criado por Vargas no Estado Novo. "As Lutas de um Liberal", *O Estado de S. Paulo*, Caderno 2 – Cultura, 11 de julho de 1999.

59   Ele foi "paraninfo da primeira turma e frequentava aulas e corredores da escola que conseguira criar. Por sua vez, os professores da Filosofia divulgavam pelas páginas de *O Estado de S. Paulo* seus trabalhos de pesquisa e os eventos extracurriculares da faculdade". Míriam Lifchitz Moreira Leite, "60 Anos de USP", *Estudos Avançados*, IEA, USP, vol. 8, n. 22, pp. 170-171, set./dez. 1994.

origem francesa[60]; o estimulante ambiente de pesquisa acadêmica e reflexão teórica proporcionado pela difusão, na faculdade, das principais correntes europeias e norte-americanas de pensamento político, sociológico, antropológico e filosófico; a criação de revistas especializadas de divulgação da produção acadêmica; o surgimento de atividades artísticas ligadas ao meio universitário – isso tudo veio trazer ânimo novo e vigor à vida cultural e intelectual da cidade.

Referindo-se à criação da Faculdade de Filosofia, Ciências e Letras, Júlio de Mesquita Filho escreve: "Éramos irredutivelmente liberais. Tão convictamente liberais que nos julgávamos na obrigação de tudo fazer para que o espírito em que se inspirasse a organização da universidade se mantivesse exacerbadamente liberal"[61]. Pois foi justamente com base nesse espírito liberal que a Faculdade de Filosofia, aberta às mais diversas teorias e correntes de pensamento filosófico, inclusive ao pensamento marxista, pôde desenvolver uma série de importantes estudos e pesquisas, produzindo todo um pensamento crítico que, a partir da década de 1940, viria consumar em definitivo, conforme observa o historiador Carlos Guilherme Mota, a ruptura em relação ao pensamento "das elites oligárquicas e sua visão conservadora da realidade brasileira". Segundo ele, surge nessa época em São Paulo um

> [...] pensamento progressista [...], produto de instituições como as faculdades de Filosofia que permitiram uma ruptura essencial com a cultura oligárquica e com a visão estamental do mundo. Uma perspectiva profundamente urbana, atenta mais aos conflitos entre as classes, ou no interior de uma comunidade. Uma rejeição clara às grandes interpretações-matrizes de pensamento oligárquico no Brasil emergirá com esse conjunto de críticos, que parecem apontar uma nova direção para a história da cultura e das ideologias no Brasil[62].

Retornando ao contexto histórico particular de São Paulo, em 1945, no momento em que chega ao fim a Segunda Guerra Mundial, pode-se observar que se entrecruzavam na cidade correntes diversas de pensamento, vindas daqui e dali, de todas as partes, dos diferentes grupos e classes sociais, todas elas confluindo para a questão primordial que se impunha a todos naquele momento: a construção de uma sociedade democrática no Brasil. Uma importante e fundamental divisão ideológica vai emergir desse caudal de ideias progressistas, levando estudantes, artistas, amantes das artes, intelectuais, cientistas, lideranças culturais, políticas e sociais a rumarem nas trilhas ideológicas da grande divisão que colocou em confronto o liberalismo e o socialismo e que se manifestou de diferentes formas ao longo da história, num processo que se inicia na Europa, no século XIX, no momento

60 Entre outros, Claude Lévi-Strauss, Roger Bastide, Paul-Arbousse Bastide, Pierre Monbeig, Fernand Braudel, Jean Gagé, Émile Leonard, Jean Maugüé etc.
61 Júlio de Mesquita Filho, "Pensamento Diretor dos Fundadores da Universidade de São Paulo", *Política e Cultura*, São Paulo, Martins, 1969, p. 192.
62 Carlos Guilherme Mota, *Ideologia da Cultura Brasileira, 1933-1974*, p. 74.

em que irrompem no cenário das lutas políticas os movimentos sociais populares de caráter socialista e anarquista. Desde aquela época, liberalismo e socialismo tornaram-se as duas ideologias dominantes no pensamento ocidental[63]. Após o surgimento da Guerra Fria, em 1946, a oposição entre elas torna-se aguda, particularmente nos países sob a influência da civilização capitalista ocidental, como os países da América Latina, de forte tradição religiosa herdada do catolicismo ibérico. No Brasil, após 1945, a ideia generalizada da construção da democracia irá encontrar expressão acabada e dominante na forma de dois grandes projetos políticos e culturais: um, o projeto de construção da sociedade democrática na vertente dos ideais liberais-democráticos; outro, o projeto de construção da sociedade democrática na vertente do pensamento marxista.

Foi num tal cenário histórico que a cidade de São Paulo, embebida de ideais democráticos ao findar-se a guerra, tornou-se o palco da expressão de um dos momentos marcantes da cultura brasileira do século XX; a cena em que se desenrolou uma trama artística e cultural toda particular, colocando face a face estudantes, artistas, intelectuais, críticos de arte e gente de cultura das mais diferentes nacionalidades, das mais variadas condições socioeconômicas, cada um com sua sensibilidade artística, seu talento, sua história de vida e interesses próprios, porém todos inevitavelmente tentando desempenhar o melhor possível as personagens que o enredo histórico lhes atribuía naquele momento. Esse grande espetáculo artístico-cultural paulista teve também seus animadores, empreendedores e patrocinadores, pessoas bem-relacionadas nas altas esferas econômicas, políticas e sociais, geralmente ricas ou, pelo menos, com a capacidade de mobilizar recursos financeiros para garantir a instalação e o funcionamento na cidade dos equipamentos artísticos e culturais: casas de espetáculos, escolas de arte, teatros, museus, centros de cultura etc. Eram pessoas que, naqueles tempos em que a democracia parecia dar o ar da sua graça, se apresentavam como verdadeiros mecenas do "renascimento artístico e cultural" de São Paulo ocorrido logo depois do Estado Novo. Eram pessoas cultas, normalmente de formação europeia, cujas famílias, herdeiras das riquezas do café, de alguma forma marcaram historicamente sua presença na vida artística e cultural de São Paulo; pessoas que, quando ainda jovens, durante os anos 1920 e mesmo antes, graças à riqueza familiar, tiveram a oportunidade de fazer estudos na Suíça, na Itália, na França ou na Inglaterra; enfim, pessoas que puderam viver aqueles bons tempos, "aquela *belle époque* prolongada no Brasil, sobretudo em São Paulo, até 1930, ano da crise e ano da revolução", conforme diz Sérgio Buarque de Holanda[64].

Por fim, convém observar que a cultura brasileira, enquanto um processo em formação, vai deixando aqui e ali, ao longo do tempo, suas marcas, pegadas, pistas, obras de arte e obras de conhecimento, algumas

---

63 Norberto Bobbio, *Direita e Esquerda: Razões e Significados de uma Distinção Política*, São Paulo, Editora da Unesp, 1995, p. 112.
64 Sérgio Buarque de Holanda, "Introdução", em Yolanda Penteado, *Tudo em Cor-de-rosa*, Rio de Janeiro, Nova Fronteira, 1976, p. 12.

já catalogadas, manifestações por assim dizer emblemáticas, reconhecidas sob várias interpretações, sob várias significações. Fica a impressão de que, acompanhando a própria história política, econômica e social do país, o processo de formação da cultura brasileira, na continuidade e fluidez de seu percurso, em alguns momentos parece condensar-se e se exprimir tomando a forma de um grande e colorido painel que não deixa de refletir momentos ou épocas da própria formação histórica da sociedade brasileira. Assim, o processo cultural acaba compondo a figura de vários quadros multiformes e policromos suspensos na história do país, cada um refletindo contextos históricos particulares. Na verdade, ir ao encontro de um desses painéis, aquele que reflete os anos 1940 e 1950 em São Paulo; buscar examinar suas cores, seus claros e escuros, suas sombras, suas nuances, sua contextura; tentar reinterpretá-lo à luz dos conhecimentos contemporâneos e recobrar-lhe a vida por meio da ação, da conduta, das aspirações, valores e ideais dos seus artistas criadores e de seu círculo de testemunhas – este é, no final das contas, o objetivo, o verdadeiro desafio a que se propõe este estudo. E não deixa de haver nisso um certo risco, pois permanece sempre o sentimento recôndito de que esse objetivo só será atingido com a paixão e a sensibilidade que se expressam, por vezes, no olhar de quem, diante de uma obra de arte, se perde em sonhos.

Capítulo primeiro

Dois flagrantes do processo cultural paulista

Primeiro quadro
A inauguração do Teatro Brasileiro de Comédia

Em 10 de outubro de 1948, um dia antes da inauguração do TBC, o poeta Guilherme de Almeida publicava no *Diário de São Paulo* a crônica "315, Rua Major Diogo – uma Quase-reportagem". Nela, ele escreve:

> A vizinhança está mais ou menos escandalizada. Em pleno Bexiga, na rua Major Diogo, entre duas vias preferenciais que descem do espigão da avenida [Paulista] ao Centro – entre a rua Santo Antonio e a rua Brigadeiro Luiz Antonio – os autos param ante um prédio diferente, de certa importância, com seus três andares relativamente arquiteturados: fachada pintada de novo, cheiro de construção, de caliça fresca e tintas frescas. Aquilo grita, forte, na rua estreita em que o bonde "Bela Vista" vai luminosamente bimbalhando entre casas térreas incolores: uma quitanda com seus cachos de banana pendurados, uma farmácia com aquele arzinho serviçal de injeções prontas, dois armarinhos de vitrinas já apagadas expondo chitas e enxovais de bebês, um bar com muitas garrafas e poucos fregueses, uma entrada sombria para uma "vila" que se dissolve num mistério noturno... A gente simples, nos passeios, para, curiosa, olhando o casarão renovado que jorra tanta luz. O que será aquilo? Por enquanto, nenhum anúncio-luminoso, nenhuma tabuleta, nenhum cartaz explica coisa alguma. Entretanto, amanhã..., amanhã, no número 315 da rua Major Diogo será inaugurado o "Teatro Brasileiro de Comédia" [...], o teatro pequeno e íntimo que São Paulo queria, pedia para ter onde dizer suas discretas emoções. Na feia ostra urbana do Bexiga – incrustada no casco velho da cidade renovada – agora essa joia se acende. Está certo. Não é nesses côncavos obscuros que se criam as pérolas?...[1]

No dia seguinte, na noite de 11 de outubro de 1948, a inauguração do TBC foi realmente um acontecimento de gala na vida social e cultural da cidade. Para

---

1   Guilherme de Almeida, "315, Rua Major Diogo – Uma Quase-reportagem", *Diário de São Paulo*, 10 out. 1948.

o espetáculo inaugural, convites especiais foram previamente destinados a um distinguido público. A quase totalidade desses convites foi vendida antecipadamente, a um preço bastante elevado, a pessoas escolhidas e bem--situadas economicamente na sociedade paulistana, as quais fizeram questão de prestigiar com seu apoio e presença a inauguração do novo teatro. Com efeito, em sua noite de estreia o TBC recebia parte importante da alta sociedade de São Paulo, com suas mulheres elegantes e refinadas, ostentando seus melhores figurinos, comprados geralmente em lojas de Paris ou confeccionados pelas poucas modistas de alta-costura do Rio de Janeiro e de São Paulo. Elas vinham acompanhadas de homens bem-trajados e garbosos em seus automóveis estrangeiros trazidos ao país a bordo de transatlânticos. Naqueles anos 1940, *écharpes*, vestidos de *soirée* e perfume Chanel, assim como *blackties*, fina *gourmandise* e etiqueta social não deixavam de ser sinais de alta distinção na sociedade e, mais do que isto, índices de cultivo artístico e cultural. Afinal, eram as pessoas que dispunham de tais hábitos, de tais condições de consumo e de existência social que podiam viajar ao exterior e acompanhar as novidades que surgiam, principalmente em Londres e Paris, em matéria de artes plásticas, literatura, cinema, teatro e, até, de pensamento político e filosófico. Fora assim desde o início do século e assim continuava sendo na cidade de São Paulo, naquele ano de 1948.

No dia 11 de outubro de 1948, a alta sociedade paulistana em traje a rigor na noite de estreia do TBC (Arquivo Ruy Affonso).

De fato, na noite festiva da inauguração do TBC, todo o brilho da joia, a pérola anunciada pelo poeta, refletia-se na alta sociedade paulistana que comparecia em peso. Seus setores mais cultos e esclarecidos eram representados pelas tradicionais famílias Prado, Penteado e Mesquita, que, desde os primórdios do século XX, vinham de algum modo marcando com sua presença a vida artística, cultural e intelectual de São Paulo. Destas famílias, com charme discreto e elegância, duas mulheres apareciam com especial destaque: Débora Prado Marcondes Zampari, filha de fazendeiros da região de Campinas que, quando menina, na época da Primeira Guerra Mundial, viveu durante dez anos na Europa, entre a Itália e a Suíça, acompanhada da mãe e dos irmãos[2], e a bela Yolanda Penteado, ela também filha de fazendeiros paulistas, descendente longínqua de João Ramalho, prima do historiador Caio Prado Jr. e sobrinha querida de dona Olívia Guedes Penteado, a amiga de Mário de Andrade e grande animadora do movimento modernista na década de 1920[3]. Muito provavelmente as irmãs Mesquita – principalmente Ester, Maria e Lia –, filhas de Júlio Mesquita, o fundador do jornal *O Estado de S. Paulo*, e netas de Cerqueira Cesar[4], figuravam também entre os convidados de escol que naquela noite invadiam o velho e tradicional bairro italiano do Bexiga, onde fora instalada a nova casa de espetáculos que viria revolucionar a cena teatral brasileira.

Por certo, encontravam-se igualmente presentes algumas das mais conhecidas figuras da intelectualidade e da vida cultural da cidade: artistas plásticos, escritores, jornalistas e críticos de arte que costumavam frequentar as famosas livrarias Planalto e Jaraguá, na rua Marconi, ou o recém-criado Museu de Arte de São Paulo, Masp, que funcionava ali ao lado, na rua Sete de Abril, no número 230, edifício sede dos Diários Associados, cujo proprietário era o polêmico empresário e jornalista Assis Chateaubriand. E lá deviam estar também alguns jovens intelectuais e professores da Faculdade de Filosofia, Ciências e Letras da Universidade de São Paulo, que, na época, ocupava ainda o terceiro andar do prédio da Escola Caetano de Campos, na praça da República, bem perto do Masp e das duas citadas livrarias. O dono da Livraria Jaraguá era Alfredo Mesquita, irmão mais novo de Júlio de Mesquita Filho que, com o cunhado Armando de Salles Oliveira, havia tomado a iniciativa de criar, nos idos de 1934, a própria Universidade de São Paulo e sua Faculdade de Filosofia.

Realmente, o comparecimento de Alfredo Mesquita ali, naquela noite, era absolutamente indispensável, pois fora ele o criador, em 1942, do Grupo de Teatro Experimental, GTE, grupo amador do qual era o diretor e que se

2   Débora Prado Marcondes Zampari viveu até inícios da década de 1990. Graças à colaboração da pesquisadora Maria Thereza Vargas, dados sobre sua história de vida foram fornecidos por seu sobrinho, Ari Prado Marcondes, que ocupou o cargo de gerente do TBC, em 1951. No início dos anos 2000, com oitenta anos de idade, ele vivia no município paulista de Bananal, no Vale do Paraíba.

3   Sobre Yolanda Penteado, consultar seu livro *Tudo em Cor-de-rosa*, Rio de Janeiro, Nova Fronteira, 1976. Neste livro, na introdução, encontramos a carta-prefácio de Sérgio Buarque de Holanda, escrita em 1976, dirigida à autora. Nela, além de manifestar sua amizade e admiração por Yolanda Penteado, ele rememora com afeto e humor seus tempos de juventude na cidade de São Paulo, trazendo à luz certos aspectos da vida cultural e social paulista das primeiras décadas do século XX.

4   Das filhas de Júlio Mesquita, são citadas aqui apenas estas três que, segundo o historiador Francisco Iglésias, eram as mais interessadas por arte e ligadas às atividades teatrais do irmão caçula, Alfredo Mesquita. Francisco Iglésias, "EAD: Experiência e Lição", revista *Dionysos*, n. 29, "Escola de Arte Dramática", Minc/Fundacen, 1989, p. 28. Ainda sobre a família de Júlio Mesquita e suas filhas, consultar Paulo Duarte, *Memórias*, São Paulo, Hucitec, 1975, vol. 1, p. 70.

apresentava como uma das principais atrações do espetáculo inaugural do TBC. E ele tinha plena consciência de que, com o surgimento do TBC, concretizava-se a possibilidade de dar continuidade às atividades teatrais dos grupos amadores e, principalmente, de colocar em prática as ideias inovadoras em matéria de encenação, direção, interpretação e dramaturgia, as quais vinha defendendo desde muitos anos no seu trabalho amador, apoiado em grandes nomes da moderna cena teatral francesa[5]. No mês de maio daquele mesmo ano de 1948, ele havia criado a Escola de Arte Dramática de São Paulo, a EAD, fruto não só de sua paixão pelo teatro, como também de sua dedicação entusiasmada, durante toda a vida, à educação artística, à formação cultural, técnica e profissional de novos atores, atrizes, diretores e dramaturgos para o teatro brasileiro[6]. A EAD foi criada e, para o seu funcionamento, já podia contar com os espaços de um dos andares do pequeno prédio do TBC.

Décio de Almeida Prado era também presença certa e praticamente obrigatória naquela noite. Afinal, Décio já exercia na época a função de crítico teatral no jornal *O Estado de S. Paulo* e, ao mesmo tempo, era o diretor do Grupo Universitário de Teatro, GUT, da Faculdade de Filosofia, que fundara, em 1943, juntamente com o estudante e futuro professor da USP, Lourival Gomes Machado[7]. Este grupo amador contou sempre com a colaboração de Antonio Candido, de sua mulher, Gilda de Mello e Souza, de Ruy Coelho e de outros jovens universitários. De fato, vários estudantes da Faculdade de Filosofia estiveram ligados ao teatro amador universitário, seja como atores, seja como contrarregras ou pontos. Entre eles estão Ruy Affonso Machado, Miriam Lifchitz Moreira Leite, Lygia Corrêa Dias de Moraes, Maria José de Carvalho, Maria Isaura Pereira de Queiroz e Oliveiros da Silva Ferreira. Destes, apenas Ruy Affonso, após bacharelar-se em filosofia, teve expressiva carreira profissional como ator, justamente a partir da fundação do TBC, em 1948[8].

---

5   Sobre a influência, na década de 1940, do diretor teatral francês Jacques Copeau e seus seguidores, entre eles Louis Jouvet, sobre os amadores de São Paulo e do Rio de Janeiro, ver Armando Sérgio da Silva, *Uma Oficina de Atores: a Escola de Arte Dramática de Alfredo Mesquita*, São Paulo, Edusp, 1988.

6   Em artigo publicado no jornal *O Estado de S. Paulo*, de 27 de abril de 1948, duas semanas antes da inauguração da EAD, ele falava da "missão" educadora dos amadores do teatro: "Resta a fazer muito mais. E ainda aqui, acho que têm os amadores mais essa 'missão' a cumprir: formar atores, diretores, técnicos de teatro, inexistentes ou apenas improvisados entre nós. O que o nosso teatro pede no momento são elementos de formação cultural, técnica e profissional, completa. Chega de tentativas, de remendos, de improvisações. Para a 'formação' desse novo pessoal de teatro são necessárias 'escolas de teatro' a exemplo do que se faz no estrangeiro. [...] o que precisamos é de escolas. Escolas em que se formem artistas, diretores, técnicos, todo o número e variado pessoal que exige o verdadeiro teatro". *Apud* Armando Sérgio da Silva, *Uma Oficina de Atores: a Escola de Arte Dramática de Alfredo Mesquita*, pp. 51 e 52.

7   Sobre o GUT, consultar especialmente Miriam Lifchitz Moreira Leite, "GUT: o Ritmo Vivaz", em João Roberto Faria, Vilma Arêas e Flávio Aguiar (orgs.), *Décio de Almeida Prado: Um Homem de Teatro*, São Paulo, Edusp, 1997.

8   Conforme depoimento em entrevista concedida em 6 de março de 2000, Ruy Affonso formou-se em Direito, no largo de São Francisco, em 1943. Em 1946, começou a cursar a Faculdade de Filosofia, bacharelando-se em 1948, ano da inauguração do TBC. Criado o TBC, ele e sua tia, a atriz Marina Freire Franco, passam a dedicar-se profissionalmente ao teatro. Em 1955, Ruy Affonso cria o famoso grupo teatral Os Jograis de São Paulo, do qual participaram, entre outros, os atores Armando Bógus e Rubens de Falco.

Se naquela noite de estreia entrava em cena o GTE, de Alfredo Mesquita, dali a pouco mais de duas semanas, exatamente no dia 4 de novembro, seria a vez da apresentação no TBC do Grupo Universitário de Teatro, o GUT, de Décio de Almeida Prado, com a peça *O Baile dos Ladrões*, de Jean Anouilh, em tradução de Antonio Candido, com direção do próprio Décio, tendo Maria Isaura Pereira de Queiroz como um dos contrarregras e trazendo à cena alguns atores que no futuro seriam renomados professores da USP, especialmente Lygia Corrêa Dias de Moraes e Oliveiros da Silva Ferreira[9].

Na noite de estreia, sem deixar de atender às expectativas de sua seleta plateia, o TBC mantinha um cartaz duplo que incluía, logo na abertura, o monólogo de Jean Cocteau, *La Voix humaine*, interpretado em francês por Henriette Morineau, atriz francesa radicada no Brasil, na cidade do Rio de Janeiro, desde 1931[10]. Na segunda parte, vinha a apresentação do grupo teatral amador GTE, de Alfredo Mesquita, interpretando a peça *A Mulher do Próximo*, de autoria de Abílio Pereira de Almeida, advogado paulista, porém, mais do que tudo, ativo ator, dramaturgo e animador do teatro amador daquela época[11].

Com efeito, a inauguração do TBC foi, mesmo, um importante acontecimento cultural em São Paulo que se concretizou graças ao apoio financeiro fornecido por um grupo de figuras das elites econômicas paulistas. Era um grupo de empresários, banqueiros, homens ligados à indústria, ao comércio e às finanças, todos reunidos pelo engenheiro e administrador de empresas Franco Zampari e seu amigo e padrinho de casamento, o industrial Francisco (Ciccillo) Matarazzo Sobrinho.

Tudo começou alguns anos antes, quando Franco Zampari, casado com Débora Prado Marcondes Zampari, costumava receber em sua casa, na rua Guadelupe, 663, no Jardim América, um grupo de amigos, a maior parte pessoas da alta sociedade paulista. As reuniões aconteciam sempre aos domingos a partir das 12 horas, alongando-se até por volta das 20 horas. Era um *open-house* de que participavam seus amigos mais próximos, quase todos muito ricos, acompanhados de suas esposas, com a presença, também, de várias pessoas ligadas ao mundo das artes e da cultura. Conforme

---

9 Maria Lúcia Pereira, "Fichas Técnicas do TBC", revista *Dionysos*, n. 25, "Teatro Brasileiro de Comédia", MEC/Funarte, pp. 199 e 200, set. 1980. Aliás, dali a dois anos, em 1950, o TBC encenaria a peça *Rachel*, de Lourival Gomes Machado, então professor da Faculdade de Filosofia, com direção de Ziembinski (*idem*, p. 213).

10 Henriette Morineau veio para o Brasil em 1931, acompanhando seu marido, o ex-ator Georges Morineau, que tinha vindo instalar-se no Rio de Janeiro como diretor de uma grande firma comercial. Permaneceu cerca de dez anos longe do palco, ocupando-se apenas com aulas de declamação – o que, talvez, não a tenha impedido de tomar parte, em 1938, do elenco do grupo teatral de Rachel Berendt que se apresentava então no Brasil. *Jornal das Artes*, n. II, São Paulo, fev. 1949. (Essa publicação teve somente três edições: janeiro, fevereiro e junho de 1949. Ruy Affonso, que foi diretor dessa revista, guarda até hoje seus três únicos exemplares.) Ver, igualmente, Maria Lúcia Pereira, "Antecedentes e História Cotidiana do TBC", revista *Dionysos*, n. 25, pp. 67 e 71.

11 Abílio Pereira de Almeida, falecido em 1977, foi importante ator, dramaturgo e animador cultural em São Paulo, sobretudo nas décadas de 1940 e 1950. No Instituto de Estudos da Linguagem, IEL, da Unicamp, encontra-se arquivada grande parte dos seus textos originais: peças teatrais e escritos para cinema e televisão.

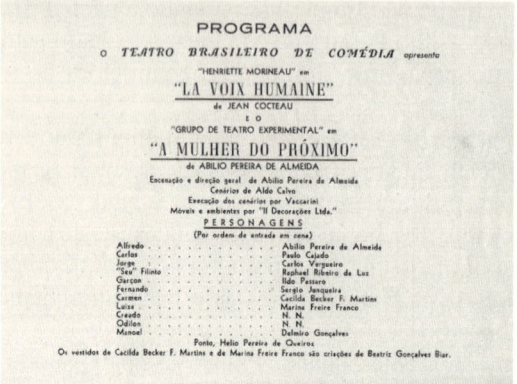

Programa duplo da noite de estreia do TBC (Arquivo Ruy Affonso).

depoimento de Ruy Affonso[12], que não perdia um só desses encontros semanais, o grupo era constituído de trinta a quarenta pessoas. Após o almoço, servido às 14 horas, todos se reuniam num grande espaço especialmente construído por Zampari nos fundos de sua ampla residência, por ele batizado de Bodega d'Arte, uma espécie de oficina de criação artística. Lá, ao lado de um piano, de bons discos importados, de livros de arte e, sobretudo, de boa bebida, eles passavam as tardes de domingo. E cada um, de acordo com suas possibilidades, expandia seus dotes artísticos pessoais, seja declamando uma poesia, seja cantando alguma canção, de preferência europeia ou norte-americana, como era o caso da atriz amadora Madalena Nicol, especialista em *negro spiritual*, que a todos encantava com sua bela voz. Ao piano, acompanhando a cantoria, sentava-se geralmente Carlos Vergueiro, que mais tarde viria ocupar a direção artística do TBC, integrando também seu elenco de atores. Pouco depois da inauguração do TBC, ele assumiria a direção artística da Rádio Eldorado, pertencente à família Mesquita. Abílio Pereira de Almeida, sempre ligado ao grupo de teatro

12   Ruy Affonso, entrevista concedida à pesquisa em 6 de março de 2000.

amador de Alfredo Mesquita, era um dos *habitués* dessas reuniões. Ele ia sempre em companhia de sua mulher, Lúcia, que gostava muito de teatro. Décio de Almeida Prado aparecia lá de vez em quando. O advogado Paulo Galvão Coelho, irmão de Ruy Coelho, e José de Barros Pinto, da Faculdade de Filosofia, eram presenças constantes, assim como Yolanda Penteado e Ciccillo Matarazzo, participantes frequentes dessas reuniões domingueiras antes mesmo de unirem-se em casamento, fato que ocorreu em 1947. Entre os frequentadores mais ricos e dotados de especial interesse pelas artes, além de Yolanda e Ciccillo, figuravam os irmãos Moraes Barros, Nino e Manoel, descendentes de fazendeiros de café e do presidente Prudente de Moraes; o casal Marjorie Prado e Jorge da Silva Prado, ela norte-americana e ele filho de Antonio Prado Júnior e neto do conselheiro Antonio Prado e de dona Veridiana Prado; o industrial Paulo Assumpção e sua mulher, Sofia (Fifi) Lebre Assumpção; e o homem de altas finanças, Adolfo Rheingantz, e sua mulher Maria José (Majô) Rheingantz.

Algumas vezes Franco Zampari recebia também em sua casa artistas estrangeiros de passagem por São Paulo. Por exemplo, quando da apresentação no Theatro Municipal da Cia. de Dança Original Ballet Russo, no ano de 1946 ou 1947, ele convidou todo o elenco para uma apresentação especial em sua residência. Para tanto, mandou cobrir com madeira e lona a piscina do jardim interno, onde instalou equipamentos de iluminação e armou um cenário todo particular, repleto de plantas ornamentais. A apresentação foi à noite, para um grupo de quarenta pessoas, amigos e frequentadores das reuniões dos domingos. Após o espetáculo, foi servida uma ceia[13].

Aos poucos, no decorrer dessas reuniões, Franco Zampari foi desenvolvendo a ideia de criar em São Paulo um teatro destinado à apresentação de obras dramáticas modernas, de reconhecida importância internacional. Cada vez mais a ideia foi ganhando força, e decidiu-se então pela constituição de uma sociedade sem fins lucrativos, que pudesse garantir a instalação e o funcionamento de um novo teatro na capital paulista. Conforme escreve Alberto Guzik:

> Para levantar os fundos destinados à instalação da sala de espetáculos e o capital necessário ao seu funcionamento, Zampari e Ciccillo Matarazzo criaram a Sociedade Brasileira de Comédia, entidade sem fins lucrativos para a qual convidaram duzentas figuras da sociedade paulistana. Dela participam, entre outros, os banqueiros e industriais Adolfo Rheingantz, Paulo Assunção, Frederico de Souza Queiroz e Herman de Moraes Barros, sendo a consultoria jurídica formada por Nélson e Paulo Cândido Motta e Antonio Caio da Silva Jr.[14]

Pelas mais diversas razões – entre elas, sem dúvida, uma paixão verdadeira pelo teatro, no caso de Zampari, e o interesse pelas artes manifestado

---

13 Informação prestada por Ruy Affonso em entrevista citada.
14 Alberto Guzik, *TBC: Crônica de um Sonho*, São Paulo, Perspectiva, 1986, pp. 13-14.

desde a juventude, no caso de Ciccillo –, esses novos mecenas paulistas decidiram apoiar as atividades dos grupos de teatro amador de São Paulo, oferecendo-lhes o TBC, um teatro tecnicamente bem equipado, com modernas instalações de palco e boas acomodações de plateia. Era um teatro de dimensões bastante razoáveis, com 365 lugares, instalado num pequeno prédio alugado, situado na rua Major Diogo, número 315, no bairro da Bela Vista, antigo bairro do Bexiga[15].

Realmente, o TBC surgiu como um empreendimento artístico-cultural idealizado e patrocinado por particulares, gente de dinheiro que se dispôs a criar uma casa de espetáculos, em moldes europeus, para abrigar e promover os grupos de teatro amador de São Paulo. Abílio Pereira de Almeida, que integrava o Grupo de Teatro Experimental, GTE, de Alfredo Mesquita, rememora a intenção dos patronos do TBC em apoiar o teatro amador: "Alugamos o prédio por quatro anos, o Ciccillo de fiador. 'O teatro é dos amadores' – ele disse na ocasião da assinatura do contrato. 'Se der lucro, é dos amadores. Se der prejuízo, eu pago'"[16].

Mas foi principalmente Franco Zampari quem arcou com as despesas, de acordo com o depoimento de Débora Prado Zampari, sua mulher:

> Quando resolveu fundar o TBC, o Franco sabia o quanto aquilo iria lhe custar, mas foi em frente. Nossos amigos – quase todos muito ricos – ajudaram, é claro, compraram quotas da sociedade, e os sócios pagavam assinaturas para cada dez espetáculos. Embora as bilheterias fossem geralmente muito boas, nem de longe cobriam os altos custos das montagens e da manutenção do teatro, com aquela equipe enorme de técnicos, atores, diretores permanentes. Então, quem sustentava o TBC, quem financiou tudo, anos a fio, foi o Franco. Pagava com gosto, mesmo sabendo que não havia condições de retorno do dinheiro empregado. Pagava o preço do seu *hobby*, caro, sem dúvida, mas não fora das suas possibilidades[17].

Franco Zampari e Francisco (Ciccillo) Matarazzo Sobrinho eram amigos de longa data, desde os tempos da escola secundária, em Nápoles, na Itália. Ciccillo, nascido em São Paulo em 1898, na rua Major Quedinho, hoje centro da cidade, era filho de Andrea Matarazzo, um dos irmãos do velho conde Francisco Matarazzo, pioneiro da industrialização em São Paulo e fundador do clã Matarazzo[18]. Em 1908, com dez anos de idade, depois de ter feito o curso primário no Instituto Caetano de Campos, na praça da República, Ciccillo segue para a Itália em companhia de um preceptor,

---

15 Totalmente reestruturado, comportando novos espaços e outras salas de espetáculo, ele mantém-se hoje no mesmo lugar em que nasceu.
16 Revista *Dionysos*, n. 25, MEC/Funarte p. 134.
17 *Idem*, p. 151.
18 A respeito de Francisco Matarazzo, consultar notadamente José de Souza Martins, *Empresário e Empresa na Biografia do Conde Matarazzo*, Rio de Janeiro, UFRJ, Instituto de Ciências Sociais, 1967; Warren Dean, *A Industrialização de São Paulo (1880-1945)*, São Paulo, Difel, 1971; e Fernando Azevedo de Almeida, *O Franciscano Ciccillo*, São Paulo, Pioneira, 1976.

com destino a Nápoles. Nesta cidade, realiza seus estudos secundários ao lado de Franco Zampari, de quem se torna amigo por toda a vida. De Nápoles, Ciccillo segue para Liège, na Bélgica, e lá se inscreve no curso de Engenharia. Viveu na Europa durante dez anos, de 1908 a 1918, ou seja, dos dez aos vinte anos de idade. Apesar dos trágicos acontecimentos que abalaram a Europa durante a Primeira Guerra Mundial (1914-1918), ele pôde, no dizer de seu biógrafo, viver aqueles "tempos humanísticos da *belle époque*", adquirindo "refinada educação", fato que "teria forte influência em sua futura trajetória, quando despontaria como homem de artes a partir da década de 1940"[19].

Franco Zampari, de seu lado, com um diploma de engenheiro nas mãos, desembarca no Brasil em 1922, vindo da Itália diretamente para São Paulo em razão de dois motivos fundamentais: a mulher de quem gostava e com quem se casaria era de São Paulo e nesta cidade vivia seu amigo Ciccillo Matarazzo, que lhe oferecera emprego na indústria de sua família. Débora Prado Zampari conta:

> Franco era um engenheiro, não um industrial. Veio para o Brasil em 1922 para começar a vida, sem outra coisa de seu além de um diploma. Conhecemo-nos na Itália, gostamos um do outro e eu voltei para o Brasil. Franco acabara de se formar, não tinha ainda uma situação definida, nem grandes raízes na Itália, então veio para cá. Ciccillo Matarazzo havia sido seu colega de escola e eram muito amigos; sabendo da intenção do Franco de casar-se e se instalar no Brasil, ofereceu-lhe um emprego. Começamos nossa vida muito simplesmente, com conforto, é claro, mas numa posição bastante modesta. Franco trabalhava na laminação Matarazzo, em São Bernardo. Trabalhava muito, trabalhou muito a vida inteira… […] e se teve sucesso foi exclusivamente em função do seu trabalho e da sua competência. Nossa vida mudou radicalmente depois que Ciccillo e o velho Pignatari fundaram a metalúrgica e escolheram Franco para dirigi-la. Foi ele quem realmente formou a metalúrgica, desde o início, levou adiante o empreendimento, construiu a fábrica do Rio de Janeiro, criou uma potência – e então ganhou muito dinheiro[20].

Realmente, Ciccillo Matarazzo, com o apoio de seu tio, o conde Francisco Matarazzo[21], adquiriu em 1924 uma das empresas da família, a Metal

---

19 Fernando Azevedo de Almeida, *O Franciscano Ciccillo*, p. 19.
20 Revista *Dionysos*, n. 25, p. 151.
21 A respeito deste título de conde, como era chamado o velho Francisco Matarazzo, Fernando Azevedo de Almeida escreve que quando eclode a Primeira Grande Guerra, em 1914, Francisco Matarazzo, o chefe do clã e tio de Ciccillo, deixa o Brasil e segue para a Itália para "defender a mãe pátria". De fato, aqui no Brasil ele se declarava italiano, sempre, embora dissesse aos filhos que eles deviam adotar a nacionalidade brasileira. Durante os quatro anos de guerra, permanece em Nápoles desempenhando altas funções oficiais. Findo o conflito, "para recompensar seus serviços", o rei Vitório Emanuel confere-lhe o título de conde, transmissível a seus descendentes. Andrea Matarazzo, pai de Ciccillo, recebe na ocasião o título de senador. Fernando Azevedo de Almeida, *O Franciscano Ciccillo*, p. 14. Por outro lado, sobre as ligações do conde Francisco Matarazzo com o governo fascista de Mussolini, consultar Warren Dean, *A Industrialização de São Paulo (1880-1945)*, pp. 182 e ss.

Graphica Aliberti, em sociedade com Júlio Pignatari, que era casado com sua prima Lídia, filha do conde. Juntos fundaram a firma Pignatari & Matarazzo, que, em 1929, quando se desfez a sociedade, se transformou na Metalúrgica Matarazzo, de propriedade única de Ciccillo. Nas décadas seguintes – independentemente da S/A Indústrias Reunidas F. Matarazzo, pertencente aos filhos do conde, falecido em 1937 –, um outro poderoso grupo industrial Matarazzo, com fábricas espalhadas em várias regiões do país, iria constituir-se em torno da Metalúrgica Matarazzo, sob o comando de Ciccillo Matarazzo.

Retornando à noite de estreia do TBC, a segunda parte do espetáculo inaugural era a que atraía particularmente as atenções dos estudantes universitários e dos jovens atores amadores. Na verdade, segundo Alfredo Mesquita, a encenação de *A Mulher do Próximo*, de Abílio Pereira de Almeida, dirigida e interpretada pelo próprio autor juntamente com o elenco de amadores do GTE, era a *pièce de resistence* da noite. O monólogo *La Voix humaine*, de Jean Cocteau, interpretado por Henriette Morineau, "era uma peça bem pequena para que o público que chegasse atrasado pudesse assistir à peça de fundo", diz ele[22]. E parece que o seu tempo de duração foi menor do que se esperava: "A Morineau" – conta Alfredo Mesquita –

> [...] chegou aqui e não sabia o papel. Era um monólogo. Uma mulher falando sozinha ao telefone. [...] Quando chegou a hora ficou nervosa, queria "ponto". Não tinha "ponto". Aí, Lúcia, mulher de Abílio, que era muito prestativa e vivia às voltas com teatro, disse: "Eu fico de 'ponto' para a senhora". Pegou, deram o texto, ela ficou atrás da cortina e Morineau disse: "Olhe, eu estou falando ao telefone e quando eu disser três vezes 'alô', você já sabe: eu estou perdida. Então, você fala bem alto para eu ouvir o texto direitinho". E começou. Tudo ia indo muito bem, mas Lúcia, meio avoada, se perdeu. Começou a ler, ler, ler e se interessou pela peça. E foi indo, indo. De repente, ouviu Morineau aos gritos: "Alô, alô, alô...". Ela procurou e não sabia; pegou qualquer página e começou a dar a Morineau. Morineau foi até o fim. Cortou um terço da peça. Ninguém percebeu[23].

Na verdade, *La Voix humaine*, com Henriette Morineau, foi apresentada apenas na noite da inauguração do teatro, como uma espécie de atrativo para aquela plateia toda especial, luxuosa e apreciadora da cultura europeia. Daquele espetáculo duplo de estreia, a peça que seguiu temporada foi *A Mulher do Próximo*, segundo texto dramático de Abílio Pereira de Almeida. Sua primeira peça, *Pif-paf*, havia sido montada em 1946, pelo GTE, e fora um dos maiores sucessos do grupo de Alfredo Mesquita[24].

---

22 *Apud* Alberto Guzik, TBC: *Crônica de um Sonho*, p. 14.
23 Entrevista com Alfredo Mesquita, em 20 de março de 1986, realizada por Ilka Marinho Zanotto, Mariangela Alves Lima e Maria Thereza Vargas. Revista *Dionysos*, n. 29, "Escola de Arte Dramática", pp. 266 e 267.
24 Alberto Guzik, TBC: *Crônica de um Sonho*, pp. 15 e 16.

Henriette Morineau, na estreia do TBC, interpretando em francês *La Voix humaine*, de Jean Cocteau (Arquivo Ruy Affonso).

Em *A Mulher do Próximo* subiu pela primeira vez no palco do TBC a atriz Cacilda Becker, que se revelaria, durante os anos em que lá permaneceu, até 1957, uma de suas estrelas de maior grandeza e, talvez, a atriz mais completa do teatro brasileiro[25]. Cacilda Becker já era nessa época uma atriz com alguma experiência. Casada com o advogado e radialista Tito Fleury Martins, ela havia participado de programas de radioteatro, principalmente na Rádio Difusora de São Paulo, em 1944. Lá, dirigida por Octavio Gabus Mendes e ao lado de radioatores e radioatrizes como Lia de Aguiar, Dionísio Azevedo, Janete Clair, Ivani Ribeiro, Walter Forster, Fernando Baleroni, entre outros, ela foi por um bom tempo uma das protagonistas dos famosos programas de radioteatro *Tudo Azul*, *Romance Valery* e *Quo Vadis*, este último uma adaptação em capítulos para o rádio, feita por Octavio Gabus Mendes, do famoso romance homônimo do escritor polonês Henryk Sienkiewicz, ganhador do Prêmio Nobel de literatura em 1905. Particularmente no teatro, Cacilda havia participado de alguns espetáculos de teatro amador em São Paulo e no Rio de Janeiro, e havia atuado profissionalmente com a atriz Bibi Ferreira e na Cia. de Comédias do ator Raul Roulien. Fez parte também do GUT, de Décio de Almeida Prado e,

25 Décio de Almeida Prado, "Cacilda: Paixão e Morte", em Nanci Fernandes e Maria Thereza Vargas (orgs.), *Uma Atriz: Cacilda Becker*, São Paulo, Perspectiva, 1984, p. 92.

quando Alfredo Mesquita criou a Escola de Arte Dramática, em maio de 1948, ajudou-o dando aulas de interpretação[26].

Aliás, era a atriz amadora Nydia Lícia Pincherle, e não Cacilda Becker, quem deveria entrar no palco do TBC naquela noite, no papel da protagonista ao lado de Abílio Pereira de Almeida. Cacilda Becker, com discrição, conta que Nydia renunciou ao papel "por motivo particular"[27]. Mas Alfredo Mesquita, sem papas na língua, vai direto ao ponto: "Ela não aceitou porque era o papel de uma mulher casada e que tinha amantes, ainda mais tendo que levar um beijo na boca dado pelo Abílio"[28].

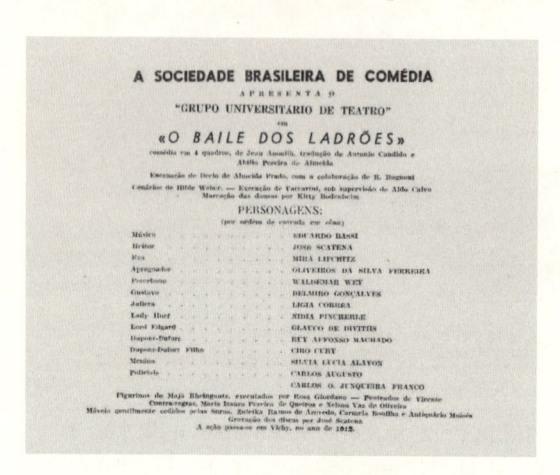

Programa da peça *O Baile dos Ladrões*, apresentada no dia 4 de novembro de 1948 pelo Grupo Universitário de Teatro, GUT, de Décio de Almeida Prado (Arquivo Ruy Affonso).

Nydia Lícia, no entanto, não tardaria a subir à cena do TBC. Isto aconteceu duas semanas depois da inauguração, pois ela fazia parte do elenco da peça O Baile dos Ladrões, que foi o segundo espetáculo amador apresentado pelo TBC, com o Grupo Universitário de Teatro, GUT, de Décio de Almeida Prado. E ainda naquele mesmo mês de novembro de 1948, ela subiria mais uma vez ao palco do TBC em outro espetáculo amador. Foi quando chegou a vez do GTE, de Alfredo Mesquita, apresentar-se novamente, sucedendo ao GUT. Dessa vez, o GTE trazia a peça À Margem da Vida, de Tennessee Williams, que o grupo havia encenado meses antes no Theatro Municipal, em benefício das obras de reforma do velho prédio da rua Major

26   A respeito da vida de Cacilda Becker e da importância de seu trabalho teatral, ver Nanci Fernandes e Maria Thereza Vargas (orgs.), *Uma Atriz: Cacilda Becker*. Com relação ao seu trabalho no rádio, poucas informações existem. Alguns dados, no entanto, podem ser obtidos em Edith Gabus Mendes, *Octavio Gabus Mendes, do Rádio à Televisão*, São Paulo, Lua Nova, 1988, pp. 73-77. Quanto às atividades radiofônicas de Tito Fleury Martins, seu marido àquela época, alguma referência é encontrada em Vera Lúcia Rocha e Nanci Valença Hernandes, *Cronologia do Rádio Paulistano: Anos 20 e 30*, São Paulo, Centro Cultural São Paulo, Divisão de Pesquisa, 1993, volume I.

27   "Cacilda por Ela Mesma", em Nanci Fernandes e Maria Thereza Vargas (orgs.), *Uma Atriz: Cacilda Becker*, p. 37.

28   *Depoimentos II*, Rio de Janeiro, MEC/Funarte/SNT, 1977, p. 28.

Diogo, onde se instalaria o TBC[29]. A peça *À Margem da Vida*, de Tennessee Williams, quando apresentada no Theatro Municipal, marcou a estreia de Nydia Lícia no teatro. De família judaica, filha de um importante médico e de uma jornalista de arte, Nydia Lícia e seus familiares deixaram a Itália pouco antes do início da Segunda Guerra Mundial, fugindo da perseguição de Mussolini aos judeus. Em 1948, com 21 anos de idade, ela trabalhava no Masp, na rua Sete de Abril, como assistente de Pietro Maria Bardi, diretor artístico do museu criado por Assis Chateaubriand. Naquele momento, Alfredo Mesquita estava à procura de uma "moça bonita, loira e de cabelos compridos" para interpretar o papel de Laura Wingfield, uma das personagens principais de *À Margem da Vida*. Nydia Lícia foi então apresentada a Alfredo por Caio Caiuby, ator amador do GTE. O teste foi feito na Livraria Jaraguá, ali ao lado do museu. E lá foram realizados os ensaios[30].

Porta de acesso à plateia, no saguão decorado do TBC (Arquivo Ruy Affonso).

Entretanto, o mais importante é que, naquela noite de 11 de outubro de 1948, o espetáculo de estreia do TBC foi um sucesso total. Ruy Affonso, que estava presente[31], diz que findo o espetáculo os artistas amadores e a "maravilhosa" Morineau foram confraternizar-se com o elegante público no saguão de entrada do teatro, um saguão muito bonito, todo decorado em verde, branco e vermelho, cores da bandeira italiana, possuindo em

---

29   Nydia Lícia, depoimento à Associação Paulista dos Pioneiros da Televisão – Appite (19 de junho de 1998).
30   *Idem*.
31   Ruy Affonso Machado subiria ao palco do TBC duas semanas depois, integrando o elenco da peça *O Baile dos Ladrões*, dirigida por Décio de Almeida Prado. Na citada entrevista, ele conta que foi com dificuldade que comprou dois convites para aquele espetáculo de estreia, pois custavam muito caro, o equivalente, em 2002, a cerca de R$ 2.000,00 cada um. Ele comprou dois bilhetes – cujos canhotos guarda até hoje – em lugares bem próximos ao palco: fila B, cadeiras 02 e 04. Foi em companhia de sua mãe. Ela queria ver a irmã, Marina Freire Franco, representar pela primeira vez no palco do TBC. Por outro lado, segundo informação prestada por Armando Pascoal, apenas Monah Delacy (mãe da atual atriz Christiane Torloni) e Celeste Jardim, que eram alunas da EAD, receberam convites de graça para a noite de estreia do TBC.

uma das paredes um arranjo mural onde sobressaíam, "impressionantes", três máscaras em cerâmica, confeccionadas pelo escultor Giandomenico de Marchis e assim definidas pelo poeta Guilherme de Almeida: "a Sátira que sorri, a Fantasia sob seu *loup* de segredo, a Verdade que arrancou a máscara e olha firme entre cílios negros"[32]. Com efeito, no saguão, após a representação de estreia, a excitação e a alegria tomaram conta de todos. Além dos artistas que acabavam de sair do palco, recebiam também cumprimentos e elogios Franco Zampari e sua mulher Débora; Ciccillo Matarazzo e sua mulher Yolanda Penteado; e, ainda, os casais Assumpção, Rheingantz e Moraes Barros. Principalmente estas pessoas da alta sociedade eram efusivamente cumprimentadas. Afinal, quem poderia imaginar que aquele espetáculo teatral "de brincadeira", realizado dois anos antes, no dia 1º de junho de 1946, num palco improvisado nos jardins da residência de Paulo Assumpção, resultaria na inauguração de um novo e "verdadeiro" teatro em São Paulo, tão pouco tempo depois? Naquele dia, participando do espetáculo "de brincadeira", estas pessoas da alta sociedade, expandindo sua criatividade e paixão pelo teatro, haviam subido à cena, como artistas, como verdadeiros atores e atrizes, para representar a peça *A Mulher dos Braços Alçados*, escrita em italiano por Franco Zampari e traduzida por Paulo Assumpção, diante de um pequeno público formado de casais amigos e de alguns convidados[33]. Agora, na noite de estreia do "verdadeiro" teatro, tamanha era a euforia no saguão em torno delas, que ficava a impressão de que haviam sido elas próprias, e não Henriette Morineau ou Cacilda Becker, que tinham desfilado um pouco antes no palco inaugural do TBC.

De seu lado, os atores amadores e os diretores do GTE e do GUT, Alfredo Mesquita e Décio de Almeida Prado, também mal conseguiam conter sua exultação. Afinal, tornava-se realidade o sonho que vinham acalentando fazia já alguns anos: um teatro em São Paulo colocado à disposição dos artistas amadores e da dramaturgia moderna internacional; um teatro cujos espetáculos deveriam ser fruto da pesquisa teatral, da originalidade da *mise en scène*, da formação profissional, artística e cultural dos atores, dramaturgos e diretores. E o TBC surgia com essa finalidade, podendo, além do mais, abrigar em suas dependências uma escola de arte dramática. Por isso, em 1967, relembrando aquela noite da inauguração do TBC, Alfredo Mesquita pôde exprimir-se assim: "Tempos heroicos e eufóricos aqueles! Que fé no futuro – agora certo – do teatro brasileiro!"[34]

32 Guilherme de Almeida, "315, Rua Major Diogo – uma Quase-reportagem", artigo citado. A decoração interna do teatro havia sido realizada pela If-Decorações Limitada, firma de propriedade da sra. Sofia Lebre Assumpção, esposa de Paulo Assumpção, primeiro presidente da Sociedade Brasileira de Comédia.

33 Sobre esta apresentação teatral, ver Alberto Guzik, TBC: *Crônica de um Sonho*.

34 Revista *Dionysos*, n. 25, MEC/Funarte p. 41.

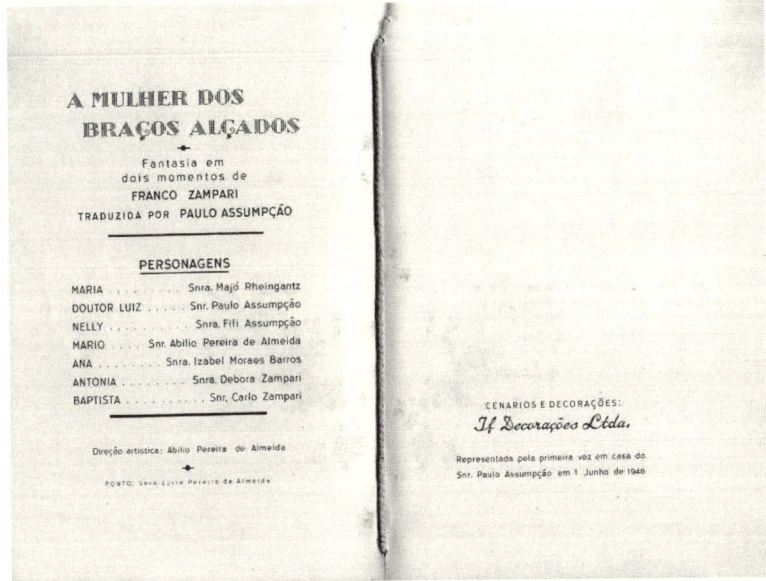

Programa da peça *A Mulher dos Braços Alçados*, de autoria de Franco Zampari, apresentada na residência de Paulo Assumpção, no dia 1º de junho de 1946 (Arquivo Ruy Affonso).

Segundo quadro
A inauguração da PRF-3
TV Tupi-Difusora

*PRG-2, Rádio Tupi, a mais
poderosa emissora paulista, e
PRF-3, Rádio Difusora, a estação do
som de cristal. Órgãos dos Diários
e Emissoras Associados. Antenas e
rotativas a serviço da democracia!*

Naquele dia, pela manhã, bem cedo, diante dos microfones da Rádio Tupi, depois de dizer o texto-padrão de abertura da programação diária das rádios Tupi e Difusora, o locutor Antonio Leite anunciou com emoção o nascimento da televisão no Brasil[35]. Era o dia 18 de setembro de 1950 e inaugurava-se em São Paulo, na "cidade do rádio", nos altos do bairro do Sumaré, a PRF-3 TV Tupi-Difusora, canal 3, a primeira emissora de televisão brasileira, que se celebrizou e ficou conhecida como a "pioneira da América Latina".

O programa inaugural apresentado pelo canal 3 foi um grande espetáculo artístico-musical, uma espécie de grande show em que desfilaram os principais artistas, os astros e as estrelas que formavam o *cast* de locutores, produtores, escritores, músicos, comediantes, radioatores e radioatrizes das rádios Tupi e Difusora. Instaladas num pequeno edifício especialmente projetado e construído para o funcionamento de estações de rádio, as rádios Tupi e Difusora tiveram que dividir seu espaço físico com a nascente televisão. Elas possuíam estúdios destinados à realização de programas de radioteatro e radionovela, cabinas especiais de locução, espaços para instalações técnicas e serviços de apoio. Dispunham também de um auditório de duzentos lugares, "que impressionava pelas condições técnicas e pela beleza", em que se podia apreciar numa de suas paredes laterais um conjunto de grandes telas de Portinari[36].

Com aproximadamente três horas de duração, o programa inaugural teve o comando de Homero Silva, locutor, produtor e apresentador de rádio que anos antes criara o famoso *Clube Papai Noel*, programa musical infantil da Rádio Tupi, dirigido pelo maestro Francisco Dorce, que revelou uma série de artistas mirins, declamadores, dançarinos e cantores, entre eles o falecido maestro Erlon Chaves, a cantora Wilma Bentivegna e o importante

---

35 Citado por Luiz Galon, um dos primeiros diretores de teleteatro da televisão brasileira. (Entrevista concedida à pesquisa em 17 de julho de 1998).
36 Mário Fanucchi, *Nossa Próxima Atração: o Interprograma no Canal 3*, Edusp, 1996, pp. 11-13. Aliás, imagens do pequeno edifício das rádios Tupi e Difusora, incluindo seu auditório e as instalações técnicas do palco, podem ser vistas no filme *Absolutamente Certo*, de Anselmo Duarte, realizado em São Paulo, em 1957.

diretor de televisão Walter Avancini. Além dos locutores Alfredo Nagib e Ribeiro Filho, estava ao lado de Homero Silva, desempenhando também a função de apresentadora, Lia de Aguiar, a principal radioatriz da Rádio Tupi, a estrela maior do Sumaré, especialmente dos programas de radioteatro do escritor e novelista Oduvaldo Vianna[37].

Nesse dia festivo, entre cumprimentos, sorrisos e abraços, exultava nos seus brios Assis Chateaubriand, o velho capitão, como era chamado por muitos de seus funcionários e pelos colaboradores mais próximos; ele mesmo, o destemido e quase imbatível capitão de empresas, o fundador e proprietário dos Diários e Emissoras Associados, a maior rede de jornais e emissoras de rádio então existente no país, integrada também por uma das mais importantes publicações semanais da época, a revista *O Cruzeiro*[38]. Afinal, esse era mais um de seus grandes dias, tão ou mais importante do que aqueles nos quais brilhou quando, ainda durante a Segunda Guerra Mundial, promoveu a controvertida campanha "Dê Asas para a Juventude", em prol do desenvolvimento da aviação civil brasileira, e obteve de particulares endinheirados doações de pequenos aviões de treinamento para os aeroclubes que se constituíam no país; ou quando, a partir de 1946, também com o dinheiro das famílias ricas, passou a comprar na Europa quadros dos mais célebres pintores e, depois, montou o Museu de Arte de São Paulo[39]. Agora, aumentando ainda mais seu império na área das comunicações, ele trazia a televisão para o Brasil, realizando o projeto iniciado poucos anos antes durante uma visita aos Estados Unidos, onde acertara com o diretor-presidente da área internacional da RCA Victor, Meade Brunnet, a compra dos equipamentos para a instalação de uma emissora de televisão em São Paulo. No mês de fevereiro de 1949, o engenheiro brasileiro Mário Alderighi, responsável pelo funcionamento das rádios Tupi e Difusora, e seu assistente-técnico, Jorge Edo, foram enviados aos Estados Unidos para um estágio nas estações de TV da rede NBC do grupo RCA[40].

A decisão de montar a TV Tupi-Difusora, tomada por Chateaubriand, vinha acompanhada de um outro ambicioso projeto: a organização em São Paulo de uma grande empresa de cinema, os Estúdios Cinematográficos Tupi. Tendo na direção artística do empreendimento Oduvaldo Vianna, essa

---

37 Lia de Aguiar, depoimento à Associação Paulista dos Pioneiros da Televisão – Appite (20 de abril de 1999). O dramaturgo e escritor de radionovelas Oduvaldo Vianna era pai de Oduvaldo Vianna Filho, o Vianinha, que em 1956 estaria ao lado de José Renato, Augusto Boal e Gianfrancesco Guarnieri no Teatro de Arena de São Paulo.

38 No seu apogeu, nos anos 1950, a cadeia dos Diários e Emissoras Associados reunia cerca de 34 jornais e 36 emissoras de rádio espalhados em todo o país. Luiz C. Saroldi e Sônia V. Moreira, *Rádio Nacional: O Brasil em Sintonia*, Rio de Janeiro, Martins Fontes/Funarte, 1984, p. 18.

39 Fernando Moraes, *Chatô, o Rei do Brasil*, São Paulo, Companhia das Letras, 1994, pp. 441--444 e 475-493; e Pietro Maria Bardi, *História do Masp*, São Paulo, Empresa das Artes/Instituto Quadrante, 1992.

40 Fernando Moraes, *Chatô, o Rei do Brasil*, pp. 440, 496 e 498. Ver, também, Jorge Edo, depoimento à Associação Paulista dos Pioneiros da Televisão – Appite (12 de fevereiro de 1998). Jorge Edo, falecido pouco tempo depois, em 1999, conta nesse depoimento que, indicado a Chateaubriand por Oduvaldo Vianna, acompanhou o engenheiro Mário Alderighi aos Estados Unidos, lá permanecendo durante todo o mês de fevereiro de 1949. Depois, no Brasil, com a ajuda de engenheiros norte-americanos da RCA, que vinham e voltavam, os dois comandaram os trabalhos técnicos de instalação da TV Tupi-Difusora.

empresa cinematográfica foi de fato criada, em 1948, e realizou um único filme, *Quase no Céu*, uma superprodução para os padrões daquele tempo, que reuniu os mais importantes artistas do elenco de radioteatro das rádios Tupi e Difusora.

Anúncio do lançamento do filme *Quase no Céu*, publicado durante o mês de maio de 1949 nos jornais *Diário da Noite* e *Diário de São Paulo* (Arquivo Lia de Aguiar).

As filmagens de *Quase no Céu* tiveram início em junho de 1948, num clima de grande euforia estimulado pelas reportagens diárias e entrevistas feitas com os artistas pelos jornais e revistas dos Diários Associados. Rodado a maior parte em cenários naturais, em exteriores, nas cidades de Campos do Jordão, Guarujá e São Paulo, o filme teve estreia espetacular, em estilo hollywoodiano, no dia 25 de maio de 1949, tendo sido lançado simultaneamente em doze cinemas da capital paulista. Foi um enorme e estrondoso sucesso. Walter Avancini, um dos atores do filme, na época com treze anos de idade, recorda-se da agitação das pessoas diante dos cinemas em São Paulo querendo assistir a *Quase no Céu*: "Os cinemas que exibiram o filme tiveram suas portas arrebentadas, tamanhos eram o volume e a ansiedade do público que queria ver no cinema os mais famosos radioatores daquele momento"[41].

41 Walter Avancini, depoimento à Associação Paulista dos Pioneiros da Televisão – Appite (28 de novembro de 1998). O filme *Quase no Céu* traz a seguinte ficha técnica: argumento e direção: Oduvaldo Vianna; assistentes de direção: Renan Alves e Luís de Melo; técnico de som e eletricista: Jorge Edo; diretor de fotografia e câmera: Jorge Kurkjian; trilha sonora original e composições musicais: maestros Marcelo Tupinambá e Spartaco Rossi; elenco: Lia de Aguiar e Paulo de Alencar (protagonistas), Heitor de Andrade, Dionísio de Azevedo, Homero Silva, Lolita Rodrigues, Vida Alves, Norah Fontes, Maria Vidal, Walter Avancini, Erlon Chaves, Manoel Inocêncio, Anselmo de Oliveira, Macedo Neto, João Monteiro, Barreto Machado, Antonio de Santi e Cesar Monteclaro; coreografia: Marília Franco (os números de dança criados por Marília Franco contaram com a participação de bailarinos do Corpo de Baile do Theatro Municipal, com destaque para as bailarinas Lia Marques e Sonia Hillmann). Ver revista *O Cruzeiro*, "Os Paulistas Conquistam o Cinema", 17 jul. 1948.

Oduvaldo Vianna, em primeiro plano, e o cinegrafista Jorge Kurkjian nas filmagens de *Quase no Céu*, em Campos do Jordão (revista *O Cruzeiro*, 17 de julho de 1948).

Lia de Aguiar e Paulo de Alencar, protagonistas de *Quase no Céu*, numa das cenas filmadas em Campos do Jordão (revista *O Cruzeiro*, 17 de julho de 1948).

Foi pensando no sucesso dos programas de radioteatro nas cidades do interior que, no primeiro semestre de 1948, no momento mesmo em que se organizavam os Estúdios Cinematográficos Tupi, Oduvaldo Vianna teve a ideia de realizar um filme documentário de curta-metragem, intitulado *Chuva de Estrelas*, antes do início das filmagens de *Quase no Céu*[42]. Segundo Luiz Galon[43], o documentário *Chuva de Estrelas* mostrava como eram realizados

42   O jornal do Rio de Janeiro *Folha Carioca*, em sua edição de 13 de maio de 1949, reproduz trechos de entrevista com Oduvaldo Vianna, numa grande reportagem sobre o lançamento do filme *Quase no Céu*, que iria acontecer no dia 25 daquele mês de maio, em São Paulo. Esta reportagem, guardada nos arquivos pessoais de Lia de Aguiar, informa que o documentário *Chuva de Estrelas* foi realizado no primeiro semestre de 1948.

43   Luiz Galon, que nessa época iniciava sua carreira no rádio, participou dos acontecimentos da criação dos Estúdios Cinematográficos Tupi e da PRF-3 TV. Acompanhou as filmagens de *Quase no Céu*, ajudando as equipes técnica e de produção. Luiz Galon, depoimento à Associação Paulista dos Pioneiros da Televisão – Appite (25 nov. 1998).

os radioteatros e radionovelas na "cidade do rádio"; como eram produzidos nos estúdios os ruídos e efeitos de som a partir do trabalho dos contrarregras e da sonoplastia; como os artistas ensaiavam e liam os *scripts* diante dos microfones; como era, enfim, a vida dos radioatores e radioatrizes nos estúdios das rádios Tupi e Difusora. No documentário apareciam também imagens das rotativas do jornal *O Diário de São Paulo*, de seus redatores e repórteres. E, ainda, cenas com a equipe de radiojornalismo realizando, à noite, o famoso *Grande Jornal Falado Tupi*, e pela manhã, o *Matutino Tupi*, programas jornalísticos criados e comandados pelo jornalista e radialista Corifeu de Azevedo Marques. Por fim, este documentário incluía alguns números musicais, do tipo dos atuais videoclipes, cenas em que tomaram parte as jovens estrelas do Sumaré, entre elas as radioatrizes Vida Alves, Lia de Aguiar e Helenita Sanches[44]. O objetivo principal do filme *Chuva de Estrelas*, no entanto, parecia ser o de divulgar o jornal *O Diário de São Paulo* nas cidades do interior do Estado, uma vez que o outro jornal paulista dos Diários Associados, *O Diário da Noite*, gozava da preferência do público e tinha enorme vendagem na cidade de São Paulo. Ao contrário, *O Diário de São Paulo* vendia pouco na capital e tinha um tom que se pretendia mais respeitável e sério, com artigos e matérias de cunho político e econômico, competindo com os jornais *A Gazeta* e *O Estado de S. Paulo*. A apresentação do documentário *Chuva de Estrelas* nos diversos cinemas das cidades do interior, mostrando os astros e estrelas do rádio, visava principalmente a afirmar em todo o Estado o nome e o prestígio do jornal *O Diário de São Paulo* e o poderio da cadeia dos Diários e Emissoras Associados[45].

Lia de Aguiar e Lolita Rodrigues, em Campos do Jordão, num intervalo de filmagem (revista *O Cruzeiro*, 17 de julho de 1948).

44 Lia de Aguiar lembra que, em *Chuva de Estrelas*, havia um número musical intitulado "Casa Portuguesa", interpretado pela famosa cantora portuguesa da época, Arminda Falcão. Neste clipe, filmado nas ruas do bairro do Sumaré, apareciam algumas radioatrizes dançando, vestidas com roupas portuguesas típicas. Em outro número musical, a própria Lia de Aguiar cantava *Marina, Morena*. E havia também um número em que se cantava a rumba *Escandalosa*, com a participação da radioatriz Helenita Sanches e outras radioatrizes apresentando-se como dançarinas. Lia de Aguiar, depoimento citado.
45 Luiz Galon, depoimento citado.

O falecido maestro Erlon Chaves, com catorze anos de idade, no filme *Quase no Céu* (revista *O Cruzeiro*, 17 de julho de 1948).

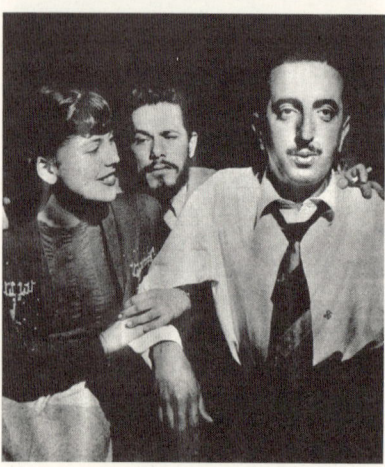

Vida Alves, Dionísio de Azevedo (ao centro) e Homero Silva, artistas das rádios Tupi e Difusora, num intervalo das filmagens de *Quase no Céu* (revista *O Cruzeiro*, 9 de outubro de 1948).

Retornando àquele dia 18 de setembro de 1950, Assis Chateaubriand e grande comitiva chegaram aos estúdios do Sumaré no final da tarde. O horário da inauguração oficial, às 19 horas, fora amplamente divulgado pelos microfones das rádios Tupi e Difusora e através dos jornais dos Diários e Emissoras Associados. De acordo com a programação previamente estabelecida, haveria uma cerimônia oficial de abertura que começava com a apresentação do *Hino da Televisão Brasileira*, cantado por Lolita Rodrigues, com a participação de um coral e da Grande Orquestra Tupi. Logo em seguida, viriam os discursos de praxe das autoridades e os atos solenes da bênção e do batismo da televisão nascente.

À esquerda, com doze anos de idade, o conhecido diretor de telenovelas, Walter Avancini, numa cena de *Quase no Céu* ao lado de Lia de Aguiar (revista *O Cruzeiro*, 9 de outubro de 1948).

A inesquecível comediante e atriz Maria Vidal, importante artista da PRF-3 TV e das rádios Tupi e Difusora, numa cena do filme *Quase no Céu* (revista *O Cruzeiro*, 9 de outubro de 1948).

Na cerimônia da inauguração oficial da PRF-3 TV Tupi-Difusora, o bispo-auxiliar de São Paulo, D. Paulo Rolim Loureiro, está presente para dar as bênçãos da Igreja. Ao lado, Assis Chateaubriand, de terno branco, recebe o abraço de Lucas Nogueira Garcez, que se elegeria governador de São Paulo três semanas depois, no dia 3 de outubro de 1950 (Arquivo Appite).

Dois flagrantes do processo cultural paulista

Assis Chateaubriand chegou acompanhado dos altos dirigentes de suas empresas, entre eles Edmundo Monteiro, seu homem forte na direção dos Diários em São Paulo. Nesse dia, fazendo também as vezes de anfitrião, o aplicado e fiel Edmundo Monteiro desdobrava-se cordialmente na recepção dos convidados ilustres, entre eles a poetisa Rosalina Coelho Lisboa[46], que foi escolhida para ser a madrinha da televisão; seu marido, Antonio Sanchez Larragoiti, proprietário da Sul-América Seguros; o sr. David Sarnoff, diretor geral da NBC, rede de TV norte-americana pertencente ao grupo RCA Victor; o bispo-auxiliar de São Paulo, d. Paulo Rolim Loureiro, que viera trazer as bênçãos da Igreja; e Lucas Nogueira Garcez, candidato a governador de São Paulo nas eleições que se realizariam três semanas depois, no dia 3 de outubro[47]. Outros convidados especiais, por sua vez, já deviam estar se dirigindo aos amplos salões do Jockey Club, projetados e ornamentados tempos antes por Brecheret, onde um requintado e festivo jantar seria oferecido por Chateaubriand[48]. Lá foram colocados aparelhos receptores de TV da RCA. Saboreando excelentes vinhos e champanhas importados, degustando canapés ou tira-gostos, como apreciava dizer Chateaubriand, um público seleto aguardaria ali a presença do líder das Emissoras Associadas, que, conforme fora combinado, chegaria imediatamente após os discursos e cerimônias de abertura para, todos juntos – as senhoras elegantes, as figuras prestigiosas da sociedade, da imprensa, do comércio, da indústria e do mundo político –, assistirem ao grande show artístico-musical do primeiro programa da televisão brasileira.

46 Na década de 1930, a poetisa Rosalina Coelho Lisboa era pessoa que mantinha estreitas relações com os altos escalões do poder federal, privando do pequeno círculo de amigos de Getúlio Vargas e participando de importantes acontecimentos políticos nacionais. O historiador Hélio Silva chama-a de eficiente agente extraoficial do governo Vargas. Hélio Silva, *1933: a Crise do Tenentismo*, Rio de Janeiro, Civilização Brasileira, 1968, pp. 58-60. Por sua vez, o historiador Edgar Carone menciona fatos que revelam a relação política de Rosalina Coelho Lisboa, na década de 1930, com Getúlio Vargas. Edgar Carone, *O Estado Novo (1937-1945)*, 5. ed., Rio de Janeiro, Bertrand do Brasil, 1988, pp. 197 e 211.

47 A respeito dos convidados, ver Fernando Moraes, *Chatô, o Rei do Brasil*, pp. 352; 353 e 502; e Lia de Aguiar, depoimento citado. Liba Fridman, por sua vez, em reportagem sobre a história da televisão (Liba Fridman, "Pequena História da TV", revista *Briefing*, n. 25, set. 1980), assinala a presença de Cristiano Machado, na condição de padrinho da televisão, ao lado da madrinha, a poetisa Rosalina Coelho Lisboa. Como é sabido, Cristiano Machado era o candidato do PSD às eleições presidenciais que se realizariam dali a três semanas, no dia 3 de outubro. Nenhuma referência à presença nessa festa de Cristiano Machado foi encontrada em *Chatô, o Rei do Brasil*, de Fernando Moraes. Quem de fato estava presente era o candidato ao governo do Estado, Lucas Nogueira Garcez, conforme registra documento fotográfico aqui exposto.

48 Maurício Loureiro Gama, jornalista pioneiro da televisão Tupi, em depoimento à Associação Paulista dos Pioneiros da Televisão – Appite, diz que o grande banquete aconteceu na sede do Automóvel Clube de São Paulo. O mesmo diz a pesquisadora Maria Elvira Bonavita Federico, em seu livro *História da Comunicação: Rádio e TV no Brasil*, Petrópolis (RJ), Vozes, 1982, p. 82. Entretanto, nos depoimentos à mesma Associação feitos por Lia de Aguiar, Luiz Galon, Jorge Edo e outros, são indicados os salões do Jockey Club. Fernando Moraes, em seu livro *Chatô, o Rei do Brasil*, p. 502, menciona também os salões do Jockey Club.

Convidados especiais de Assis Chateaubriand nos estúdios do Sumaré, no dia da inauguração da PRF-3 TV. À esquerda, a poetisa Rosalina Coelho Lisboa, madrinha da televisão; ao centro, o bispo-auxiliar de São Paulo, d. Paulo Rolim Loureiro; e à direita, de terno branco como o patrão, Edmundo Monteiro, diretor-presidente dos Diários e Emissoras Associados em São Paulo (Arquivo Appite).

Assis Chateubriand soube habilmente envolver no seu projeto as autoridades políticas estaduais e federais e conseguiu reunir recursos financeiros junto a várias empresas privadas para instalar em São Paulo a televisão, a mais moderna tecnologia de comunicações então existente no mundo. O empresário Baby Pignatari e o diretor da Cervejaria Antarctica, Walter Belian, o ajudaram nessa empreitada. Entre os empresários presentes nos salões do Jockey Club, destacavam-se os diretores da Companhia Antarctica Paulista, da S. A. Moinho Santista, da Sul-América Seguros e da Laminação Nacional de Metais, cujas verbas publicitárias foram adiantadas para a cobertura de parte dos custos de implantação e instalação da TV Tupi-Difusora[49].

Nos altos do bairro do Sumaré, o clima era tenso, "responsavelmente tenso" como certamente diria, num tom alentador, o advogado baiano Dermival Costa Lima, diretor-geral das rádios Tupi e Difusora. Indicado por João Calmon, que era diretor dos Diários Associados em Fortaleza, no Ceará, e pelo radialista e jornalista das Emissoras Associadas, Teófilo de Barros Filho[50], Dermival Costa Lima havia sido designado, em 1943, para comandar o funcionamento das rádios Tupi e Difusora, no momento em que a Rádio Tupi deixava os antigos estúdios da rua Sete de Abril e se transferia para o bairro do Sumaré, indo instalar-se no prédio novo e recém-inaugurado da Rádio Difusora[51]. Foi quando nasceu a "cidade do rádio" nos altos do Sumaré, efetivando-se a fusão dos dois grandes elencos de radioatores, locutores e músicos pertencentes às duas estações. Elas tiveram a programação completamente redefinida por Costa Lima.

49   Mário Fanucchi, *Nossa Próxima Atração: o Interprograma no Canal 3*, p. 125; e Fernando Moraes, *Chatô, o Rei do Brasil*, pp. 440 e 502.
50   Teófilo de Barros Filho ocupou por algum tempo, nos anos 1940, a direção da Rádio Tupi do Rio de Janeiro. Participou em São Paulo dos primeiros anos da televisão, como produtor de programas. Seu filho, o músico e compositor Téo de Barros, anos mais tarde, em 1967, estaria no Teatro de Arena de São Paulo, ao lado de Augusto Boal e Gianfrancesco Guarnieri, sendo autor de algumas das músicas de *Arena Conta Tiradentes*.
51   Dermival Costa Lima, depoimento a Flávio Luiz Porto e Silva, São Paulo, Idart, Arquivo Multimeios, Secretaria Municipal de Cultura (31 out. 1977).

A Difusora tornou-se "uma rádio mais doméstica, uma espécie de rádio dirigida à família, com programas femininos, radioteatro e radionovelas. A Tupi ganhou uma programação mais eclética, mais alegre, com shows, música e, também, jornalismo e radioteatro"[52]. Para a direção de elenco da Tupi, foi contratado, em 1945, Oduvaldo Vianna. A direção de elenco da Difusora já havia sido entregue a Octavio Gabus Mendes, que, como diz Dermival Costa Lima,

> [...] foi o maior homem de rádio que eu conheci em toda a minha vida. Era um sujeito de exceção, tinha uma imaginação extraordinária e uma capacidade de trabalho fora do comum. Escrevia programas de qualidade, sempre, grandes programas, grandes adaptações, iniciativas fabulosas que só mesmo ele podia ter. Escrevia uma peça por semana, teatro, cinema, adaptações de filmes. Ele sentava diante da máquina de escrever e era um negócio realmente extraordinário. Ele foi realmente o primeiro profissional de rádio que pensou em termos de televisão. A gente até achava graça: "Ora Octavio, você é um sonhador, está pensando em televisão!" "Por que não? A televisão já existe." Ele mandava buscar livros na América, na Inglaterra, na Alemanha. Era um poliglota, um sujeito extraordinário e já estudava televisão. Infelizmente...[53]

A atriz Lia de Aguiar apresenta a poetisa Rosalina Coelho Lisboa, que recita um de seus poemas no programa inaugural da TV Tupi-Difusora (Arquivo Appite).

Infelizmente – ia dizer Dermival Costa Lima – no dia 13 de setembro de 1946, com apenas quarenta anos de idade, morria Octavio Gabus Mendes, vítima de doença no coração. E quando surgiu a televisão, em 1950, solicitado por Edmundo Monteiro, diretor-presidente dos Diários Associados de São Paulo, para designar uma pessoa que seria seu assistente na direção artística da PRF-3 TV, Dermival Costa Lima não teve dúvidas – indicou o

52 *Idem, ibidem.*
53 *Idem, ibidem.*

jovem Cassiano Gabus Mendes, filho de Octavio, que tinha então apenas 23 anos de idade. Ele relembra aquele momento: "Todo mundo ficou meio assim... achando que eu estava louco. Mas eu acreditei nele. Sabe como é, filho de peixe, filho de quem era!... Eu achei que seria uma boa homenagem à memória do Octavio, já sabendo também que ele [Cassiano] iria dar conta do recado, como deu realmente"[54].

Naquele dia, no Sumaré, todos, absolutamente todos – artistas, locutores, diretores, escritores, produtores e técnicos das duas rádios – tinham consciência de que, com aquele programa, estavam inaugurando a primeira emissora de televisão da América Latina e a segunda empresa de televisão comercial do mundo, depois dos Estados Unidos. Pois, tanto na Inglaterra quanto na França, países que já possuíam televisão, as emissoras de TV pertenciam ao Estado, não eram empresas *broadcasting* de rádio e TV como as norte-americanas, que reuniam sob contrato um elenco de artistas profissionais com a obrigação de produzir, o melhor possível, um produto que devia necessariamente agradar ao público[55]. E o público telespectador brasileiro, embora reduzido, àquela hora já devia estar começando a reunir-se diante dos duzentos aparelhos receptores de TV que Chateaubriand, às pressas, após obter do governo licença especial de importação, mandou trazer de avião dos Estados Unidos e os fez instalar em locais diversos no centro da cidade: no saguão do prédio do Diários Associados, na rua Sete de Abril, e, principalmente, nas vitrines de lojas como a Cássio Muniz, na avenida São João, e Mappin, em frente ao Theatro Municipal.

"Filho de peixe, peixinho é..." O jovem diretor--artístico da PRF-3 TV, Cassiano Gabus Mendes, em plena ação nos estúdios do Sumaré, observado pelo advogado baiano Dermival Costa Lima, grande amigo e admirador de seu pai, Octavio Gabus Mendes (Arquivo Appite).

54 *Idem, ibidem*. Na verdade – conforme declararam a esta pesquisa Lia de Aguiar e Luiz Galon –, naquele momento a maioria das pessoas, artistas e funcionários, acreditava que a direção artística da televisão fosse entregue a Oduvaldo Vianna.
55 "Na Europa" – afirma Jorge Edo – "todas as estações de televisão pertenciam ao governo. Eram estações estatais. O único país que teve a televisão comercial, a televisão como uma empresa que devia autossustentar-se, foram os Estados Unidos. No Brasil, a televisão já nasceu como empresa, como uma televisão comercial que vende o seu produto e vive da venda desse produto. E ele tem que ser bom, porque senão não se vende." Jorge Edo, depoimento citado.

O espetáculo de inauguração, o primeiro programa oficial da televisão no Brasil, foi cuidadosamente preparado e ensaiado durante semanas. Tudo foi planejado para que não houvesse falhas artísticas ou técnicas no momento de ir ao ar, no final da tarde daquele dia 18 de setembro de 1950. Toda a equipe técnica estava preparada, já possuía conhecimento das dificuldades normais de lidar com os novos equipamentos de telecomunicação. Na medida do possível, *cameraman*, *boom-man*, *switchman*, *videoman*, iluminadores, sonoplastas, cenotécnicos, enfim, todo o pessoal técnico indispensável já estava bem instruído. Seu treinamento fora feito sob a orientação de Mário Alderighi, engenheiro brasileiro responsável pela montagem técnica da televisão, e de Jorge Edo, seu principal assistente. Engenheiros norte-americanos da RCA colaboraram também na fase inicial de instalação técnica e de formação do pessoal. Um deles, Walther Obermüller, passou a residir no Brasil, acompanhando os trabalhos técnicos até a inauguração. E, nesse dia, momentos antes do início do tão aguardado programa de abertura, ele mal pôde conter seu desespero quando uma das três câmeras apresentou problemas e não funcionou. Evidentemente, não eram câmeras leves e portáteis como as de hoje. Cada uma pesava cerca de 70 kg e funcionava apoiada num reforçado tripé, de madeira ou de ferro, que deslizava sobre pequenas rodas[56]. Para Walther Obermüller era incompreensível isto acontecer. Todo o equipamento fora anteriormente testado, várias vezes, e tudo estava em perfeitas condições técnicas de funcionamento, tanto os transmissores quanto todo o equipamento no Sumaré: os instrumentos de controle de vídeo, o projetor de *slides*, o projetor de filmes ou telecine, o *switch* ou controle de comutação das imagens, a sonoplastia, as câmeras, o som, a iluminação nos estúdios e tudo o mais. Como prova disso, bastava recordar as demonstrações públicas da televisão já realizadas, inclusive aquela célebre apresentação do frei José de Guadalupe Mojica, o famoso cantor mexicano conhecido como José Mojica, que na época havia trocado a carreira em Hollywood e o sucesso mundial pela vida religiosa. Foi uma transmissão externa, realizada dois meses antes, no dia 5 de julho, diretamente do auditório do Museu de Arte, no primeiro andar do prédio dos Diários, na rua Sete de Abril, número 230. Aliás, aquele foi o dia da inauguração oficial do Museu de Arte e do edifício Guilherme Guinle, nome da sede dos Diários Associados. Foi um acontecimento grandioso, que contou com a presença de Nelson Rockefeller, milionário norte-americano, amigo de Chateaubriand e presidente do Museu de Arte Moderna de Nova York. Aparelhos receptores de TV foram instalados no amplo saguão do prédio e também na praça D. José Gaspar, ali ao lado, reunindo uma multidão[57]. Tudo funcionou às mil maravilhas. E agora? Como podia ocorrer um problema técnico justamente naquele dia e naquela hora, momentos antes da chegada do dr. Assis Chateaubriand, dos principais diretores dos Diários e Emissoras

---

56 Declarações de Jerubal Garcia, um dos primeiros *cameraman* da TV brasileira, em Liba Fridman, "Pequena História da TV", reportagem citada.

57 Fernando Moraes, *Chatô, o Rei do Brasil*, pp. 498 e 499; Liba Fridman, "Pequena História da TV", reportagem citada; Jorge Edo, depoimento citado; e Lia de Aguiar, depoimento citado.

Associados e das autoridades convidadas para as cerimônias da bênção e do batismo da televisão? O engenheiro norte-americano Walther Obermüller não suportou a tensão e, desesperado, desapareceu dos estúdios do Sumaré momentos antes de o canal 3 entrar no ar. Cassiano Gabus Mendes, diretor geral da programação inaugural, relata esse acontecimento:

> Foi um corre-corre! Tudo pronto, tudo ensaiado com um *script* muito bem organizado, tudo marcado e quebra a câmera. O técnico americano Walther Obermüller, que veio instalar o equipamento no Brasil, havia ido embora sem esperar a inauguração. Pois bem, no meio do pandemônio, Jorge Edo, nosso responsável pela parte técnica, tentava desesperadamente consertar a câmera. O tempo corria… e nada. Foi quando, de comum acordo, Costa Lima e eu decidimos rasgar o *script* e mandar ver do jeito que desse, com duas câmeras mesmo![58]

As antigas câmeras RCA da PRF-3 TV, canal 3, cada uma pesando cerca de 70 kg e equipadas com uma "torre" para o encaixe de quatro lentes (50 mm, 90 mm, 125 mm e uma tele de 8,5 polegadas), que podiam ser trocadas no ar por meio de um gatilho acionado pelo *cameraman* (Arquivo Appite).

O desespero e a tensão de todos justificavam-se, pois a ausência de uma câmera traria grandes complicações para a realização do programa tal como fora concebido e exaustivamente ensaiado. Era uma grande produção, tanto do ponto de vista técnico quanto artístico, e para a sua realização era imprescindível a utilização das três câmeras instaladas nos dois únicos estúdios: um estúdio pequeno, com uma câmera operada por Walter Tasca, onde deveriam ficar o dr. Assis, seus convidados de honra e os apresentadores;

[58]   Em Liba Fridman, "Pequena História da TV", reportagem citada.

e um outro estúdio, bem maior, que ocupava as dependências do auditório e do palco das rádios Tupi e Difusora, onde duas outras câmeras, operadas por Álvaro Alderighi e Carlos Alberto, deveriam mostrar a realização de um grande show-espetáculo, com a participação do elenco artístico das Emissoras Associadas. E esse grande show-espetáculo não poderia ser mostrado com apenas uma câmera. Os dois estúdios eram separados um do outro por um longo corredor que continha alguns degraus[59]. Jorge Edo, com a ajuda do *cameraman* Walter Tasca, improvisou a solução para o problema repentinamente surgido com a quebra de uma das três câmeras. Ele conta:

> [...] e foi entrando gente, gente e mais gente no estúdio. Eu estava a cargo do controle do comutador de imagens e do controle do telecine. Quando fui pôr as câmeras em funcionamento, verifiquei que a câmera do estúdio pequeno, que era operada pelo Walter Tasca, não funcionou, recusou-se a funcionar. Com muito esforço consegui entrar no estúdio pequeno, passando no meio daquela multidão que se aglomerava para ver a inauguração. Vi então que nada podia ser feito. Voltei para o controle e, pelo intercomunicador, pelo interfone da câmera, falei com o Walter Tasca. Disse: "Walter, se a gente mudar esse cenário de apresentação para o estúdio grande, você seria capaz de correr de um lado para o outro? Eu te libero lá um pouquinho antes do fim da apresentação e você corre de volta, com a câmera, para fazer o programa". Ele disse: "Pode deixar que eu faço". Virei então para o Cassiano e o Costa Lima, que estavam sentados atrás de mim, muito preocupados também, e disse: "Posso fazer isso?" Imediatamente os dois disseram: 'Edo, faça pelo amor de Deus, vamos inaugurar isso"[60].

E a PRF-3 TV Tupi-Difusora, canal 3, foi finalmente inaugurada, com um pequeno atraso, é certo, mas foi. Teve início o grandioso programa, repleto de atrações artísticas e musicais. Na abertura, com a Grande Orquestra Tupi e o Coral Tupi, houve a apresentação do *Hino da Televisão Brasileira*, cantado por Lolita Rodrigues, que, na última hora, teve que substituir Hebe Camargo. Ela relembra o fato:

> [...] a Hebe Camargo ia cantar o *Hino da Televisão Brasileira*. Hoje isso pode ser dito, porque nós guardamos esse segredo durante mais de quarenta anos. Ela faltou, porque naquele dia ia se encontrar com o namorado pelo qual estava apaixonada na época. No dia da inauguração da televisão, o Costa Lima, nosso chefinho, me chamou e disse: "Você vai cantar". Então eu fiquei o dia inteiro ensaiando a música do Marcelo Tupinambá, que tinha letra do Guilherme de Almeida. A letra era um horror. E vou explicar por que: o Assis Chateaubriand encomendou ao Guilherme de Almeida uma letra que fizesse alusão ao indiozinho

---

59 Há um desenho da planta-baixa desses estúdios. Ver Mário Fanucchi, *Nossa Próxima Atração: O Interprograma no Canal 3*, p. 32.
60 Jorge Edo, depoimento citado.

da Tupi, o índio que era o logotipo da PRF-3 TV, canal 3, e que falasse também da bandeira de São Paulo, com suas treze listras, branco, preto e vermelho [...]. Então a letra virou um pastiche. Mas no dia da inauguração ficou bonito, porque teve uma grande orquestra e um arranjo belíssimo, não me lembro se do maestro Luiz Arruda Paes ou do maestro Spartaco Rossi, e teve o coral com os grandes cantores da Rádio Tupi. [...] Todo ano que a Tupi fazia aniversário, lá ia eu cantar o bendito *Hino da Televisão Brasileira*, que eu odeio. Mas eu sou a única pessoa que sabe esse hino[61].

Após o hino, houve os discursos de David Sarnoff, diretor da rede NBC de TV, e de Assis Chateaubriand. Em seguida, a madrinha Rosalina Coelho Lisboa disse uma de suas poesias e logo vieram as cerimônias da bênção e do batismo, conduzidas pelos apresentadores Homero Silva e Lia de Aguiar. Aliás, os opositores políticos de Chateaubriand espalharam a notícia de que o atraso da inauguração da TV ocorrera porque, no instante do batismo e num golpe de entusiasmo, ele quebrara uma das câmeras estilhaçando uma garrafa de champanhe em cima dela[62]. Enquanto Assis Chateaubriand e sua comitiva dirigiam-se ao Jockey Club para de lá assistirem à continuação do programa, a radioatriz Yara Lins anunciava, num grande esforço de memorização, os prefixos de todas as estações e emissoras de rádio espalhadas pelo país, integrantes da rede das Emissoras Associadas[63].

O programa continuava. Era um grande show-espetáculo, com mais de duas horas de duração, formado por vários quadros artísticos e musicais que se sucediam à medida que o apresentador Homero Silva conduzia três bonitas moças, entre elas as radioatrizes Helenita Sanches e Miriam Simone, pelos espaços e cenários da televisão, revelando-lhes o que ali acontecia. Então, num determinado local, as moças viam a cantora Wilma Bentivegna ensaiando e cantando uma música cubana com o conjunto Os 4 Vocalistas ou Os 4 Amigos, de Sidney Moraes, que, anos depois, adotou o nome artístico de Santo Morales[64]; num outro, uma grande orquestra tocando; num outro lugar, um programa humorístico com os comediantes Simplício, Lulu Benencase e Geny Prado; depois, um quadro romântico, uma historieta leve, de amor, interpretada por Walter Forster, Lia de Aguiar e Vitória de Almeida[65]; e assim, passo a passo, quadro a quadro, até o *grand finale*. Foi quando Homero Silva e Lia de Aguiar se despediram cordialmente dos

61   Lolita Rodrigues, depoimento à Associação Paulista dos Pioneiros da Televisão – Appite (25 de março de 1999). Os versos de Guilherme de Almeida para o *Hino da Televisão Brasileira* são estes:"Vingou, como tudo vinga / No teu chão, Piratininga, / A cruz que Anchieta plantou: // Pois dir-se-á que ela hoje acena / Por uma altíssima antena / Em que o Cruzeiro poisou. // E te dá, num amuleto, / O vermelho, o branco, o preto / Das contas do teu colar. // E te mostra num espelho, / O preto, o branco, o vermelho / Das penas do teu cocar". (*Apud* Fernando Moraes, *Chatô, o Rei do Brasil*, p. 504).
62   Jorge Edo, depoimento citado; e Liba Fridman, reportagem citada.
63   Lia de Aguiar, depoimento citado.
64   Santo Morales, depoimento à Associação Paulista dos Pioneiros da Televisão – Appite (17 de abril de 1998).
65   Lia de Aguiar, depoimento citado.

telespectadores, desejando-lhes uma "boa noite", e os convidaram, com um "até amanhã se Deus quiser", a assistir à programação do dia seguinte. Então, nesse exato instante, num crescendo de vozes, cordas, tímpanos e metais, rimbombaram em frenética harmonia as vozes do Grande Coral Tupi e os sons agudos da Grande Orquestra Tupi, sob a batuta do maestro Georges Henry[66].

Emoção total no Sumaré. Missão cumprida! Estava inaugurada a televisão no Brasil! Funcionários, artistas, técnicos, todos se cumprimentavam e se abraçavam.

"Houve uma euforia geral, palmas, aplausos, todo o pessoal estava maravilhado com o que tinha visto" – conta Jorge Edo. "O dr. Assis telefonou dizendo: 'Está todo mundo convidado para um churrasco!', e nos deu o endereço do restaurante para onde devíamos ir. Nós estávamos na técnica, todos uniformizados, usando macacão… 'Venham assim mesmo. Vocês têm que vir.'"[67]

E para lá foram técnicos, artistas, produtores, redatores, locutores, em suma, toda a equipe técnica e artística do Sumaré, num grande entusiasmo e empolgação. Todos foram ao encontro de Chateaubriand, que, no Jockey Club, após receber cumprimentos e agradecer a presença de seus amigos e convidados, despediu-se e foi "esticar" numa churrascaria a noite da festa de inauguração da televisão no Brasil, expandindo seu contentamento e seu orgulho junto a seus empregados, técnicos e artistas da "cidade do rádio". Já madrugada a dentro, surgiu na churrascaria o engenheiro norte-americano que desaparecera, Walther Obermüller.

> Ele estava um pouco alegre demais. Ficou brincando com todos, quis até beijar a Wilma Bentivegna. Veio até mim e eu disse: "Walther, onde você esteve? Você sabe que saiu tudo muito bem!?" Então ele disse: "Ah… Edo!… Eu não aguentei. Pensei que ia morrer quando vi que tinha uma câmera a menos e que o programa talvez não fosse ao ar, que não haveria inauguração. Fui a um bar e comecei a beber. E aqui estou eu, muito satisfeito agora"[68].

---

66 Georges Henry, *Um Músico… Sete Vidas*, São Paulo, Editora Letras & Letras, 1998, p. 243.
67 Jorge Edo, depoimento citado.
68 *Idem, ibidem.*

Os dois quadros e seus temas

Primeiro quadro: a estreia do TBC. Segundo quadro: a inauguração da PRF-3 TV Tupi-Difusora. Reconstituídos com base na pesquisa histórica, estes dois acontecimentos podem, com efeito, ser vistos como dois quadros, duas cenas, dois momentos ou flagrantes artístico-culturais do processo cultural paulista no século XX. Evidentemente, na reconstituição histórica entra o modo particular do historiador de abordar os fatos, acentuando por vezes certos aspectos como se, numa mirada fotográfica, privilegiasse ângulos de visão, trazendo para o primeiro plano alguns acontecimentos, deixando outros em segundo e terceiro planos; ou, em instantes, optasse por lentes de aproximação, por aberturas em tomadas gerais, com tempos próprios de exposição, na perseguição de uma imagem final inesperada, surpreendente e sempre inconclusa, mas repleta de matizes que são realçados, principalmente, pelo colorido da ação e do pensamento dos diversos personagens protagonistas da História.

Nessas duas cenas históricas ganham importância as personagens principais que compõem as imagens. E será através delas, da sua identificação na história cultural paulista, que se tentará dar vida a esses quadros, recobrando-lhes, por assim dizer, a dimensão humana de que são investidos. Ao mesmo tempo, tal procedimento será um dos modos pelos quais se buscará fazer a inserção desses dois acontecimentos no processo histórico mais amplo da formação cultural de São Paulo.

Além deste, um outro modo é sugerido pelos próprios fatos e pelas questões temáticas por eles suscitadas. Por exemplo, em relação ao quadro do TBC, o papel cultural desempenhado por certas famílias tradicionais paulistas e, também, por alguns representantes de origem italiana das elites econômicas de São Paulo fornece uma pista importante para a abordagem da história da formação cultural paulista no século XX. Outra pista não menos relevante está no fato de que tanto a gente da alta sociedade patrocinadora do novo teatro, quanto os grupos de teatro amador que dele puderam beneficiar-se opunham-se francamente ao que vinha sendo realizado àquela época nos palcos brasileiros em matéria de teatro profissional. Realmente, eles eram contra os espetáculos profissionais em voga na cena teatral brasileira, em sua maior parte espetáculos de entretenimento e diretamente ligados a interesses muito mais comerciais do que propriamente artísticos. Ressalte-se que esses grupos amadores, que aspiravam a um teatro de valor artístico e cultural, em oposição a um teatro profissional e comercial, eram formados por jovens universitários, muitos deles alunos ou ex-alunos das faculdades de Direito e de Filosofia da Universidade de São Paulo, mantendo estreitos laços com as novas gerações de intelectuais paulistas e cariocas.

Em relação ao quadro da PRF-3 TV Tupi-Difusora, alguns fatos podem igualmente fornecer pistas temáticas que conduzam a uma aproximação do processo histórico de formação da cultura paulista. Uma dessas pistas é o aparecimento em São Paulo, ao longo dos anos 1930 e 1940, de novos profissionais da arte do espetáculo urbano – os artistas do rádio. Reunindo locutores, escritores e produtores de programas, músicos, cantores, radioatores e radioatrizes, o rádio contou com a presença de certos profissionais – como, por exemplo, Oduvaldo Vianna e Octavio Gabus Mendes –, que desempenharam importante papel na vida cultural não só de São Paulo como, também, do Rio de Janeiro. As ligações que esses e outros homens do rádio mantiveram durante muito tempo com o cinema não deixam de abrir perspectivas para a compreensão do fato de ter realmente existido um projeto cinematográfico na base da criação da televisão no Brasil.

Assim, pois, em torno de algumas questões temáticas sugeridas por esses dois quadros – especialmente as questões das elites econômicas, das elites artísticas e culturais, dos artistas amadores e dos artistas profissionais –, buscar-se-á compor um grande painel do espetáculo artístico-cultural paulista, em que as inaugurações do TBC e da PRF-3 TV encontrarão certamente seu lugar histórico.

Capítulo segundo

A cidade e o espetáculo artístico-cultural no início do século

As elites econômicas

Em texto sucinto, Warren Dean define a situação social e as condições de vida na cidade de São Paulo no início do século xx. Ao finalizar, ele faz a seguinte observação:

> [...] era São Paulo, "capital dos fazendeiros", a "metrópole do café", a "cidade dos italianos", em 1900, um acontecimento ímpar na história do Brasil e da América Latina. Uma economia marcada pela especulação caótica e desenfreada, mas baseada como nenhuma outra cidade na massa assalariada e na diversificação a ponto de industrializar-se. Uma cidade que nasceu e viveu por muito tempo sob o controle de uma elite, mas tão atingida pelos efeitos da abolição e pela imigração que as mudanças sociais não puderam ser mais evitadas ou contidas. E nunca mais o serão[1].

Realmente, no início dos 1900, em consequência da expansão cafeeira das últimas décadas do século xix, São Paulo começava a dar passos acelerados no sentido de tornar-se o maior centro comercial, financeiro e industrial da América Latina. Imigrantes estrangeiros, caipiras, mulatos e negros acorriam à cidade, passando a formar aí uma grande massa de trabalhadores, ocupada em pequenos serviços e em atividades diversas no crescente comércio e nas 120 grandes e pequenas empresas já existentes em São Paulo. Segundo levantamento feito na época, eram "algumas fábricas de tecido, oficinas das estradas de ferro, duas cervejarias, três fábricas de chapéus, uma de fósforos, sete oficinas de fundição de metais, curtumes, serrarias, olarias, fábricas de móveis, fábricas de pastas, de licores, sapatos, sabão, velas e uma refinaria de açúcar"[2]. A maior parte delas situava-se nos terrenos baixos, nas várzeas dos rios Tamanduateí e Tietê, desde a Barra Funda, passando pelo Bom Retiro e bairro da Luz, até o Belenzinho e o Brás, ao longo dos trilhos da grande rede ferroviária de 1.300 km que, construída sob os auspícios dos cafeicultores, já ligava naquela época o interior do Estado à capital, para escoar a produção cafeeira do planalto em direção ao porto de Santos. Os donos dessas fábricas compunham dois grupos diferenciados das elites econômicas paulistas: um, formado por um conjunto de grandes fazendeiros "quatrocentões", descendentes dos tradicionais troncos familiares do Estado e envolvidos nas atividades urbanas do comércio exportador do café; outro, constituído de alguns empreendedores, comerciantes e homens de negócios de origem estrangeira – em sua maior parte ingleses, alemães, italianos, portugueses e norte-americanos – ligados aos bancos estrangeiros e às firmas importadoras de bens de consumo e de produtos industrializados que abasteciam o crescente mercado paulista.

1   Warren Dean, "São Paulo em 1900", em *Vila Penteado*, São Paulo, FAU-USP/Secretaria de Estado da Cultura, Ciência e Tecnologia, 1976, p. 27.
2   *Idem*, p. 25.

Em São Paulo, nessa época, as atividades comerciais ganhavam cada vez mais intensidade num mercado que crescia e numa sociedade que parecia querer romper seus laços com o passado colonial e escravagista ainda muito recente. Afinal, os fazendeiros e cafeicultores paulistas haviam optado pela adoção em suas lavouras do regime de mão de obra livre, com base no trabalho assalariado oferecido sob contrato ao imigrante europeu. Em favor da obtenção de subsídios governamentais à contratação de mão de obra imigrante, representantes políticos dos interesses regionais paulistas no governo imperial já haviam desempenhado papel importante, como foram os casos de Prudente de Moraes e Campos Sales, membros do Partido Republicano Paulista (PRP) e eleitos em 1884 para a Câmara dos Deputados[3].

Dentre as tradicionais famílias paulistas de elite, destacava-se a do conselheiro Antonio da Silva Prado, "modelo do fazendeiro-empresário"[4], que se tornou prefeito da cidade de São Paulo de 1898 até 1910, realizando notáveis obras de urbanização. Ao lado de Antonio da Silva Prado, sobressaía-se igualmente Antonio Álvares Penteado, outro grande fazendeiro de "quatrocentos anos" envolvido nos negócios da exportação do café e um dos mais importantes pioneiros da indústria paulista. Em 1889, ele fundou a Fábrica Santana, de fiação e tecelagem de juta, equipada com maquinaria inglesa e conforme aos padrões mais modernos da época, para produzir a sacaria utilizada na exportação do café. "O edifício ocupava uma área de doze mil metros quadrados e ficava na rua Flórida, no Brás, com as ruas Henrique dos Santos e Conselheiro Belizário" – escreve a pesquisadora Maria Cecília Naclério Homem Prado. "A Estrada de Ferro Inglesa construiu com exclusividade desvios nos terrenos e seus vagões paravam às portas da fábrica, colocando-a em comunicação com Santos e cidades do interior paulista. Cinco anos depois de sua fundação, aí trabalhavam oitocentos operários, na sua maioria italianos, que mantinham uma produção diária de setenta e cinco mil metros de tecido"[5]. Aliás, referindo-se à natureza capitalista da economia cafeeira paulista, o historiador Caio Prado Júnior, neto de Antonio Alvares Penteado, considera a Fábrica Santana a primeira manufatura brasileira a produzir em larga escala e que pode ser tomada como exemplo do "estímulo direto que as atividades ligadas à produção cafeeira ofereceram à indústria. [...] Isso tanto pelo aporte de capital com que contribuiu para as inversões industriais, como pelo mercado consumidor que a riqueza produzida pelo café proporcionou"[6].

3   Sobre o papel político dos fazendeiros paulistas no início do período republicano, consultar Fernando Henrique Cardoso, "Dos Governos Militares a Prudente-Campos Sales", em Boris Fausto (dir.), *História Geral da Civilização Brasileira*, São Paulo, Difel, 1975, tomo III, *O Brasil Republicano*, primeiro volume, *Estrutura de Poder e Economia (1889-1930)*.
4   Warren Dean, *A Industrialização de São Paulo (1880-1945)*, São Paulo, Difel, 1971, p. 69.
5   Maria Cecília Naclério Homem Prado, "Uma Família Paulista", em *Vila Penteado*, p. 59.
6   Caio Prado Junior, "Divergências na Superfície", *Cadernos de Debates*, n. 1, São Paulo, Brasiliense, 1976, p. 47.

Afora os enormes contingentes de mão de obra imigrante destinados às lavouras de café e aos trabalhos na indústria nascente[7], um certo número de imigrantes estrangeiros desse tempo, imbuídos certamente do espírito de aventura e confiantes nas inúmeras oportunidades abertas aos empreendimentos no Novo Mundo, aqui chegou com alguns bens e reservas pessoais, possuindo também algum tipo de ligação comercial e financeira em seus países de origem. Muitos estabeleceram-se em São Paulo em fins do século XIX e inícios do XX, e aí fizeram fortuna, dedicando-se pouco a pouco, em sua grande maioria, às atividades comerciais de importação e venda de máquinas e equipamentos, de cereais e de produtos industrializados[8]. Na verdade, "os imigrantes pareciam às companhias comerciais europeias os instrumentos mais dignos de confiança para o progresso de suas firmas. Alguns, treinados pelas próprias companhias, passaram a vendedores ou técnicos; [...] Mais do que instrumentos dos interesses europeus, os imigrantes-importadores eram seus colaboradores voluntários"[9].

Iniciando a vida no Brasil como comerciantes e importadores, muitos imigrantes figuram na lista dos precursores e dinamizadores da indústria paulista. Por exemplo, podem-se citar, entre outros, Frederick Upton, imigrante norte-americano que, até 1903, importava farinha de trigo, madeira para construção, fosfato, cimento, lubrificante e utensílios para cozinha e que, depois, diversificou seus negócios, passando a importar automóveis, tratores, motores e máquinas agrícolas[10]; Oscar Reinaldo Müller Caravellas, imigrante de terceira geração, filho de um pequeno fabricante de aquecedores de água, que conseguiu implantar uma fábrica de tubos de pasta de dente, atraindo para São Paulo fabricantes de dentifrícios alemães e norte-americanos; os irmãos Jafet, que se instalaram em São Paulo entre 1887 e 1893 e que, depois de terem sido importadores de tecidos, começaram a manufaturar esse produto em 1906; Rodolfo Crespi, que chegou ao Brasil em 1893 como agente-vendedor de uma firma exportadora de tecidos de Milão e que seguiu o mesmo caminho, tornando-se um dos maiores fabricantes de tecidos do Estado; Pereira Ignácio e Ernesto Diederichsen, que eram inicialmente ligados a firmas importadoras de tecidos, transformando-se depois em industriais; os Klabins e os Weiszflogs, que venderam papel importado durante muito tempo antes de começarem a produzi-lo[11]. Aliás, no que se refere aos Klabins, a história da vinda para o Brasil de Maurício Klabin – o iniciador da grande indústria da família em São Paulo – começa em 1885. Foi quando ele, o mais velho entre onze irmãos, decidiu ir para a Inglaterra, deixando a cidadezinha judaica de Poselva, perto da cidade de Kovno, na Lituânia, onde seu pai exercia a função de *staroste* (prefeito). Em Londres, com 25 anos de idade, logo conseguiu alugar uma

---

7 Dados estatísticos gerais sobre a entrada de imigrantes estrangeiros em São Paulo, nas últimas décadas do século XIX e primeiras do XX, são reproduzidos especialmente em Boris Fausto, *História do Brasil*, 4. ed., São Paulo, Edusp/FDE, 1996, capítulo 6, pp. 275-281.
8 Warren Dean, *A Industrialização de São Paulo (1880-1945)*, pp. 25, 26 e 69.
9 *Idem*, pp. 64-65.
10 *Idem*, p. 36.
11 *Idem*, p. 37.

carreta, passando a vender algumas mercadorias fornecidas por seus patrícios. Conforme relata sua filha Mina Klabin Warchavchik, um anúncio de jornal despertou-o para o El-Dorado brasileiro. O Brasil "precisava de braços para a lavoura e publicou anúncios nos jornais da Europa, oferecendo passagem gratuita. [...] Maurício comprou vinte quilos de tabaco da melhor qualidade, papel e instrumentos para fabricar cigarros e embarcou para o desconhecido. No navio encontrou outros judeus que sonhavam com a terra prometida, entre eles Isaac Solitrenick e um certo Tabacow"[12]. Nos seus primeiros tempos em São Paulo, Maurício Klabin trabalhou numa tipografia, que lhe foi vendida pelo patrão em condições especiais, dada a amizade que se firmou entre eles. Dono de seu próprio negócio, escreveu à família dizendo que pretendia casar-se. Uma noiva foi-lhe enviada, Bertha Osband, que aqui chegou com os pais e com Nessel, irmã de Maurício. Mais tarde, ele trouxe seu tio Selmen Lafer e, depois, mais parentes e amigos. Em 1906, na cidade de Itu, a firma Klabin Irmãos & Companhia iniciou a fabricação de papel e, em 1911, na cidade de São Paulo, no bairro da Ponte Grande, nascia a Companhia Fabricadora de Papel de propriedade da família[13].

A primeira grande fortuna italiana em São Paulo nascida de operações bancárias foi a de Giovanni Briccola, que chegou à cidade em 1885 como engenheiro contratado pela Companhia Paulista de Estrada de Ferro. Sua riqueza concretizou-se após ele haver ingressado no mundo dos negócios e dos bancos, tornando-se agente do Banco de Nápoles. Outros imigrantes ligaram-se também às atividades bancárias. Foi o caso, por exemplo, de Giuseppe Martinelli, que teve empresas de navegação e importação, e de Francisco Matarazzo e Giuseppe Puglisi Carbone. Estes, juntamente com outros imigrantes italianos, fundaram em 1900 o Banco Comercial Italiano de São Paulo. Em 1906, pouco depois da saída de Matarazzo, este banco associou-se à Banca Commerciale Italiana, de Milão. E mais tarde, em 1910, fundindo-se com o Banque de Paris et des Pays-Bas, transformou-se no Banco Francês e Italiano para a América do Sul, de cuja diretoria faziam parte alguns imigrantes, como, por exemplo, Rodolfo Crespi, fabricante de tecidos de algodão, Henrich Trost, importador, e Egidio Falchi, fabricante de biscoitos[14].

Dentre esses importadores e empreendedores estrangeiros que logo se tornaram pioneiros da indústria paulista, o mais bem-sucedido foi sem dúvida Francisco Matarazzo. Ele havia chegado ao Rio de Janeiro em 1881, trazendo algum dinheiro e uma carga de toucinho que pretendia vender. Percebendo o incremento dos negócios em São Paulo, o crescimento do mercado consumidor e a grande movimentação de capitais em torno do

---

12 *Apud* Henrique Veltman, *A História dos Judeus em São Paulo*, Rio de Janeiro, Editora Expressão e Cultura, 1996, p. 29.
13 *Idem*, p. 29.
14 Warren Dean, *A Industrialização de São Paulo (1880-1945)*, pp. 61, 65 e 66. Por outro lado, pouquíssimos foram os imigrantes que, iniciando a vida no Brasil como operários de fábricas ou como mascates, se tornaram empresários. Dois desses casos excepcionais são frequentemente citados: o de Dante Ramenzoni, que se tornou fabricante de chapéus, e o de Nicolau Scarpa, que viria a ser dono de moinhos e de fábricas de tecidos (cf. p. 59).

comércio exportador de café, transferiu-se para a cidade de Sorocaba, onde, em 1882, abre uma pequena casa comercial ou uma *venda*, como se diz em cidadezinhas do interior. Pouco tempo depois, percebendo que o país importava banha de porco, lança-se na fabricação desse produto, instalando duas pequenas fábricas na região de Sorocaba e montando uma rede de fornecedores de matéria-prima junto aos estabelecimentos rurais dos campos de Itapetininga. Nesse período, a atividade comercial rural é o seu forte. Possuidor de uma tropa de burros, transacionava pessoalmente com os produtores rurais, tudo comprando e tudo vendendo[15]. Além da fabricação de banha, que passou a vender acondicionada em latas, e não em barris de madeira como era a banha importada dos Estados Unidos, começa a expandir seus negócios na cidade de São Paulo a partir de 1890. Em sociedade com dois de seus irmãos, cria a firma de comissões e consignações Matarazzo & Irmãos e parte decididamente para novos empreendimentos comerciais. Seu primeiro negócio em larga escala foi a importação de arroz e, principalmente, de farinha de trigo. No ano de 1900, quando já havia inaugurado a firma F. Matarazzo & Cia. Ltda., funda sua primeira fábrica de farinha, o Moinho do Belenzinho, ao mesmo tempo que se associa, como foi visto, a outros imigrantes italianos para criar o Banco Comercial Italiano de São Paulo.

Nas regiões mais baixas da cidade, junto às fábricas, formaram-se os bairros operários, que abrigavam uma população de trabalhadores em crescimento vertiginoso. Em 1872, antes que se formassem as companhias de imigração, a população da capital da província de São Paulo não ultrapassava 23 mil habitantes. Na última década do século XIX, em pleno apogeu do fluxo imigratório, em apenas dez anos essa população passou de 64 mil para 240 mil habitantes. Por volta de 1920, a capital paulista possuía cerca de 580 mil habitantes, sendo quase dois terços constituídos de imigrantes ou descendentes de imigrantes estrangeiros, com predominância de italianos[16]. Através da Hospedaria dos Imigrantes, construída no bairro do Brás, em 1888, e principal intermediária e fornecedora de mão de obra estrangeira aos fazendeiros do interior, a maioria dos imigrantes ia trabalhar nas lavouras de café[17]. Porém, muitos dos chefes das famílias recém-chegadas preferiam ou conseguiam estabelecer-se na cidade, principalmente aqueles que já possuíam algum ofício, como o de gráfico, vidraceiro, pedreiro, estucador ou qualquer outro de imediata utilidade naquele meio social que começava a adquirir feições urbanas pronunciadas.

De fato, nos primeiros anos do século XX, a cidade de São Paulo já apresentava sinais de centro urbano que se abria para o mundo moderno e industrial. Em 1900, depois de já haver construído o Gasômetro; instalado

---

15 José de Souza Martins, *Empresário e Empresa na Biografia do Conde Matarazzo*, Rio de Janeiro, UFRJ, Instituto de Ciências Sociais, 1967, pp. 22 e 23.

16 Warren Dean, "São Paulo em 1900", em *Vila Penteado*, p. 22; e *A Industrialização de São Paulo (1880-1945)*, pp. 58-59. Igualmente, Boris Fausto, *História do Brasil*, capítulo 6, pp. 275-281.

17 Leôncio Martins Rodrigues, *Conflito Industrial e Sindicalismo no Brasil*, São Paulo, Difel, 1966, p. 132.

um pequeno aqueduto de 15 km, que partia de uma fonte na Cantareira chegando até o bairro da Consolação; e ampliado sua pequena rede de esgoto, a cidade iniciava a substituição da iluminação a gás pela eletricidade[18]. Em 1901, a São Paulo Traction Light and Power Company instalava a primeira geradora hidroelétrica, fato que propiciou grande impulso à produção fabril. Nessa mesma época, os bondes puxados a burro, que ligavam o centro da cidade à avenida Paulista e a outros bairros isolados, começaram a ser substituídos por bondes elétricos. Algumas obras arquitetônicas e de engenharia, como o viaduto do Chá, "o velho viaduto de Ferro" (1892), o Museu do Ypiranga (1894), a Escola Politécnica (1894) ou a Escola Normal Caetano de Campos (1894), já podiam ser vistas como marcos do progresso tecnológico e cultural que parecia tomar conta de uma cidade que se urbanizava a passos largos. Isso, evidentemente, sem falar na existência, já nesse tempo, do Liceu de Artes e Ofícios, consolidado por Ramos de Azevedo, em 1881, que importou uma série de mestres europeus para aqui formar mão de obra qualificada[19], e sem levar igualmente em consideração a existência de sua tradicional Faculdade de Direito, no largo de São Francisco, cujos cursos foram inaugurados em março de 1828, poucos anos após a Independência.

Na verdade, a Faculdade de Direito foi criada, como um instituto nacional, em 1827 pelo imperador D. Pedro I (Lei de 11 de agosto). Em 1828, cursos de Direito foram iniciados em São Paulo e Olinda, no Estado de Pernambuco. Pouco depois, em 1854, os cursos de Olinda foram transferidos para Recife. Em 25 de janeiro de 1934, pelo decreto n. 6.283, o governador Armando de Salles Oliveira cria a Universidade de São Paulo. Pouco tempo depois, no dia 10 de abril, pelo decreto n. 24.102, a Faculdade de Direito é transferida do âmbito federal para o âmbito estadual, sendo incorporada à Universidade de São Paulo em 9 de maio de 1934, pelo decreto estadual n. 6.429[20].

As elites políticas e culturais

Formadas, de um lado, pelas tradicionais famílias dos fazendeiros exportadores de café e, de outro, pelos comerciantes e empreendedores estrangeiros que se estabeleceram no Estado, as elites econômicas paulistas desempenharam importante papel na formação da indústria, na urbanização e

---

18 Warren Dean, "São Paulo em 1900", em *Vila Penteado*, p. 26.
19 Luiz Carlos Daher, "Aspectos da Arquitetura no Início do Século XX", em *Vila Penteado*, p. 33. Sobre a vida e a obra do arquiteto Ramos de Azevedo, ver Maria Cristina Wolff de Carvalho, *Ramos de Azevedo*, São Paulo, Edusp, 2000.
20 Goffredo Telles Júnior, *A Folha Dobrada: Lembranças de um Estudante*, Rio de Janeiro, Nova Fronteira, 1999, p. 78. A respeito das ideias e pensamentos que, desde o início do Império até 1930, orientaram as instituições de ensino e de pesquisa científica no Brasil – as faculdades de Direito e de Medicina, notadamente –, consultar Lilia Moritz Schwarcz, O *Espetáculo das Raças*, São Paulo, Companhia das Letras, 1993. Ainda com relação às instituições de ensino superior no Brasil, criadas no final do século XIX e nas primeiras décadas do XX, ver Sergio Miceli, *Intelectuais e Classe Dirigente no Brasil, 1920-1945*, São Paulo, Difel, 1979, cap. I, especialmente notas 1 e 42.

modernização da cidade. Entretanto, nos dois primeiros decênios do século xx, foram principalmente os grandes fazendeiros ligados à indústria e aos negócios da exportação do café, e não os novos-ricos imigrantes estrangeiros, que constituíram o que se pode chamar de elite política e cultural de São Paulo.

É certo que os interesses econômicos dos grandes fazendeiros dependiam sempre do crédito, dos capitais fornecidos pelas casas bancárias ligadas fortemente aos comerciantes e empreendedores imigrantes, estando sujeitos igualmente às flutuações das transações comerciais controladas em grande parte pelas firmas de exportação e importação em que predominavam os estrangeiros[21]. Mas essa dependência era relativa, na medida em que os comerciantes e investidores estrangeiros necessitavam também do apoio político dos fazendeiros paulistas para que, através de medidas tomadas pelo governo brasileiro, prosperassem seus negócios no comércio e na indústria.

Os grandes fazendeiros do café exerceram sempre importantes cargos políticos, participando de alguma forma do controle da máquina do governo, usando-a eficazmente em favor de seus interesses, mormente aqueles que diziam respeito à fixação da taxa de câmbio[22]. Não era pouco seu poder na política nacional, já que fazia muito tempo que todo o impulso da economia do país e sua própria expansão derivavam exclusivamente da demanda externa, do interesse de certos países na compra de matérias-primas brasileiras. E, desde 1840, o café constituíra-se no principal produto brasileiro de exportação, de cujos negócios dependia toda a economia nacional – uma situação que se manteve até por volta de 1930[23].

No primeiro decênio do século, de uma maneira geral, os ricos comerciantes e empreendedores industriais estrangeiros formavam um grupo social que não estava particularmente voltado para os acontecimentos artísticos e culturais que se produziam nas grandes metrópoles europeias como Berlim, Viena, Londres e Paris. Suas inquietações em relação à arte e à cultura não iam além do natural interesse em manter vivas aqui as reminiscências artísticas e culturais, os costumes e as tradições que guardavam de seus países de origem. Inicialmente, outra coisa não fizeram senão dedicar-se ao mundo dos negócios, do comércio e da indústria. Na verdade, quando decidiram vir fazer a América, principalmente no momento em que o Brasil adotou claramente a política de subsidiar a imigração estrangeira, grande parte deles saiu de cidades europeias provincianas, principalmente italianas e espanholas, onde, via de regra, eles executavam pequenos serviços como artesãos, ou exerciam alguma atividade no comércio citadino local e, em

21 "Por volta de 1913, apenas duas firmas brasileiras se incluíam entre as quinze maiores casas exportadoras de Santos." Warren Dean, *A Industrialização de São Paulo (1880-1945)*, p. 63.
22 Sobre essa questão, ver Boris Fausto, "Expansão do Café e Política Cafeeira", em Boris Fausto (org.), *História Geral da Civilização Brasileira*, São Paulo, Difel, 1975, tomo III, *O Brasil Republicano*, 1º volume, livro II, pp. 195 e ss.; Fernando Henrique Cardoso, "Dos Governos Militares a Prudente-Campos Sales", em Boris Fausto (dir.), *O Brasil Republicano*, pp. 15 e ss.; e Nícia Vilela Luz, *A Luta pela Industrialização no Brasil*, São Paulo, Difel, 1961, cap. v, pp. 157 e ss.
23 Celso Furtado, *Dialética do Desenvolvimento*, Rio de Janeiro, Fundo de Cultura, 1964, pp. 96-99.

alguns casos, pequenos negócios junto à população dos campos circun-vizinhos. Normalmente, naquela época, as cidades eram ainda pequenas, alegradas com algum movimento festivo, com alguma atividade artística, apenas aos domingos e nos dias de feira ou de mercado, quando a banda de música tocava na praça, quando se organizava algum baile e, eventualmente, quando havia a apresentação de artistas ambulantes, mágicos, músicos e grupos teatrais.

Quanto aos imigrantes judeus que, no grande surto migratório ocorrido a partir de 1880, se instalaram na América Latina – particularmente no terri-tório brasileiro e argentino –, provinham em sua grande maioria de vilas, povoados e lugarejos da Europa Oriental, especialmente da Bessarábia, a grande região encravada entre a Romênia e a Rússia[24]. "Em 1881, acontece-ram terríveis incidentes antijudaicos na Rússia. Eles estimularam a atuação dos agentes de emigração, apoiados, já aí, por personalidades e instituições, como a Alliance Israelite Universelle, fundada em 1860 com a finalidade de incrementar a emancipação e o progresso dos israelitas 'e prestar auxílio aos necessitados' onde quer que fosse"[25]. Em agosto de 1891, foi criada em Londres a Jewish Colonization Association – JCA, com o objetivo de facilitar a saída dos israelitas dos países da Ásia e da Europa e retirar da Europa Oriental sobretudo os judeus pobres e miseráveis que, sob as ordens do czar, tinham sua vida ameaçada, oprimidos que eram por todo tipo de restrição. Uma das propostas dessa associação era estabelecer colônias agrícolas em diversas regiões da América do Norte e do Sul, visando a propiciar melhores condições materiais e morais aos judeus pobres e necessitados. Iniciou-se, então, na era moderna, o grande processo migratório dos judeus, "o maior de toda a história judaica"[26]. Geralmente nos dias de feira, às sextas-feiras, em todos os povoados, em todos os vilarejos e paragens dos campos orien-tais europeus, começou a correr a notícia de que colônias judaicas estavam sendo instaladas na Argentina e no Brasil. O sonho de todos passou a ser o Novo Mundo e, particularmente, o El-Dorado brasileiro.

> Era o sonho de uma terra livre e milagrosa, onde o povo de Israel poderia professar livremente sua religião, seguir seus costumes, ficar rico! Claro, a *Torá* não dizia palavra sobre o Novo Mundo, mas uns poucos estudiosos do *Talmud* não tinham dúvidas: a América era a Nova Canaã, a nova terra prometida por Deus a Abraão e sua descendência. Talvez até mesmo as lendárias terras de Ofir, citadas por Salomão, fossem as terras da América, terras do leite, do queijo, do mel[27].

No Brasil, mergulhada no trabalho e acumulando riquezas, a leva de estrangeiros comerciantes e empreendedores não era de uma maneira geral

---

24 Marcos Margulies, Depoimento, em Vera d'Horta Beccari, *Lasar Segall e o Modernismo Paulista*, São Paulo, Brasiliense, 1984, p. 181.
25 Henrique Veltman, *A História dos Judeus em São Paulo*, 1996, pp. 41-42.
26 *Idem*, p. 41.
27 *Idem*, p. 31.

sensível "às virtudes do espírito e da vida social cultivada" que, na Europa, absorvida pela atmosfera cultural de *fin-de-siècle*, podiam ser tão bem apreciadas nos elegantes círculos literários e teatrais parisienses ou nas reuniões de intelectuais e artistas que animavam os salões e cafés da Ringstrasse, em Viena[28]. Com exceção, talvez, de uma certa parcela de imigrantes judeus que, pobres ou ricos, de uma maneira geral sempre valorizaram a educação e a cultura artística[29], naquela época, em São Paulo, os comerciantes e trabalhadores estrangeiros viviam de modo geral alheios às artificialidades da civilização e do refinamento; às inovações arquitetônicas trazidas pelo estilo *art-nouveau*; aos movimentos artísticos e literários; com suas escolas e grupos de *avant-garde* que, na virada do século, apontavam novos caminhos para a poesia, o teatro e as artes plásticas, sacudindo cidades como Paris, Berlim, Viena, Moscou, São Petersburgo e, poucos anos mais tarde, Zurique, Nova York e Chicago[30].

Ao contrário dos imigrantes, os donos da terra e do poder político em São Paulo, os grandes fazendeiros do café pertencentes aos velhos troncos das famílias paulistas – alguns descendentes dos bandeirantes e ostentando títulos de nobreza concedidos pelo imperador[31] –, mantinham contatos repetidos com as mais importantes capitais europeias, principalmente Londres e Paris. Costumavam passar temporadas nessas metrópoles e, com frequência, a elas encaminhavam seus filhos para receberem formação secundária e, mesmo, fazerem estudos superiores. Havia, também, entre alguns deles, o hábito de contratar governantas, geralmente inglesas, alemãs e suíças, que vinham para o Brasil e, em São Paulo, nas finas residências dos bairros de Higienópolis e Campos Elíseos ou nos casarões das fazendas, ensinavam boas maneiras às crianças, iniciando-as nos estudos das línguas, letras e artes. As famílias Prado e Penteado, por exemplo, colocavam suas crianças aos cuidados de governantas suíças ou alemãs que lhes ensinavam a falar, ler e escrever em línguas estrangeiras, especialmente em alemão. "Uma delas, dona Paula" – conta Maria Cecília N. H. Prado – "marcou de forma acentuada a infância de Carlos e Caio (Carlos Prado e Caio Prado Júnior). Enquanto sua figura surge ameaçadora nos desenhos de Carlos Prado, intimidando o pequeno, Caíto lembra-se que chorou quando ela se

28 A respeito do desenvolvimento artístico e cultural de Viena, ocorrido nas últimas décadas do século XIX, após a subida, em 1860, dos liberais austríacos ao poder, ver Carl E. Schorske, *Viena Fin-de-siècle: Política e Cultura*, 3. reimp., São Paulo, Editora da Unicamp/Companhia das Letras, 1990.

29 "As famílias judaicas sempre valorizaram muito a cultura e a educação. Podiam não ter dinheiro, mas a escola não estava em discussão. Podiam não ter dinheiro, mas cortavam um pouco o orçamento aqui e ali, mas o filho estudava violino e a filha estudava piano." (Depoimento de Fanny Abramovich: entrevista concedida em 24 de julho de 1998.)

30 Malcolm Bradbury, "As Cidades do Modernismo", em Malcolm Bradbury e James MacFarlane, *Modernismo: Guia Geral*, São Paulo, Companhia das Letras, 1989, pp. 76 e ss.

31 Como, por exemplo, José Guedes de Souza, barão de Pirapitingui, pai de Olívia Guedes Penteado, a incentivadora dos modernistas paulistas na década de 1920; e João Ferreira de Camargo Andrada, barão de Ibitinga, padrasto de Antonio Álvares Penteado. Goffredo Telles Júnior, *A Folha Dobrada: Lembranças de um Estudante*, p. 14.

despediu"[32]. Goffredo Telles Júnior, por sua vez, lembra-se de Miss Irene Hay, a governanta inglesa que seus pais contrataram na Europa:

> Miss Hay era uma senhora com cerca de trinta anos de idade, muito culta e competente, muito quieta e reservada. Ela nos dava aulas de todas as matérias: inglês, francês, matemática, história e geografia... Desempenhava seu papel com autoridade e doçura. Gostava das temporadas na fazenda. Era exímia cavaleira. [...] Sobre a sua mesa de cabeceira, havia o retratinho de um moço com farda dos aviadores da Royal Air Force. Nunca nos quis revelar quem era...[33]

Antonio Álvares Penteado havia viajado com a família à Europa na década de 1880. Nessa época, adquiriu toda a maquinaria inglesa que equiparia sua indústria de fiação e tecelagem, a mencionada Fábrica Santana. Ele acreditava firmemente no progresso industrial do Brasil, que, a seu ver, "preparava-se para assumir o papel de líder da América do Sul". Sentia a necessidade de dar a seus filhos "uma formação técnica, condizente com o sistema de vida que seria ditado pelo progresso industrial paulista"[34]. Casado com dona Ana de Lacerda Álvares Penteado, filha do barão de Araras e irmã do senador Lacerda Franco, ele teve cinco filhos: dois homens, Armando e Sílvio, e três mulheres, Stella, Antonieta e Eglantina[35]. Em 1900, como de costume, estava Antonio Álvares Penteado mais uma vez em Paris, com toda a família, visitando a Grande Exposição Universal. Lá tomou conhecimento do estilo *art-nouveau*, que "unia as artes à técnica" e que se consagrava nessa exposição[36]. De volta ao Brasil, adotando esse estilo, mandou construir vários prédios, entre eles a famosa Vila Penteado, no bairro de Higienópolis[37]. Aliás, muitos anos depois, em 1947, seus filhos Armando e Sílvio doariam à Universidade de São Paulo essa antiga residência dos pais, para que se instalassem lá os cursos da recém-criada Faculdade de Arquitetura e Urbanismo – FAU, que então começava a funcionar provisoriamente na Escola Politécnica.

Além de terem adquirido formação europeia, Armando e Sílvio foram cativados pelo espírito *belle époque* da aristocracia parisiense. Sílvio

---

32 Maria Cecília Naclério Homem Prado, "A Vila Penteado como Residência", em *Vila Penteado*, pp. 74-75.
33 Goffredo Telles Júnior, *A Folha Dobrada: Lembranças de um Estudante*, p. 11.
34 Maria Cecília Naclério Homem Prado, "Uma Família Paulista", em *Vila Penteado*, p. 59.
35 Antonieta, a mais velha – futura mãe do pintor Carlos Prado e do historiador Caio Prado Júnior – casou-se aos quinze anos de idade com Caio Prado. Stella casou-se com o irmão de Caio, Martinho Prado Neto. Eglantina, por sua vez, casou-se com Antonio Prado Júnior, primo dos dois irmãos. *Idem*, p. 72.
36 Flávio L. Mota, "São Paulo e o *Art Nouveau*", em *Vila Penteado*, p. 89.
37 "Alguns dos primeiros projetos *art-nouveau* em São Paulo deveram-se à iniciativa de Álvares Penteado, confiados ao arquiteto sueco Carlos Ekman [...], autor de projetos notáveis em seu tempo, como o do Teatro São José, no viaduto do Chá [...]. Trabalhou durante vários anos para a família Penteado." Maria Cecília Naclério Homem Prado, "Uma Família Paulista", em *Vila Penteado*, pp. 61 e 62.

[...] estudou ciências comerciais e técnicas industriais na Municipal Technical School e no Owen's College de Londres e, em 1901, já estava trabalhando com seu pai. Armando também estudou na Inglaterra. Conhecia mecânica em geral e falava fluentemente inglês, francês e italiano. Ao mesmo tempo, os irmãos cultivavam em Paris seu gosto pela arte, pelos esportes e pelo espírito francês, mantendo residência naquele centro. Iam e voltavam constantemente, trazendo inovações para o Brasil[38].

Casados com mulheres francesas, os dois viveram grande parte de suas vidas entre São Paulo e Paris. Nesta cidade, possuíam um apartamento, perto de Saint-Cloud, onde muitas vezes residiu Alberto Santos Dumont.

Entusiasmados pelas inovações científicas, compartilhavam com o amigo o gosto pelos experimentos aéreos e chegaram a efetuar vários voos em balões e aeroplanos. Sócios do Aero Club da França, eles mesmos desenhavam seus balões e estudavam a composição dos aviões, encomendando-os com Lachambre, o construtor que trabalhava para Santos Dumont. Em 1908, Armando expôs com sucesso um de seus aviões na Exposição do Grand Palais de Paris[39].

Pouco tempo antes, em 1905, os habitantes de São Paulo haviam admirado, atônitos, um balão esférico que vagava pelos céus. A bordo estava Sílvio Penteado, que desceria em Mogi Mirim três horas depois de ter saído da capital. Em terras paulistas, ele repetia, então, a proeza de sua irmã Eglantina e de seu cunhado Antonio Prado Júnior, que, em companhia de Alberto Santos Dumont, tinham subido num balão em Saint Cloud, indo parar na Bélgica[40].

Aficionados pelos esportes e pelos novos engenhos da era moderna, além dos balões e aeroplanos, os automóveis faziam também parte dos alegres desfrutes dos jovens Penteado. Em 1903, Sílvio e Antonio Prado Júnior quebraram o silêncio das pacatas ruas de São Paulo com o ronco do motor de um automóvel, um dos primeiros que chegaram à cidade. A seguir, juntamente com amigos, numa grande façanha para aqueles tempos, fizeram a primeira viagem de automóvel de São Paulo a Ribeirão Preto, inaugurando entre a juventude da aristocracia paulista os famosos *raids* automobilísticos de que eles, os Penteado, e vários outros representantes das elites do café, costumavam participar na Europa. Mais tarde, em 1906, dirigindo um Fiat, Sílvio venceu o Circuito de Itapecerica, prova automobilística vencida também por Antonio Prado Júnior, dois anos depois, ao volante de um Délage[41].

38 *Idem*, p. 59.
39 *Idem*, p. 74.
40 *Idem, ibidem.*
41 *Idem*, p. 61.

Em 1907, cinco anos antes de falecer, Antonio Álvares Penteado, já detentor do título de conde que lhe fora concedido pelo papa Pio x, fez doação de um terreno no largo de São Francisco e assumiu o encargo de construir ali um edifício *art-nouveau* para o funcionamento da Escola de Comércio recém-fundada por seu cunhado, o senador Lacerda Franco, juntamente com Horácio Berlinck e Veiga Filho. "Consciente de que o ensino técnico era essencial para a realidade brasileira", construiu a escola

> [...] segundo os padrões mais modernos: máquinas de demonstração, salas para desenho, museu e biblioteca, com material de construção e mobiliário de luxo: mármores de Carrara, granito vermelho, revestimentos de aço estampado e esmaltado vindos do Canadá etc. A obra foi avaliada em quinhentos contos de réis e seu gesto causou sensação no Brasil todo, atraindo a atenção do Governo Federal e do Estado e de diplomatas estrangeiros[42].

Por sua vez, um dos irmãos de Antonio Álvares Penteado, Ignácio Álvares Penteado, fazendeiro e dono, em Santos, de uma casa comissária de exportação de café, manteve ligações afetivas e culturais com a Europa, especialmente com a França, durante quase toda a sua vida. Ainda muito jovem, passou seis anos fora do Brasil, estudando economia e comércio na Inglaterra e viajando por países europeus. Recém-casado com Olívia Guedes Penteado, filha do barão de Pirapitingui, viveu praticamente todo o ano de 1895 em Paris, enquanto o arquiteto Ramos de Azevedo finalizava a construção de sua residência em São Paulo, na rua Conselheiro Nébias, esquina com avenida Duque de Caxias. Com a família, visitou seguidamente a Europa, todos os anos, até 1902, quando, acometido por uma doença, decidiu fixar residência em Paris, na avenue Hoche, entre a Étoile e o Parc Monceau, lá vivendo até 1913.

> A partir de 1905, durante seis anos, Ignácio e Olívia recebiam os amigos, às terças-feiras, de cinco às oito horas, para o chá semanal. Essas reuniões ficaram famosas. Dizia-se que o salão Penteado era um prolongamento da Embaixada do Brasil. Olavo Bilac, Alberto de Oliveira, Alberto Faria e tantos outros poetas frequentavam a casa. E os grandes escritores da França ali pareciam se sentir bem, na companhia de nossos intelectuais[43].

Com o agravamento do estado de saúde de Ignácio, a família retorna ao Brasil em 1913. Aqui, em 1914, dois anos após a morte de seu irmão Antonio Álvares Penteado, ele falece no mesmo palacete que mandara construir na rua Conselheiro Nébias. Nesta casa, sua mulher, Olívia Guedes Penteado, durante os anos 1920 e até falecer, em 1934, colecionou obras de

---

42   *Idem*, p. 62.
43   Goffredo Telles Júnior, *A Folha Dobrada: Lembranças de um Estudante*, p. 16.

arte e desenvolveu animada atividade cultural, convivendo com os artistas modernos da Semana de 22 e com os intelectuais de seu tempo. Por ocasião da Semana de Arte Moderna, ela encontrava-se em Paris. Retornou ao Brasil logo depois e, "intuitiva, sensível, clarividente, de imediato percebeu, na agitação dos intelectuais, que um mundo novo se abria no campo de todas as artes"[44].

Em 1923, estava ela de volta a Paris, em companhia de Paulo Prado, homem culto, fazendeiro e rico empresário envolvido nos negócios internacionais do café, de Tarsila do Amaral e de Oswald de Andrade. Lá se encontrou com Villa-Lobos, que, beneficiado por uma bolsa de estudos que ganhara do governo brasileiro, vivia num pequeno *studio*. De pronto, instalou-o num local mais amplo e mais apropriado à sua vida de artista e às suas pesquisas musicais, providenciando-lhe em seguida um piano afinado[45]. Nesta temporada parisiense, em contato com amigos brasileiros e com jovens intelectuais paulistas da roda de Oswald e Tarsila, ela conviveu com vários pintores e artistas modernos. Com efeito, nessa época, Oswald de Andrade, "espécie de secretário particular itinerante do embaixador Souza Dantas, devora a vanguarda de Paris como um *globetrotter* europeu digere o exotismo dos países distantes por onde passa..."[46] Convidada especial do embaixador, ela participou, juntamente com os modernistas brasileiros, do banquete por ele oferecido, em 24 de julho de 1923, que reuniu intelectuais e artistas franceses. Ali, ao lado de, entre outros, Oswald, Tarsila e Sérgio Milliet, ela aproximou-se de Jules Romain, Giraudoux, Supervielle, Blaise Cendras, André Lhote e Fernand Léger[47]. Frequentou então os cursos de pintura de André Lhote e os *ateliers* de Picasso, Léger, Brancusi e Brecheret, adquirindo várias obras de pintura moderna. Tornou-se particularmente amiga do poeta suíço-francês Blaise Cendras, que, mais tarde, em 1924, visitaria o Brasil por iniciativa do próprio Oswald de Andrade e a convite de Paulo Prado[48].

No ano de 1924, Olívia Guedes Penteado envolveu-se na organização de duas expedições artísticas, das quais participou em companhia do poeta visitante e de seus jovens amigos modernistas paulistas. Uma ao Rio de Janeiro, para lá assistirem às festividades do carnaval, e outra, logo em seguida, às cidades históricas de Minas Gerais, para que Cendras tomasse conhecimento das obras esculturais de Aleijadinho. Além dos que haviam excursionado ao Rio de Janeiro – Olívia, Blaise Cendras, Tarsila do Amaral, Oswald de Andrade e seu filho Nonê (Oswald de Andrade Filho), uma criança ainda –, do grupo que viajou a Minas participaram também Mário de Andrade, René Thiollier e Goffredo da Silva Telles, genro de Olívia, casado

---

44 *Idem*, p. 17.
45 *Idem*, p. 21.
46 Vera M. Chalmers, *3 Linhas e 4 Verdades: o Jornalismo de Oswald de Andrade*, São Paulo, Duas Cidades/Secretaria da Cultura, Ciência e Tecnologia, São Paulo, 1976, p. 101.
47 *Idem*, p. 60.
48 Sobre as relações de Blaise Cendras com os artistas modernistas e com as elites econômicas paulistas, ver Aracy A. Amaral, *Blaise Cendras no Brasil e os Modernistas*, 2. ed., São Paulo, Editora 34/Fapesp, 1997.

com sua filha Carolina. Essas viagens não deixaram de ter repercussões estéticas marcantes tanto na obra posterior do poeta estrangeiro quanto na de Tarsila, Oswald e Mário de Andrade[49].

Mais tarde, recuperando o estilo das reuniões que costumava realizar em Paris, ela passou a receber os intelectuais e os artistas modernos em sua residência da rua Conselheiro Nébias, esquina com a avenida Duque de Caxias, em cujos jardins mandara construir, em 1924, um "pavilhão moderno", um grande salão para abrigar objetos de arte e quadros de pintores modernos, muitos deles adquiridos em Paris. Com cerca de 10 m², este salão teve o teto e as paredes decorados com pinturas de Lasar Segall. "Era uma beleza, principalmente os desenhos. Havia de todas as cores, mas era uma combinação muito agradável" – relembra a filha de Olívia Guedes Penteado, Carolina da Silva Telles[50].

> Gostava de uma parede grande, toda pintada. Aliás, todas as paredes e o teto também eram pintados, era uma beleza. [...] Foi o próprio Segall quem executou a pintura toda, não me lembro de operários trabalhando para ele. Lembro-me dele em cima de uma escada – foi uma dificuldade enorme – pintando aquelas listras coloridas no teto. Depois de pronto, ficou realmente muito bonito. [...] Na época em que foram demolidos a casa e o pavilhão, por volta de 1940 e tantos, não havia galerias em São Paulo – talvez tivesse servido como galeria. [...] A casa foi derrubada para o alargamento da avenida Duque de Caxias[51].

Desde que construiu o "pavilhão moderno", ela instituiu em sua casa as reuniões semanais das terças-feiras, às cinco horas da tarde, quando oferecia um chá aos amigos intelectuais e artistas, em meio a alongadas conversações literárias e estéticas. Conversações estas, aliás, que frequentemente tinham continuidade na Fazenda Santo Antonio, de propriedade da família, perto da cidade de Araras. Seu neto, o professor Goffredo Telles Júnior, evoca com ternura os tempos de infância e adolescência vividos com a avó e seus amigos:

> Animados dias! Minha avó e meus pais se esmeravam para que nossos hóspedes se sentissem em casa. Na fazenda estiveram Villa-Lobos, Mário de Andrade, Blaise Cendras, Tarsila, Anita Malfatti, Lasar Segall em lua de mel com sua mulher Jenny Klabin Segall, Brecheret, Reis Júnior, Guilherme de Almeida com sua mulher Baby de Almeida, Oswald de Andrade, Gregório Warchavchik. Talvez ainda outros, é possível. [...] Eu tinha os meus preferidos.

---

49 "Tarsila registraria em inúmeros desenhos os passeios cariocas, os quais mais tarde desenvolveria em telas (como *Morro da Favela*, tão querida de Cendras, e *Carnaval em Madureira*, ambas datadas de 1924)". Aracy Amaral, *Blaise Cendras e os Modernistas*, p. 51. Particularmente sobre essas viagens ao Rio e a Minas, consultar pp. 51-87.

50 Depoimento, em Vera d'Horta Beccari, *Lasar Segall e o Modernismo Paulista*, p. 165.

51 *Idem, ibidem.*

Lasar Segall, por exemplo, me fascinava. [...] Ele tinha um modo de olhar para as coisas do mundo como não vi em mais ninguém. Olhos muito abertos, infinitamente curiosos, numa fisionomia de extrema doçura... Extasiei-me ao vê-lo em plena criação, no terraço da fazenda, retratando, a carvão, na tela de seu cavalete, a cabeça do velho Olegário, antigo escravo de meus bisavós. Nenhum de nós podia imaginar que ali se estava produzindo o primeiro esboço do famoso quadro *Bananal*. De Brecheret também conservo a lembrança viva de sua amável personalidade e de alguns episódios importantes de nossa convivência. [...] Um dia, revelei-lhe meu espanto, meu pasmo, ao vê-lo dar, ao duro mármore, a figura comovente de um rosto de pensador. Foi então que ele me disse, sorrindo, estas extraordinárias palavras: – Eu não faço quase nada. A figura já está na pedra. Eu não faço mais do que soprar com amor, para assustar a poeira.

Entre meus preferidos havia Tarsila... Etérea, linda, misteriosa... Mas acessível, simples, conversadora. Ela me dava atenção, e isto me cativou [...]. Minha admiração por ela cresceu até o infinito, quando a vi tomar de meu lápis e fazer um desenho no meu caderno de anotações. Em segundos, com poucos traços, ela retratou, sem um único retoque, toda a frente de nossa sede: casa, árvores, parque.

E tinha Villa-Lobos... Villa-Lobos foi um caso especial em minha vida. A princípio, ele era uma vaga lenda. [...] Na fazenda, Villa-Lobos era um companheiro estupendo. Nós, crianças, nunca tínhamos visto coisa igual. Ele nos ensinou a fazer enormes e estranhos papagaios, decorava-os, e tudo fazia para empiná-los. No amplo gramado, defronte à casa, brincava conosco, e nos deu preciosas lições de capoeira. Sentava em meio da criançada e contava histórias da floresta, dos bichos, dos índios, do saci de uma perna só. Dizia que era neto de índio e sabia falar com as árvores e os passarinhos. Ele nos deliciava com seu violão mágico, tocando trovas brasileiras com as variações e fantasias de sua inspiração[52].

Em 1927, enquanto escrevia *Macunaíma*, Mário de Andrade publicou seu livro de poemas *Clã do Jabuti*, já utilizando a "criação popular como fonte de sua criação erudita, que procura firmar em posições de nacionalismo estético e mesmo social"[53]. Foi quando decidiu fazer, no mês de maio, sua primeira "viagem etnográfica" ao norte do país para observar de perto as manifestações espontâneas da cultura popular, sobretudo as danças dramáticas do Amazonas e do Pará. Dessa viagem ao Norte e de uma segunda que fez ao Nordeste, em 1928, resultaram a série de crônicas reunidas no livro *O Turista Aprendiz* e seus primeiros escritos sobre o folclore nacional[54].

52 Goffredo Telles Júnior, *A Folha Dobrada: Lembranças de um Estudante*, pp. 19-21.
53 Telê Porto Ancona Lopez, *Mário de Andrade: Ramais e Caminho*, São Paulo, Livraria Duas Cidades, 1972, p. 78.
54 *Idem*, p. 81.

Antes da primeira viagem, Mário de Andrade escreveu uma carta ao amigo e poeta Manuel Bandeira, datada de 6 de abril de 1927:

Vamos pelo Loide Brasileiro parando de porto em porto até Manaus. De lá subimos o Amazonas já com tudo determinado pelo Geraldo Rocha pra pararmos em todas as partes interessantes; continuamos pelo Madeira e vamos parar na Bolívia. Depois não sei como é a volta; sei que tomamos o Madeira-Mamoré até parece que Guaira-Mirim e depois não sei mais nada. Vamos dona Olívia, Paulo Prado, o Afonso de Taunay e parece que mais uma pessoa…[55]

Entre os viajantes estava, com efeito, dona Olívia Guedes Penteado. Ela já havia comunicado à família que queria conhecer melhor o Brasil e que, com este propósito, estava planejando fazer duas viagens: uma ao Norte e outra ao Sul.

Iriam com ela Paulo Prado, Afonso Taunay e Mário de Andrade. Na última hora, Paulo Prado e Afonso Taunay desistiram da viagem. [...] Mas isto não a desacorçoou. Convidou, para companheiras, sua sobrinha Mag Nogueira e a filha de Tarsila, Dulce do Amaral. Mário de Andrade vacilou, mas, afinal, permaneceu no grupo expedicionário[56].

Finalmente, partiram. Os planos da viagem foram um pouco alterados. A comitiva não chegou a ir à Bolívia, mas foi até Iquitos, no Peru. No retorno, houve uma parada em Recife, onde Oswald e Tarsila aguardavam as três mulheres e Mário de Andrade. Olívia Guedes Penteado "voltou a São Paulo com a alma leve" – relembra Goffredo Telles Júnior.

De nada se queixou. Pelo contrário, veio estuante de brasilidade. A mim, ela disse, uma noite, que os moços precisavam se preparar para o governo de nosso extraordinário País. Precisavam tomar consciência de sua responsabilidade política em nossa terra. Creio que, nessas palavras de advertência, ditas a mim, quase em segredo, havia uma mensagem sobre o abandono e a miséria das populações que ela conheceu. Eu olhava para minha avó, minha madrinha, e me sentia feliz por tê-la perto de mim. [...] O que me extasiava era a sua disposição, a sua coragem, a sua alegria – sua simplicidade de alma, seu amor pelo próximo, sua *fé* no Brasil[57].

A arte do espetáculo profissional: Rio de Janeiro

Na virada do século XIX para o XX, o ambiente artístico na cidade de São Paulo era muito modesto. Em matéria de espetáculos teatrais, nem de longe

---

55 *Apud* Telê Porto Ancona Lopes, *Mário de Andrade:Ramais e Caminho*, p. 80.
56 Goffredo Telles Júnior, *A Folha Dobrada: Lembranças de um Estudante*, pp. 21-22.
57 *Idem*, p. 22.

se assemelhava ao que se podia observar no Rio de Janeiro, antiga sede da corte imperial e, depois de 1889, capital da República. Lá se concentrava praticamente toda a arte do espetáculo nacional, pois, além de sede político-administrativa, o Rio de Janeiro era o centro da vida artística e cultural do país. Com forte presença de imigrantes portugueses em sua população, a vida no Rio de Janeiro guardava certos ares cosmopolitas de influência europeia, via Portugal. Nos primeiros tempos da corte, chegavam constantemente companhias teatrais estrangeiras, principalmente portuguesas e, depois, também italianas, espanholas e francesas. Como não poderia deixar de ser, isto acabou influindo nos rumos da produção cênica brasileira, uma produção que, no século XIX, aconteceu quase que exclusivamente na cidade do Rio de Janeiro. No palco do atual teatro João Caetano[58] transitaram todos os gêneros teatrais vigentes no século XIX, desde a tragédia, a ópera, a comédia, o drama e o melodrama, até a *féerie* francesa, com seus números de mágica, e também a farsa, o *vaudeville*, a burleta e os espetáculos de circo e de revista. "Se em algum lugar pulsou com certa regularidade o coração do teatro brasileiro terá sido certamente ali" – escreve Décio de Almeida Prado[59].

Até por volta de 1860, a presença lusitana nos palcos e plateias do Rio de Janeiro era incontestável. Mesmo atuando em dramas ou comédias de autores nacionais da época – entre eles José de Alencar, Gonçalves Dias, Joaquim Manuel de Macedo, Gonçalves de Magalhães e Martins Pena –, os artistas costumavam falar castiçamente à portuguesa, diante de um público formado em sua maior parte por portugueses e habituado a esse estilo de linguagem. Naquele tempo, os mais conceituados atores, como João Caetano e Francisco Correia Vasques, falavam com acentuado sotaque lisboeta, tendência que permaneceria por muito tempo nos palcos nacionais e que pôde ser percebida, em passado não muito distante – 1930, 1940 e 1950 –, na atuação de atores e atrizes renomados como Procópio Ferreira, Leopoldo Fróes, Jaime Costa, Iracema de Alencar e Dulcina de Moraes. Entretanto, pouco a pouco o teatro começou a atrair para as salas de espetáculos um público cada vez mais amplo e diferenciado, formado de empregados públicos, gente do comércio, oficiais da Guarda Nacional, enfim, toda uma fauna humana que se aglomerava na cidade, incluindo-se aí políticos, viajantes, marinheiros e, também, os visitantes provincianos das diversas regiões do país, vindos ao Rio de Janeiro em busca das novidades existentes no mundo urbano e civilizado, no centro político e administrativo da nação e sede das principais instituições da ciência, das letras e das artes nacionais.

Os gostos, os interesses variados e a avidez desse grande público citadino por entretenimento, diversão e conhecimento trazidos da Europa,

---

58 O atual Teatro João Caetano leva este nome em homenagem a João Caetano dos Santos (1808--1863), "talvez o maior ator que o Brasil já produziu" (Décio de Almeida Prado). Foi erguido em 1930, no mesmo local em que existia um antigo teatro, várias vezes reconstruído em virtude de incêndios e inaugurado pela primeira vez em 1813, por ordens de D. João VI, cinco anos depois da chegada da família real portuguesa ao Brasil (Décio de Almeida Prado, *História Concisa do Teatro Brasileiro: 1570-1908*, São Paulo, Edusp, 1999, pp. 31-32).

59 *Idem*, p. 32.

encontravam alguma satisfação na arte do espetáculo, particularmente depois da inauguração, em 1859, do famoso teatro Alcazar Lyrique, o templo da opereta no Rio de Janeiro, que trouxe as mais belas e sedutoras *divettes* francesas para o encanto das noites cariocas. Entre elas, a inesquecível *Mlle.* Aimée, "que em nossa língua se traduzia por amada, tanto nos dicionários como nos corações", como a ela se referiu Machado de Assis[60]. De fato, segundo ele, ela era "um demoninho louro – uma figura leve, esbelta, graciosa, uma cabeça meio feminina, meio angélica, uns olhos vivos – um nariz como o de Safo – uma boca amorosamente fresca, que parece ter sido formada por duas canções de Ovídio – enfim, a graça parisiense, *toute pure*"[61]. Mistura de *vaudeville* e café-concerto – ou café-cantante, como era chamado na época –, o Alcazar Lyrique despertou no público o gosto pelo mundo colorido e sensual do teatro ligeiro, tornando-se a mais cativante e ruidosa casa de espetáculos do Rio de Janeiro, sobretudo após o estrondoso sucesso, em 1864, da opereta-bufa *Orphée aux Enfers*, de Jacques Offenbach, que lançou a inesquecível música e dança popular, o *cancan* de Orfeu, tornada célebre entre os brasileiros e no mundo inteiro[62].

As operetas e o teatro ligeiro franceses começaram logo a ser traduzidos e nacionalizados na forma de hilariantes paródias, em que ressurgiam os tipos cômicos populares e certas personagens típicas da vida nacional, tão bem caracterizadas anos antes por Martins Pena em suas famosas comédias de costumes[63]. Por exemplo, em 1868, quatro anos depois da estreia de *Orphée aux Enfers* no Alcazar Lyrique, Francisco Correia Vasques, o mais festejado ator cômico da época, obtém estrondoso sucesso com a encenação de *Orfeu na Roça*. Neste espetáculo, que teve quinhentas representações consecutivas, Orfeu aparece metamorfoseado na figura de Zeferino Rabeca; Morfeu, o deus do sono, transforma-se no "nacionalíssimo" Joaquim Preguiça; e Cupido, envolvido nas artes do amor, passa a atender pelo nome de Quim-Quim das Moças[64].

Surgem imediatamente outros divertidos espetáculos de teatro musicado, operetas francesas traduzidas e adaptadas aos modismos e ao gosto das plateias do Rio de Janeiro. É o caso da opereta *Barbe-bleu*, que ganha nova roupagem e novas personagens na versão nacional intitulada *Barba-de-milho*. O mesmo acontece com a opereta *La Grande-duchesse de Gérolstein*,

60   Décio de Almeida Prado, *História Concisa do Teatro Brasileiro*, p. 92.
61   *Idem, ibidem.*
62   Sobre o Alcazar Lyrique, ver Décio de Almeida Prado, *História Concisa do Teatro Brasileiro*, pp. 90-98; e Neyde Veneziano, *Teatro de Revista no Brasil: Dramaturgia e Convenções*, Campinas, SP, Fontes/Editora da Unicamp, 1991, p. 27.
63   Considerado em sua época o discípulo brasileiro de Molière, Luís Carlos Martins Pena (1815-1848) foi o primeiro grande comediógrafo brasileiro. Durante a primeira metade dos 1800, ele escreveu uma série de comédias em que não faltavam observações críticas contundentes sobre os problemas nacionais e sobre os costumes do Rio de Janeiro. Dentre suas várias comédias, destaca-se *O Noviço*, até hoje muito representada. Décio de Almeida Prado, *História Concisa do Teatro Brasileiro*, pp. 55 e ss.; e Sábato Magaldi, *Panorama do Teatro Brasileiro*, 2. ed., Rio de Janeiro, MEC/Funarte/SNT, 1976, pp. 40-58 (1. ed., São Paulo, Difel, 1962).
64   Décio de Almeida Prado, *História Concisa do Teatro Brasileiro*, p. 95.

que, na paródia brasileira, vira a *Baronesa de Caiapó*. E, em 1874, *La Fille de Madame Angot*, de Charles Lecocq, transforma-se *em A Filha de Maria Angu*, na versão livre feita por Arthur Azevedo[65]. Desse modo, abria-se o caminho para o surgimento e a afirmação, poucos anos mais tarde, de um novo gênero de espetáculo teatral, o teatro de revista, que talvez possa ser considerado o gênero mais característico da cena teatral brasileira e que foi certamente, até meados do século XX, o mais apreciado pelas plateias nacionais.

Conforme observa Neyde Veneziano, o teatro de revista tem sua origem longínqua na *commedia dell'arte* nascida no século XVI, nas ruas de Veneza. Nesta cidade, usando máscaras de tipos populares, grupos de atores costumavam desenvolver diálogos improvisados e irreverentes, criando cenas não raro obscenas e repletas de comicidade, em que desfilavam personagens que se tornaram inesquecíveis, como Arlequim e Pantaleão[66]. No século XVIII, na França, em suas apresentações nos pequenos teatros e barracas de feira, a *commedia dell'arte* evoluiu para a forma do teatro de revista, transformando-se numa mistura de *vaudeville* e opereta e resultando, finalmente, nas *revues de fin d'année*. Em 1851, Portugal foi um dos primeiros países europeus a adotar o teatro de revista. De lá ele veio para o Rio de Janeiro[67].

A primeira revista brasileira, intitulada *As Surpresas do Senhor José da Piedade*, de autoria de Figueiredo Novaes, estreou no Teatro Ginásio, em 1859. Era um divertido espetáculo em dois atos e quatro quadros que recapitulava os principais acontecimentos do ano anterior. Tratava-se, pois, de uma "revista de ano" que, enquanto forma de construção dramática, seguia o modelo português: a figura do *compère*, o compadre, fazendo a ligação dos quadros, a sátira política, o humor, a crítica irreverente e a caricatura do cotidiano. Entretanto, o espetáculo não foi do agrado do público, permanecendo apenas três dias em cartaz[68]. Foi somente no ano de 1884, quando subiu ao palco do Teatro Príncipe Imperial a revista *O Mandarim*, de Arthur Azevedo, escrita em parceria com Moreira Sampaio, que o teatro de revista passou a obter a consagração definitiva.

Arthur Azevedo, escritor erudito e conhecedor da obra de Molière, imprimiu ao teatro de revista brasileiro características tipicamente nacionais[69]. Sem pose, nem pedantismo, utilizando um vocabulário repleto de expressões regionais e bem brasileiras, aquele pronunciado nas casas e nas ruas da cidade, ele tinha

> [...] o gosto pelas ideias e expressões simples; o dom da caricatura, da graça fácil e espontânea; a habilidade no jogo das palavras, no uso

---

65 *Idem*, p. 98.
66 Neyde Veneziano, *Teatro de Revista no Brasil*, pp. 22-23.
67 "Gil Vicente pode ser considerado não só o primeiro grande dramaturgo, mas também o primeiro revisteiro em língua portuguesa." *Idem*, p. 23.
68 *Idem*, p. 26.
69 Sobre Arthur Azevedo, ver notadamente Sábato Magaldi, *Panorama do Teatro Brasileiro*, pp. 141-154; Décio de Almeida Prado, *História Concisa do Teatro Brasileiro*, pp. 145 e s. e Neyde Veneziano, *Teatro de Revista no Brasil*, capítulo II, pp. 25-53.

do trocadilho; o interesse jornalístico pelos modismos, pelo que estava acontecendo no Brasil e mais ainda na cidade do Rio de Janeiro; e, como última virtude, suprema numa época que cultivava e prezava o verso bem-feito, a pasmosa facilidade em metrificar, sem esforço aparente, tudo o que lhe passava pela cabeça [...]. Para tudo ele descobria uma rima inesperada e cabível – portanto, no contexto geral, engraçada[70].

Considerado "o gênio por quem se apaixonou o século"[71] ou, como diz Sábato Magaldi, "a maior figura que já teve a atividade cênica brasileira"[72], Arthur Azevedo escreveu várias comédias de ambição literária, "mas talvez deixou de mais significativo duas burletas – *A Capital Federal* e *O Mambembe* – nas quais deu categoria ao gênero. Ambas as peças estão entre as obras-primas da nossa dramaturgia – resumo feliz das características de uma época"[73].

Acusado muitas vezes de ter rebaixado o nível da escrita teatral, abandonando o "teatro sério" e tomando o caminho das paródias e comédias ligeiras, Arthur Azevedo defendeu-se com as seguintes palavras das críticas que lhe foram feitas na época por Cardoso da Motta:

> Não é a mim que se deve o que o sr. Cardoso da Motta chama o princípio da *débâcle* teatral; não foi minha, nem de meu irmão [Aluízio Azevedo] [...] a primeira paródia que se exibiu com extraordinário sucesso no Rio de Janeiro.
>
> Quando aqui cheguei do Maranhão, em 1873, aos dezoito anos de idade, já tinha sido representada centenas de vezes, no Teatro São Luiz, a *Baronesa de Caiapó*, paródia d'*A Gran Duquesa de Gérolstein*. Todo o Rio de Janeiro foi ver a peça, inclusive o imperador, que assistiu, dizem, a umas vinte representações consecutivas...
>
> Quando aqui cheguei já tinham sido representadas com grande êxito duas paródias do *Barbe-bleu*, uma, o *Barba-de-milho*, assinada por Augusto de Castro, comediógrafo considerado, e outra, o *Traga-moças*, por Joaquim Serra, um dos mestres do nosso jornalismo...
>
> Quando aqui cheguei, já o Vasques tinha feito representar, na Fênix, o *Orfeu na Roça*, que era a paródia do *Orphée aux Enfers*, exibida mais de cem vezes na rua da Ajuda.
>
> Quando aqui cheguei, já o mestre que mais prezo entre os literatos brasileiros, passados e presentes (Machado de Assis), havia colaborado, embora anonimamente, nas *Cenas da Vida do Rio de Janeiro*, espirituosa paródia d'*A Dama das Camélias*.
>
> Antes da *Filha de Maria Angu* (paródia da opereta *La Fille de Madame Angot*, música de Lecoq), apareceram nos nossos palcos aquelas e outras paródias, como fossem *Faustino, Fausto Júnior, Geralda Geraldina* e outras, muitas outras, cujos títulos não me ocorrem.

70 Décio de Almeida Prado, *História Concisa do Teatro Brasileiro*, p. 106.
71 Neyde Veneziano, *Teatro de Revista no Brasil*, p. 32.
72 Sábato Magaldi, *Panorama do Teatro Brasileiro*, p. 154.
73 *Idem*, p. 142.

Já vê o sr. Cardoso da Motta que não fui o primeiro [...], não fui eu o causador da *débâcle*: não fiz mais do que plantar e colher os únicos frutos de que era suscetível o terreno que encontrei preparado. [...]
E não tem razão o sr. Cardoso da Motta em considerar a paródia o gênero mais nocivo, mais canalha e mais impróprio de figurar num palco cênico. Eu, por mim, francamente o confesso, prefiro uma paródia bem-feita e engraçada a todos os dramalhões pantafaçudos e mal escritos em que se castiga o vício e premia a virtude[74].

Arthur Azevedo escreveu dezenove revistas, das quais seis em parceria com Moreira Sampaio. Entre 1873, ano em que chegou ao Rio, e 1908, ano em que morreu, ele "foi o eixo em torno do qual girou o teatro brasileiro"[75]. Após sua morte, ao lado das comédias de costumes – iniciadas por Martins Pena e continuadas mais tarde, especialmente por França Júnior[76], o teatro de revista firmou-se como a produção teatral tipicamente nacional, tornou-se o gênero de espetáculo que mais cativou as populações urbanas brasileiras, em particular as plateias do Rio de Janeiro. Com sua graça irreverente, às vezes de mau gosto, seu tom de caçoada, sua crítica aos costumes e suas alegorias a respeito da vida e da política nacionais, foi, sem dúvida, até meados do século xx, o gênero mais característico do teatro brasileiro, aquele que mais empolgou o público, revelando artistas de raro talento. De fato, desde o início do século, "o público, definitivamente apaixonado pelo gênero" – escreve Neyde Veneziano –, "não abandonava as salas de espetáculos. Ao contrário, prestigiava crescentemente seus artistas. O teatro era a maior diversão da época. E a revista era a estrela"[77].
Entre 1900 e 1930, o teatro de revista teve dois momentos particulares de desenvolvimento e, mesmo, de exaltação, em sua trajetória pelos palcos cariocas e nacionais. O primeiro foi por volta de 1910, quando a praça Tiradentes e cercanias constituíam-se já no centro nervoso que fazia vibrar a cidade do Rio de Janeiro em sua alegre superficialidade, reunindo diversas casas de espetáculos, a maior parte delas animada por apresentações de teatro ligeiro e musical em várias sessões diárias. Em 1908, a última revista de Arthur Azevedo, *O Cordão*, havia introduzido pela primeira vez a música carnavalesca no teatro. E, no mesmo ano, a companhia da atriz Cinira Polônio criara a moda da apresentação de um mesmo espetáculo em duas ou três sessões diárias, procedimento logo adotado pelas outras companhias teatrais[78]. Todas as noites a praça Tiradentes via-se abarrotada de gente vinda de outros Estados e de todos os cantos da cidade, havendo espetáculos e diversão para todos os gostos e algibeiras, uma vez que os

---

74 *Apud* Múcio da Paixão, *O Teatro no Brasil*, citado por Sábato Magaldi, *Panorama do Teatro Brasileiro*, pp. 143-145.
75 Décio de Almeida Prado, *História Concisa do Teatro Brasileiro*, p. 145. A propósito, nesse mesmo ano de 1908 morre, também, o escritor Machado de Assis.
76 Sábato Magaldi, *Panorama do Teatro Brasileiro*, p. 130.
77 Neyde Veneziano, *Teatro de Revista no Brasil: Dramaturgia e Convenções*, p. 39.
78 *Idem, ibidem.*

ingressos tinham baixado de preço por iniciativa do ativo empresário italiano Pascoal Segreto.

Chefe do clã dos Segreto, de que faziam parte seus irmãos Gaetano, Giovani e Alfonso, Pascoal Segreto dedicava-se com afinco aos negócios do entretenimento e do espetáculo urbano, tendo sido proprietário da primeira sala de cinema "mais ou menos permanente" do Rio de Janeiro, o Salão Novidades de Paris no Rio, instalado na rua do Ouvidor, em 1897. Seu irmão Alfonso foi o realizador das primeiras filmagens no Brasil, em 19 de junho de 1898, quando chegou ao Rio de Janeiro a bordo do navio francês *Brésil* e, "com um estranho instrumento" nas mãos – uma máquina de filmar –, fez tomadas de fortalezas e navios de guerra ancorados na baía. Essas vistas móveis foram mostradas no Salão de Novidades de Paris no Rio[79].

Verdadeiro "ministro das diversões" cariocas, tal como é citado por Alex Viany, Pascoal Segreto possuía a Companhia de Operetas, Mágicas e Revistas do Teatro São José. Era dono também do Teatro Maison Moderne, situado ao lado da praça Tiradentes, em cuja frente, num grande jardim, fez instalar um parque de diversões repleto de brinquedos, onde não faltavam pantomimas de palhaços e números com mágicos e feras amestradas, para gáudio de um público ávido de inusitadas diversões que só a cidade grande podia propiciar. Pouco tempo depois, ali no meio do parque, e certamente para atrair o público, com uma banda de música, ele passou a fazer apresentações de tangos e maxixes antes das sessões de seus espetáculos teatrais[80].

Foi no Teatro São José, de Pascoal Segreto, que estreou, em 1912, a burleta *Forrobodó*, de Luis Peixoto e Carlos Bettencourt, com músicas de Chiquinha Gonzaga, espetáculo que "representou um marco para o teatro nacional"[81], na medida que instituiu em definitivo nas revistas brasileiras uma forma de linguagem popular, dotando-as ao mesmo tempo de características musicais próprias. Naquele momento, às vésperas da eclosão da Primeira Guerra Mundial, e

[…] sem receber influências do estrangeiro, cada vez mais a revista se nacionalizava. E é nesse processo de abrasileiramento que a sua ligação com a música popular se torna mais inevitável, estreita e indissolúvel. […] As músicas das revistas da praça Tiradentes tornaram-se, quase sempre, sucessos estrondosos. A revista tomou para si também o papel de divulgadora de êxitos[82].

Em 1922, enquanto em São Paulo acontecia aquela "alegria turbulenta e iconoclástica dos modernistas"[83], que culminou com a realização no

---

79   Alfonso Segreto realizou uma série de outros pequenos filmes-documentários, inclusive em São Paulo, no Círculo dos Operários Italianos, provavelmente operários anarquistas. Ao lado do italiano Vito de Maio, ele é considerado um dos pioneiros da cinematografia brasileira. Ver Alex Viany, *Introdução ao Cinema Brasileiro*, Rio de Janeiro, Revan, 1993, pp. 128 e ss.
80   Neyde Veneziano, *Teatro de Revista no Brasil*, pp. 40 e 41.
81   *Idem*, p. 40.
82   *Idem*, pp. 41-42.
83   Antonio Candido, *Literatura e Sociedade*, São Paulo, Companhia Editora Nacional, 1965, p. 149.

Theatro Municipal da famosa Semana de Arte Moderna, desembarcava no Rio de Janeiro a companhia de revistas francesa Bataclan, dirigida por *Mme.* Rasimi. Sua presença na cidade marcaria um novo momento na história do teatro de revista brasileiro. De fato, apresentando espetáculos com cenários luxuosos e coloridos, realçados por belos figurinos, por efeitos de iluminação e por lindas e formosas coristas que evoluíam no palco com seus corpos semidespidos, pernas esguias e seios fartos, tendo à frente a sedutora vedete Mistinguett, a companhia Bataclan introduziu nas revistas nacionais a *féerie*, o luxo, a fantasia e o culto da sensualidade[84].

Seguindo o modelo parisiense, novas companhias de revista surgiram no Rio de Janeiro, com destaque especial para a Tro-lo-ló e a Ra-ta-plan. Fugindo da popular praça Tiradentes, essas duas companhias inauguraram luxuosas casas na Cinelândia, apresentando espetáculos suntuosos, repletos de números musicais e de atraentes vedetes, alguns deles inspirados em enredos de filmes norte-americanos, mas todos destinados a uma plateia de gostos e prazeres mais sofisticados e, sobretudo, de bolsos mais polpudos.

Desse modo, em plenos anos 1920, simultaneamente ao início do desenvolvimento das primeiras estações de radiodifusão no país, ao aparecimento nas lojas da rua do Ouvidor das primeiras gravações em disco, revelando cantores, músicos e compositores nacionais[85], verificava-se que,

> [...] da praça Tiradentes à Cinelândia, a revista dominava a diversão noturna. [...] Havíamos nos desviado para o luxo e para o show. As mulheres estavam descobertas. Mas, ainda assim, a revista brasileira continuava a manter sua relação com a atualidade. A sátira política, o humor ferino, a crítica a acontecimentos imediatos, não haveriam de abandonar nossos palcos, ainda...[86]

A arte do espetáculo amador: São Paulo

Ao iniciar-se o século XX, a arte do espetáculo teatral em São Paulo não era uma diversão urbana ampliada, não ganhava as ruas, não invadia a cidade, não era sinônimo de cosmopolitismo tal como acontecia no Rio de Janeiro. Lá, com efeito, sob a influência marcante do teatro de revista e

---

84 Neyde Veneziano, *Teatro de Revista no Brasil*, pp. 42 e 43. A respeito desse momento da cena teatral brasileira, Jorge Americano escreve em suas reminiscências: "Nos cafés-concerto canta a *chanteuse gommeuse* e a *chanteuse à voix*, esta com vestido de cauda, aquela em traje de pouca roupa. Há as *féeries* francesas e as grandes revistas de pouca roupa e muita plumagem. Tal foi, com grande interesse de rapazes e senhores de óculos e até binóculos, a revista Bataclan. Josefine Baker se exibe com um corpo nu de macaca magra, enfeitado em algumas partes com algumas bananas. Diante do seu sucesso, organiza-se uma Companhia Negra Nacional de Bailados, em cujos espetáculos se contorcem corpos nus com ritmos importados do sul dos Estados Unidos". Jorge Americano, *São Paulo Nesse Tempo (1915-1935)*, São Paulo, Edições Melhoramentos, 1962, p. 233.
85 "Em 1902, foram lançados os primeiros discos gravados no Brasil e produzidos na Alemanha. Em 1913, teria sido instalada a primeira fábrica de discos em nosso território. As primeiras vitrolas elétricas só chegaram por volta de 1927." Maria Elvira Bonavita Federico, *História da Comunicação: Rádio e TV no Brasil*, Petrópolis (RJ), Vozes, 1982, p. 25, nota 20.
86 Neyde Veneziano, *Teatro de Revista no Brasil*, p. 44.

contando com um certo número de dramaturgos e comediógrafos nacionais, a arte do teatro era um acontecimento que fazia pulsar a vida noturna, um entretenimento social realizado por artistas profissionais e festejado por um grande e variado público.

Em São Paulo, certamente aconteciam também apresentações de teatro profissional, grandes espetáculos dramáticos, comédias e, mesmo, óperas e operetas, encenados notadamente por companhias estrangeiras. O público que costumava assistir a essas representações especiais era formado quase que exclusivamente por pessoas da elite. Era um público geralmente de posse que não perdia a oportunidade de ver as montagens das companhias teatrais vindas do Rio de Janeiro e, sobretudo, das companhias europeias que se apresentavam, vez por outra, nas principais cidades do país. Antes mesmo da inauguração de seu Theatro Municipal, em 1911, São Paulo podia encenar grandes espetáculos, pois já possuía alguns teatros amplos e bem instalados como, por exemplo, o teatro São José, no viaduto do Chá, ou o Politeama, no Anhangabaú, ou ainda o "primeiro" Teatro Santana, na rua Boa Vista[87].

Desde muito tempo, a cidade figurava no roteiro das companhias estrangeiras que costumavam fazer *tournées* pela América do Sul. A propósito, Décio de Almeida Prado escreve que

> [...] firmou-se, nos últimos decênios do século XIX, um roteiro artístico que abrangia cidades litorâneas como Rio de Janeiro, São Paulo (graças ao porto de Santos), Montevidéu e Buenos Aires. No verão europeu, que coincidia com o inverno ao sul do Equador, os atores dramáticos ou cantores líricos franceses ou italianos, em período de férias, uniam-se em grandes companhias, encabeçadas por duas ou três celebridades... [...]. Durante a demorada travessia do Atlântico ensaiava-se o repertório, extenso e variado, porque cada espetáculo pouco tempo permanecia em cartaz, só se reprisando os de maior sucesso. Dois gêneros figuravam no topo da hierarquia teatral: a ópera e a tragédia. [...] Antes de terminar o século, passaram pelo Brasil, além dos italianos Adelaide Ristore e Ermette Novelli e do francês Coquelin, as duas mais famosas atrizes talvez de todos os tempos, Sarah Bernhardt e Eleonora Duse[88].

No início do século, poucas foram as realizações de teatro profissional em São Paulo por iniciativa de artistas e dramaturgos locais. Em geral, as raras tentativas nesse sentido limitaram-se a alguns espetáculos que buscavam seguir a tendência dominante nos palcos cariocas, na linha das comédias de costume e do teatro de revista. Neyde Veneziano assinala a montagem, em

---

87   Esse "primeiro" Teatro Santana foi erguido em 1900, por iniciativa de Antonio Álvares Penteado, no mesmo local em que ficava uma antiga e pequena casa de espetáculos, o Teatro Provisório Paulistano. Alguns anos depois, em virtude da construção do viaduto Boa Vista, teve que ser demolido. Em 1921, no entanto, um novo Teatro Santana foi inaugurado na rua 24 de Maio, próximo ao Theatro Municipal, construído também pela família Penteado. Ver Maria Cecília Naclério Homem Prado, "Uma Família Paulista", em *Vila Penteado*, pp. 61 e 63.

88   Décio de Almeida Prado, *História Concisa do Teatro Brasileiro: 1570-1908*, pp. 141-142.

1899, da "única revista de ano paulista", *O Boato*, de Arlindo Leal, levada à cena pela Companhia Sampaio e Faria. Era um espetáculo que "focalizava os acontecimentos de 1897 e 1898 e dizia-se uma revista de costumes paulistanos. Nela, como em *A Capital Federal* [de Arthur Azevedo], uma família de roceiros (vinda de Araras) chegava em São Paulo e se deparava com as maravilhas e os problemas da capital"[89].

Um teatro de revista com características tipicamente paulistas irá surgir somente depois de 1910, com a encenação esporádica de espetáculos em que não faltavam o humor, a sátira política e a caricatura, fazendo desfilar no palco, numa miscelânea de sotaques, tipos populares e personagens hilariantes como o caipira do interior, o mascate turco, o português, o espanhol e, principalmente, o imigrante italiano. Dois comediógrafos destacaram-se entre os escritores paulistas de teatro de revista: Danton Vampré, autor de *São Paulo Futuro*, *A Pensão de D. Anna*, *O Café de São Paulo* e *De Duas Uma*, e o humorista Juó Bananère, como ficou conhecido o jornalista e escritor Alexandre Ribeiro Marcondes Machado, autor de *A Divina Increnca* e *Sustenta a Nota*, peças escritas em parceria com Danton Vampré[90]. Aliás, foi na imprensa, em 1911, na revista O *Pirralho*, fundada por Guilherme de Almeida e Oswald de Andrade[91], que Alexandre Ribeiro Marcondes Machado começou a escrever textos assinados com o nome de Juó Bananère, imitando o dialeto ítalo-paulista, a "fala macarrônica" dos imigrantes italianos. Na parte humorística dessa publicação, ao lado das charges e das tiras ou historietas em quadrinhos do caricaturista Voltolino, ele e Oswald de Andrade, que se assinava Annibale Scicione, criaram a seção "Correspondência de Xiririca", onde escreviam cartas enviadas por supostos leitores imigrantes que habitavam os bairros populares da cidade. Muito sucesso fizeram na época *As Cartas d'Abax'o Pigues*, verdadeiras reportagens sobre o cotidiano paulista, ao mesmo tempo sérias e cômicas, escritas pelos dois jovens jornalistas como se fossem cartas dos leitores enviadas à redação de *O Pirralho*. Nelas eles inventaram uma escrita que buscava reproduzir, sem receio dos erros de sintaxe, a fala corrente do trabalhador imigrante, mistura de português e italiano[92].

Diferentemente do Rio de Janeiro, em São Paulo a arte do espetáculo urbano apresentou características diretamente relacionadas à presença maciça na cidade de grandes contingentes de trabalhadores europeus, principalmente italianos e espanhóis. Já em fins do século XIX e inícios do XX, a atividade teatral em São Paulo vai adquirir importância social em função, sobretudo, da existência de inúmeros grupos teatrais amadores

---

89   Neyde Veneziano, *Teatro de Revista no Brasil*, p. 47.
90   *Idem*, p. 48.
91   Francisco de Assis Barbosa, "Os Verdes Anos de Sérgio Buarque de Holanda. Ensaio sobre sua Formação Intelectual até *Raízes do Brasil*", em *Sérgio Buarque de Holanda – Vida e Obra*, São Paulo, Secretaria de Estado da Cultura/USP/IEB, 1988, p. 31.
92   Vera M. Chalmers, *3 Linhas e 4 Verdades: o Jornalismo de Oswald de Andrade*, p. 45. "Pigues" aí se refere ao largo do Piques que existiu no vale do Anhangabaú, perto da rua Formosa, onde hoje se encontra a praça das Bandeiras. Ver, a esse respeito, Jorge Americano, *São Paulo Nesse Tempo (1915-1935)*, pp. 34 e 46.

que começaram a florescer nos bairros populares, junto à população dos trabalhadores imigrantes das primeiras indústrias. Realizada quase que exclusivamente pelos imigrantes estrangeiros e por seus descendentes, desde cedo a arte do teatro e do espetáculo urbano adquire em São Paulo características eminentemente amadoras.

Não fazendo parte do entretenimento artístico e cultural das elites; mostrando-se incapaz de suplantar um certo provincianismo que predominava no meio sociocultural paulista, impossibilitado de formar companhias estáveis de artistas profissionais, desde os seus primórdios o espetáculo teatral paulista vai mesmo encontrar seu principal modo de expressão na atividade de uma série de grupos teatrais amadores, que atuavam junto a uma população formada basicamente de trabalhadores, confinada nos bairros populares. Desse modo, amadoristicamente, o teatro desenvolve-se, seja integrado ao meio operário, como instrumento da ação do movimento social libertário de inspiração anarcossindicalista; seja vinculado ao grosso da população imigrante, como forma de recreação, de estreitamento da sociabilidade e de preservação das referências culturais europeias[93].

Na base da formação dos diversos grupos teatrais amadores encontram-se as sociedades de ajuda mútua surgidas depois de 1876, ano da chegada dos primeiros contingentes de trabalhadores europeus. Tais sociedades, criadas pelas comunidades estrangeiras, eram organismos de assistência social e cultural que buscavam dar proteção e amparo ao trabalhador recém-chegado. Por meio delas e de seus comitês de recepção, recebendo informações sobre as condições de trabalho no país e instruções a respeito de moradia, alfabetização e educação dos filhos, o trabalhador imigrante e seus familiares passavam rapidamente a dispor de esquemas de autoproteção que, quando necessário, incluíam também o auxílio material. Diante das dificuldades de adaptação na cidade alheia e dadas as condições penosas de trabalho no país, todo um sistema de ajuda mútua foi logo organizado sob a influência de lideranças libertárias anarcossindicalistas e socialistas. "Os pontos altos dos anarcossindicalistas" – observa Edgar Rodrigues –

> [...] foram a sadia solidariedade entre a família operária, o apoio mútuo, a alfabetização por meio de escolas que fundaram e dirigiram nas associações de classe e nos bairros de subúrbio, a divulgação de uma nova doutrina, uma nova filosofia, profundamente humanista e, sobretudo, a criação e publicação de inúmeros jornais, revistas, folhetos e livros. [...] Dentro do campo do apoio mútuo, o anarcossindicalista desenvolveu as organizações de socorro mútuo, as mutualidades, as associações funerárias e chegou mesmo até às cotizações para comprar caixões e roupas, pagamento de despesas então necessárias ao sepultamento de operários e de seus filhos[94].

93   Mariangela Alves Lima e Maria Thereza Vargas, "Teatro Operário em São Paulo", em Antonio Arnoni Prado (org.), *Libertários no Brasil*, 2. ed., São Paulo, Brasiliense, 1987.
94   Edgar Rodrigues, *Nacionalismo & Cultura Social*, Rio de Janeiro, Laemmert, 1972, pp. 82-83.

De fato, os ideais socialistas e o pensamento anarquista, que tão fortemente influenciaram os movimentos sociais europeus na segunda metade do século XIX, encontraram em São Paulo, junto ao trabalhador imigrante, solo fértil para expandir-se. Sobretudo nas duas primeiras décadas do século XX, os diversos teóricos do movimento ácrata procuram inspirar não apenas o teatro, mas toda a atividade cultural da população trabalhadora. De acordo com a experiência das lutas sociais europeias, as lideranças anarquistas viam as atividades culturais e, em particular, o teatro, como importantes meios de divulgação dos ideais libertários, de fortalecimento da unidade operária e, também, como fator de educação, formação moral e emancipação intelectual dos trabalhadores[95]. Especialmente em São Paulo, mas também em muitas outras cidades, como Santos, Porto Alegre e Rio de Janeiro, o teatro amador feito pelos operários anarcossindicalistas "foi o mais poderoso veículo para instruir, educar, formar mentalidades humanistas, angariar fundos que sustentaram famílias de presos, de deportados, que socorreu doentes, desempregados, enfim, foi meio eficaz com efeitos simultâneos, incluindo-se o da solidariedade social"[96].

Desde os primeiros tempos da imigração, em torno dessas sociedades de ajuda mútua desenvolveram-se atividades culturais e recreativas nos bairros populares situados nas várzeas do Tietê e Tamanduateí. Muitos grupos teatrais amadores formaram-se a partir das uniões, ligas e associações operárias. De uma maneira geral, as diversas categorias profissionais – padeiros, marmoristas, gráficos, tecelões, sapateiros, costureiras, alfaiates, carpinteiros, pedreiros etc. – possuíam seu grupo teatral. De tal modo era frequente a prática do teatro amador no meio operário que, por exemplo, os tecelões da Fábrica Santana, no Brás, dispunham de um teatro próprio, o Cassino Penteado, mandado construir pelo patrão, Antonio Álvares Penteado. Algumas dessas sociedades de ajuda mútua, mantendo grupos teatrais amadores, funcionavam desde o fim do século XIX. Este foi o caso da Sociedade de Socorros Mútuos Leale Oberdan, fundada em 1891, e também o da Sociedade Italiana Fratellanza del Cambucy, cuja fundação ocorreu antes de 1899[97]. Entre as mais atuantes, figurava a Associação das Classes Laboriosas, fundada em 1901, cuja sede era o Salão Celso Garcia (rua do Carmo, n. 39) que, a exemplo do Salão da Sociedade Guglielmo Oberdan (rua Brigadeiro Machado, n. 5), sobrevive até os dias de hoje[98].

Dentre todas as categorias profissionais, a principal era a dos gráficos, pelo fato de exercer uma certa supremacia cultural e intelectual sobre as demais. Aos poucos, as oficinas gráficas transformaram-se em redações autônomas de jornais, resultando no aparecimento de uma poderosa imprensa operária de tendência socialista e anarquista que passou a

95 Mariangela Alves Lima e Maria Thereza Vargas, "Teatro Operário em São Paulo", p. 166.
96 Edgar Rodrigues, *Nacionalismo & Cultura Social*, p. 81.
97 Maria Rita Eliezer Galvão, *Crônica do Cinema Paulistano*, São Paulo, Ática, 1975, p. 30.
98 Se hoje não mais existem, estes dois salões existiram, pelo menos, até perto de 1980, conforme puderam constatar Mariangela Alves Lima e Maria Thereza Vargas, "Teatro Operário em São Paulo", pp. 171 e 172.

incentivar e divulgar o teatro amador. Já em meados dos anos 1890 havia um periódico anarquista denominado *Gli Schiavi Bianchi*. Logo surgiram publicações dirigidas especificamente aos trabalhadores de uma mesma comunidade estrangeira, como, por exemplo, os jornais *La Battaglia*, em italiano, o *Grito del Pueblo*, em espanhol, e o *Volksfreund*, em alemão[99].

Os espetáculos eram realizados pelos próprios operários, que, geralmente aos domingos, encontravam algum tempo para ensaiar peças teatrais, preparando-se para subir ao palco como atores. Para lá iam muitas vezes pela simples vontade de representar, independentemente de seu comprometimento ideológico com os ideais libertários. Isto porque, de uma forma ou de outra, a atividade teatral possibilitava sempre àqueles que dela participavam o exercício efetivo da solidariedade e uma intensa troca de conhecimentos e de experiências humanas. Além disso, proporcionava agradáveis momentos de lazer, em que a aspiração artística dos operários podia realizar-se[100].

As apresentações teatrais aconteciam normalmente aos sábados à noite, nas sedes dos clubes, ligas, sociedades ou associações ligadas às comunidades imigrantes. Eram as famosas veladas operárias, concorridos e festivos encontros sociais de trabalhadores, aos quais eles compareciam juntamente com mulheres e filhos. Eram reuniões em que havia um pouco de tudo em matéria de entretenimento artístico e cultural. No início, vinham as declamações de poesia e os números musicais na língua original do imigrante, evocando as tradições culturais de diferentes lugares da Itália ou da Espanha. A seguir, tinha lugar uma conferência de caráter político e educativo, geralmente proferida por um escritor, jornalista ou líder anarquista, abordando temas já consagrados como, por exemplo, luta operária, educação, economia, situação da mulher, condições de trabalho, comportamento social e moral. Depois, chegava a hora do teatro, da apresentação, às vezes, de um drama de fôlego, com cinco atos, seguido de alguns números cômicos. E, finalizando a noite, tudo era coroado com a realização de um grande baile[101]. Como observa Leôncio Martins Rodrigues,

> [...] parece que além das *funções manifestas* de propagação das ideologias socialistas e de defesa dos interesses profissionais do proletariado, tais centros, clubes e ligas desempenharam também as *funções latentes* de centros recreativos, atendendo as necessidades de lazer, divertimento e sociabilidade dos trabalhadores imigrantes que não tinham acesso aos poucos locais e instrumentos de diversão que a sociedade punha à disposição apenas das camadas superiores[102].

Esses encontros político-culturais de operários, nas noites de sábado, eram organizados sempre em benefício de alguma obra de assistência social ou, mesmo, para a formação de um fundo de sustentação de greve. Por

99 *Idem*, "Teatro Operário em São Paulo", pp. 164 e 170.
100 *Idem*, p. 174.
101 *Idem*, p. 177.
102 Leôncio Martins Rodrigues, *Conflito Industrial e Sindicalismo no Brasil*, p. 132.

exemplo, o jornal O *Amigo do Povo*, em edição datada de 22 de novembro de 1902, anunciou a realização no Salão Eldorado de "uma grande festa *pro sciopero*" organizada pela Liga de Resistência dos Tecelões e Tecedeiras de São Paulo[103]. O anúncio trazia o seguinte programa:

1. Senza patria, *drama de Pietro Gori;*
2. Sciopero, *poesia de Anda Néri;*
3. Fine de Festa, *drama (uma greve);*
4. *Conferenza sociale;*
5. *Baile.*

Nas festas ocorriam também apresentações de números infantis, na forma de entreatos líricos e musicais. As crianças iam à cena para cantar ou declamar poesias, lembrando sempre ao público que a reunião e a representação teatral tinham uma determinada finalidade social e educacional. De acordo com outro anúncio publicado no mesmo jornal *O Amigo do Povo*, em 1903, chegou a haver um grupo de atores infantis, Gli Attori Infantili, que encenou em língua italiana o drama de Pietro Gori, *Proximus Tuus*, numa festa em que se apresentava também um elenco adulto[104].

Este autor teatral, Pietro Gori, foi um advogado, poeta e escritor anarquista que teve participação política decisiva, em 1896, no Congresso Operário Socialista de Londres, em que se oficializou a cisão definitiva entre socialistas e anarquistas. Viveu em Buenos Aires entre 1899 e 1901. Lá, deu várias conferências na Faculdade de Direito sobre os princípios anarquistas de organização sindical e militou no movimento operário argentino. Nessa época, seu nome começou a aparecer com frequência nos meios anarcossindicalistas de São Paulo, vindo ele a transformar-se num dos autores dramáticos mais encenados pelos grupos teatrais anarquistas do país[105]. Até por volta de 1930, principalmente seus poemas dramáticos *Il Primo Maggio*, *Senza Patria* e *Ideale* figuraram sempre no repertório dramático do teatro operário, ao lado de peças escritas no Brasil por autores libertários como Neno Vasco, Motta Assunção e Avelino Fóscolo[106].

Todavia, nas festas operárias registradas em 1902 e 1903, há notícia da existência de apenas um grupo formado por anarquistas. Era o Grupo Filodramático Libertário, que incluía em seu repertório a peça *Il Primo Maggio*, de Pietro Gori, "o carro-chefe do teatro libertário"[107]. De fato, nos primeiros tempos não existiam ainda grupos teatrais libertários em número suficiente para satisfazer à grande plateia de trabalhadores que, todos os

---

103 Francisco Foot Hardman, *Nem Pátria, nem Patrão! (Vida Operária e Cultura Anarquista no Brasil)*, São Paulo, Brasiliense, 1983, p. 38.
104 Mariangela Alves Lima e Maria Thereza Vargas, "Teatro Operário em São Paulo", pp. 192-193.
105 Francisco Foot Hardman, *Nem Pátria, nem Patrão! (Vida Operária e Cultura Anarquista no Brasil)*, p. 36; e Mariangela Alves Lima e Maria Thereza Vargas, *idem*, p. 209.
106 Francisco Foot Hardman, *Nem Pátria, nem Patrão!*, p. 91. Particularmente sobre os autores de peças libertárias escritas no Brasil, ver Mariangela Alves Lima e Maria Thereza Vargas, *op. cit.*, pp. 230 e ss.
107 *Idem*, p. 206.

sábados, ia assistir às representações teatrais nas associações operárias. Somente a partir de 1904 é que se verifica o aparecimento de vários grupos teatrais anarquistas. Até então, dada a quantidade cada vez maior de festas e de público, muitos grupos filodramáticos amadores, sem tendência ideológica definida, participavam das veladas operárias, apresentando obras conhecidas de autores italianos ou franceses, representadas costumeiramente em língua italiana. Eram geralmente textos do último período romântico, dramas de capa e espada, folhetins teatrais com algum interesse do ponto de vista libertário. Esses espetáculos, com seus dramalhões românticos, suas comédias dialetais e gestas nacionalistas, agradavam muito ao público operário, já que havia uma enorme paixão pelo teatro junto à população imigrante[108]. Edgar Rodrigues escreve que "o teatro social dos libertários, desenvolvido em colaboração com as associações de classe, marcou, na história do teatro brasileiro, pontos de raro valor; diga-se a bem da verdade que todas as associações tinham forte influência anarquista, mas nem todos os seus membros eram anarquistas"[109]. De fato, nem todos os trabalhadores imigrantes eram anarquistas. Há que se considerar, no entanto, que os operários, independentemente dos compromissos da propaganda anarquista, iam às festas movidos, também, por razões sentimentais, pelas possibilidades de diversão que elas ofereciam, de confraternização étnica e cultural e, inclusive, pelas perspectivas de algum envolvimento afetivo que, durante o baile, numa dança aqui, numa contradança ali, podia acontecer.

Desde o início do século, proliferavam na cidade os grupos filodramáticos amadores, principalmente italianos, cujo interesse pelo teatro era muito mais artístico do que político. O que os motivava em primeiro lugar eram, sobretudo, a paixão pelo teatro, a vontade de representar e o desejo de manter viva a lembrança dos costumes e tradições de seus países. Com o passar do tempo, os grupos teatrais anarquistas sentiram a necessidade de distinguirem-se dos filodramáticos, por eles considerados como diletantes. Assim, a denominação filodramático foi aos poucos desaparecendo do teatro anarquista, surgindo em seu lugar nomes que indicavam claramente a filiação ideológica do grupo amador: Os Libertários, Pensamento e Ação, Germinal etc.[110] Isso aconteceu por volta de 1908, quando as associações operárias se achavam mais preparadas para o trabalho de propaganda, em resultado do desenvolvimento das práticas associativas verificado a partir da criação da Federação Operária do Estado de São Paulo, em 1905[111].

Nas duas primeiras décadas do século, a cidade de São Paulo seguia seu ritmo intenso de trabalho. O trabalhador imigrante – homens, mulheres e crianças –, desprotegido de leis que lhe garantissem um mínimo de direitos sociais e trabalhistas, vivia aprisionado em jornadas de trabalho que se estendiam por mais de doze horas diárias. Mas São Paulo crescia e se urbanizava. A indústria prosperava. As atividades diversificavam-se e a

---

108 *Idem*, pp. 205 e 206.
109 Edgar Rodrigues, *Nacionalismo & Cultura Social*, p. 81.
110 Mariangela Alves Lima e Maria Thereza Vargas, "Teatro Operário em São Paulo", p. 209.
111 *Idem*, p. 175.

população aumentava, incluindo grande número de pequenos comerciantes, empregados do comércio, funcionários públicos, estudantes e jornalistas. Enquanto isso, os inúmeros grupos teatrais amadores dos imigrantes davam vida ao espetáculo urbano nos bairros populares da cidade.

Cada nacionalidade possuía várias sociedades filodramáticas. Comparadas às espanholas e portuguesas, e concentradas principalmente no bairro do Brás, as sociedades filodramáticas italianas eram mais numerosas, figurando entre elas a Società di Mutuo Soccorso Lega Lombarda, a Leale Oberdan, a Doppo Lavoro, a Muse Italiche e a Associação dos Ourives e Afins. Conforme assinala Maria Rita Eliezer Galvão em sua pesquisa sobre as origens do cinema paulista, os mais famosos grupos amadores da época eram o Congresso Gil Vicente, da comunidade portuguesa, que contava sempre com a participação de muitos italianos, o grupo da Federação Espanhola e o da Associação das Classes Laboriosas, que existia desde 1901[112].

Atores profissionais, saídos de companhias italianas, não deixaram de participar do movimento teatral amador de São Paulo. Em 1907, por exemplo, os Valentini, vindos a São Paulo com a companhia da célebre atriz Eleonora Duse, por um motivo ou por outro, mas certamente atraídos pelas possibilidades de trabalho teatral que a cidade oferecia aos italianos, resolveram *fare la strada in Brasile*. Ficaram na capital paulista. E antes de Eleonora Duse e sua *troupe* retornarem à Europa, adquiriram grande parte do guarda-roupa da companhia e fundaram em São Paulo uma casa especializada em aluguel de materiais, acessórios e figurinos para espetáculos teatrais. Conforme relata a antiga atriz Vitória Lambertini,

> [...] quando por aqui apareciam outras companhias italianas, os Valentini compravam os costumes de época, acessórios e cenários das peças que já não iriam ser encenadas. Eram eles que forneciam o guarda-roupa de todas as peças que eram montadas em São Paulo. Depois, quando os amadores das sociedades italianas começaram a fazer cinema, todos os acessórios e vestimentas dos filmes continuaram a ser fornecidos pelos Valentini[113].

Foi assim que nasceu a famosa Casa Teatral que existiu em São Paulo pelo menos até 1975. Aliás, nos anos 1950, com o surgimento da televisão, os Valentini e sua Casa Teatral forneceram figurinos, vestuários de época e apetrechos de cena para a enorme produção de teleteatros e teledramas que marcou a programação artística da TV Tupi-Difusora de São Paulo nos seus primeiros dez anos de existência.

Os Lambertini, uma família inteira de atores e músicos, destacam-se também como um caso especial na vida teatral paulista das duas primeiras décadas do século XX. Em 1883, ainda no tempo do Império, o casal de

---

112 Maria Rita Eliezer Galvão, *Crônica do Cinema Paulistano*, Depoimento de Vitória Lambertini, p. 30.,
113 *Idem*, Depoimento de Vitória Lambertini, pp. 183 e 184.

atores Ida e Rafaele Lambertini veio pela primeira vez ao Brasil, ao Rio de Janeiro, numa *tournée* de sua companhia teatral, chegando mesmo a representar para D. Pedro II. Anos mais tarde, em 1906, um dos filhos desse casal, Achille, que era também ator e músico dos mais versáteis, conhecedor de vários instrumentos, resolveu deixar a Itália e estabelecer-se em São Paulo com sua própria companhia de teatro. Dela faziam parte sua mulher Emma, seus filhos Vitória, Rafael, Paulo, Henrique e Argentina, e alguns atores pertencentes às famílias Campagnolli e Gambini. Os irmãos de Achille, todos envolvidos igualmente com teatro e música, logo deixaram também a Itália e vieram juntar-se a ele. Primeiro chegaram suas irmãs Luísa e Dora e, depois, os irmãos Georgio, Luís e Vitorio[114].

Filha mais velha de Emma e Achille, Vitória Lambertini conta que naquela época, por volta de 1908, teatro profissional em São Paulo só havia mesmo no curto período das temporadas teatrais, quando apareciam as companhias estrangeiras. Durante quase todo o ano, o que se tinha era apenas teatro amador. E seus pais, na Itália, tinham sido atores profissionais, dos bons, não quaisquer atores. Por isso, no início da vida em São Paulo, formaram uma *troupe mignone*, semiprofissional, com a qual fizeram algumas apresentações teatrais no interior do Estado e até mesmo no Rio de Janeiro e em algumas cidades da Argentina e do Uruguai. Da companhia, ela era a primeira atriz e seu irmão, Rafael, era o "menino-prodígio"[115]. Dentre as peças representadas, ela lembra-se muito bem de *Um Casino di Campagna*, que tanto sucesso fez a ponto de receber tradução para o português e ser representada inúmeras vezes por amadores brasileiros, filhos de imigrantes italianos. A partir de 1910, todos os Lambertini já participavam dos diversos grupos teatrais amadores existentes na cidade. "O teatro italiano era muito apreciado aqui; havia mesmo vários grupos amadores formados por imigrantes italianos. Aqui os Lambertini não se sentiam estranhos" – diz Vitória Lambertini, relembrando a decisão acertada de seu pai de viver em São Paulo[116].

Em 1917, lá estão os Lambertini envolvidos com cinema. Em sociedade com o dentista, professor secundário, ator, músico e fotógrafo amador Antonio Romão de Souza Campos – o primeiro homem a fazer cinema em São Paulo, em 1908 –, coproduziram dois filmes em que atuaram como atores: *O Grito do Ipiranga* e *Heróis Brasileiros na Guerra do Paraguay* (ou *Retirada da Laguna*)[117]. De fato, conforme observa Maria Rita Eliezer Galvão, em 1915 teve início a fase pioneira da produção cinematográfica paulista, com a realização de uma série de filmes de longa-metragem. Uma

114 *Idem*, p. 180. Ainda sobre os Lambertini, ver na mesma obra o depoimento de José Medina, pp. 208-238.

115 *Idem*, p. 181. A propósito, Rafael Lambertini, o "menino-prodígio" desta família de atores, viria a ser o pai de Lúcia Lambertini, atriz que, nos anos 1950, em São Paulo, na TV Tupi-Difusora, notabilizou-se com a criação inesquecível da boneca de pano Emília, do *Sítio do Picapau Amarelo*, de Monteiro Lobato, personagem que representou durante mais de dez anos.

116 Vitória Lambertini, depoimento em Maria Rita Eliezer Galvão, *Crônica do Cinema Paulistano*, p. 181.

117 Maria Rita Eliezer Galvão, *Crônica do Cinema Paulistano*, pp. 21 e 34.

incipiente indústria de cinema nasce então em São Paulo, entre 1910 e 1920, no período áureo do teatro operário. Nessa época, as sociedades filodramáticas proliferavam por toda parte, expandiam-se para as cidades do interior onde a colônia italiana era mais numerosa, sempre com o apoio de imigrantes enriquecidos que financiavam a montagem de peças[118]. Intimamente ligada aos grupos teatrais amadores dos imigrantes, a produção de filmes em São Paulo vai contar, desde o início, com a participação de atores, atrizes e diretores saídos, em sua grande maioria, das sociedades filodramáticas italianas[119]. Nomes como Vitorio Capellaro, Guelfo Andaló, Arturo Carrari, Gilberto Rossi, Achille Tartari, Francisco Madrigano, Nino Ponti e Nicola Tartaglione, "portadores do espírito do Brás", figuram entre tantos outros italianos na lista dos pioneiros da produção cinematográfica paulista. Com efeito, "o cinegrafista paulista das primeiras décadas do século – marginal por definição, formado na escola da boêmia e da malandragem – embora ignorado, é um tipo tão marcado como o sambista carioca. Não surge das favelas do morro, mas dos cortiços do Brás, não é um crioulo, é um *carcamano*, seu companheiro não é um violão, é uma câmara de manivela"[120].

Os amadores paulistas das elites

Por volta de 1915, o entretenimento artístico das elites paulistanas resumia-se de modo geral a alguns concertos no Theatro Municipal e a recitais de poesia, música e canto promovidos pela Sociedade de Cultura Artística ou por particulares. No Theatro Municipal, sobressaía-se o talento dos maestros Chiaffarelli e Agostinho Cantu à frente de uma incipiente orquestra[121]. Nos recitais apresentavam-se alguns poucos artistas residentes em São Paulo ou em outras cidades. Podem ser citados, por exemplo, o violinista Francisco Chiaffitelli, da cidade de Campinas, as pianistas Alice e Vitória Serva, a cantora Vera Janacopoulos e a harpista Olga Massuccio[122]. Hão que se mencionar também, nesse mesmo período, os concertos das jovens pianistas Guiomar Novaes e Antonieta Rudge e os recitais de poesia de Berta Singermann, Margarida Lopes de Almeida e Rosalina Coelho Lisboa, a mesma Rosalina que se tornaria mais tarde famosa poetisa e, como foi visto, a escolhida de Assis Chateaubriand, em 1950, para ser a madrinha da televisão no Brasil[123].

Além do Theatro Municipal, apresentações artísticas aconteciam frequentemente em salões de finas residências como a Vila Kyrial, "espécie

---

118 *Idem*, p. 30.
119 *Idem*, pp. 31-32.
120 *Idem*, p. 18.
121 A Orquestra do Theatro Municipal teve grande desenvolvimento a partir da fundação, em 1930, da Sociedade Sinfônica de São Paulo, por iniciativa de Olívia Guedes Penteado, Mina Klabin Warchavchik, Nestor Rangel Pestana e Goffredo da Silva Telles. Nessa época, a orquestra foi reorganizada sob a regência do maestro Lamberto Bardi. Ver Goffredo Telles Júnior, *A Folha Dobrada: Lembranças de um Estudante*, p. 23.
122 Jorge Americano, *São Paulo Nesse Tempo (1915-1935)*, p. 239.
123 *Idem, ibidem*.

de catedral do simbolismo"[124], palacete do senador e poeta simbolista José de Freitas Vale, que versejava em francês sob o pseudônimo de Jacques d'Avray. Político influente do Partido Republicano Paulista e considerado, então, um protetor das artes, ele recebia semanalmente em sua casa a intelectualidade paulista, promovendo palestras e reuniões lítero-musicais e até mesmo concertos, como, por exemplo, aquele realizado numa noite de quinta-feira do ano de 1915, cujo programa, exigindo dos convidados traje a rigor, anunciava em sua primeira parte as seguintes peças com os respectivos executantes:

1. Cantu – *Cavaleiros da Kyrial (João de Souza Lima)*
2. Catalani – *La Wally (srta. Branca Giuliodori)*
3. a) J. Gomes Júnior – *Vision*
   b) Van Goens – *Scherzo*
   (Pio Castagnoli e Modesto T. de Lima)
4. Chopin – *Fantaisie impromptu (João de Souza Lima)*
5. J. Gomes Júnior – *Quartetto n. 1*
   Allegro moderato. Andante
   scherzo. Allegro finale.
   (srta. Amélia Castagnoli, srs. profs. Ernesto Castagnoli, Pio Castagnoli e Eduardo de Traqui Gonzalves)[125].

Outro exemplo de encontro lítero-musical, anotado igualmente por Jorge Americano em suas reminiscências de São Paulo, foi o recital realizado numa noite de terça-feira, do mesmo ano de 1915, na Chácara do Carvalho, antiga moradia do conselheiro Antonio da Silva Prado, situada na rua Santo Antonio. Do programa constavam os seguintes números e intérpretes:

1. *Mlle.* Edith Capote cantará a *Berceuse Blanche*, de Artur Pereira.
2. *Mlle.* M. Amélia Castilho dirá
   a) *Comment m'aimez-vous?*
   b) *Les deux enfants de la Patrie.*
3. *Mlle.* Vera Paranaguá dirá *Blocquée.*
4. *Mlle.* Guiomar Novaes tocará *Os Sinos de Las Palmas*, de S. Saens.
5. *Mlle.* Aida Brandão dirá *A um Velho* (a pedido).
6. O tenor Santino Giannatasio cantará o *Raconto da Bohemia.*
7. *Mlle.* M. da Glória Capote dirá
   a) *Le Petit mitron*
   b) *Première Valse.*

124 Francisco de Assis Barbosa: "Os Verdes Anos de Sérgio Buarque de Holanda. Ensaio sobre Sua Formação Intelectual até *Raízes do Brasil*", p. 33.
125 Jorge Americano, *São Paulo Nesse Tempo (1915-1935)*, p. 113.

8. *Mlle*. M. Amélia Castilho cantará os Fados Portugueses (a pedido)[126].

De outra parte, em 1916, *A Columna*, primeiro jornal judaico em língua portuguesa, editado no Rio de Janeiro sob a direção do prof. David José Perez, menciona a existência em São Paulo, nessa época, de uma Sociedade Philodramática judaica, que reunia as pessoas mais cultas da comunidade. "Os seus sócios" – diz o articulista do jornal –, "em número de cem, pertencentes às classes mais inteligentes, têm por objetivo a propaganda da boa literatura clássica, da música e do drama entre seus correligionários, e organizam concertos e espetáculos dramáticos, cujos resultados têm sido, até agora, os mais promissores"[127]. Na edição de novembro de 1916, *A Columna* dá notícia de um concerto realizado no Salão do Conservatório de Música de São Paulo, em benefício dos judeus de além-mar, que teve os seguintes participantes e o seguinte programa:

1ª PARTE:
1. Simonetti – *Madrigal* –
   srtas. Luiza Klabin e Vida Aschermann;
   srs. Horácio e Jacob Lafer.
2. Chopin – *Dois Estudos* –
   sr. João de Souza Lima.
3. Wagner – *Lohengrin*, marcha nupcial – quarteto –
   srta. Klabin, srs. Assman, Horácio e Jacob Lafer.

2ª PARTE:
4. Conferência pelo dr. David J. Perez (de *A Columna*).

3ª PARTE:
5. Saint Saens – *Los Sinos de Las Palmas* – Liszt – rapsódia –
   srta. Otília Machado de Campos.
6. Diaz – *Aristo*, da ópera de Cellini –
   sr. Roger Mesquita.
7. Beethoven – Concerto em cadência de Joaquim –
   sr. prof. Carlos Aschermann. Ao piano, o prof.
   Souza Lima[128].

Desde a inauguração do Theatro Municipal de São Paulo, em 1911, obra do governo encomendada ao arquiteto Ramos de Azevedo, as tradicionais elites políticas e culturais paulistas passaram a dispor de um local particular especialmente destinado aos seus grandes eventos sociais e aos seus momentos de entretenimento artístico e cultural. Durante as três primeiras décadas de existência do teatro, pelo menos, e até por volta de 1940, essas

---

126 *Idem*, pp. 112-113.
127 Henrique Veltman, *A História dos Judeus em São Paulo*, 2. ed. *op. cit.*, 1996, p. 36.
128 *Idem*, pp. 36-37.

elites puderam dele dispor tal como se fosse algo que lhes pertencesse. Em seu palco não faltaram as apresentações de grandes artistas europeus, de importantes orquestras sinfônicas e companhias estrangeiras de teatro, dança e ópera. As elites paulistanas faziam questão de reservar elegante acolhida aos importantes artistas europeus, que, quando de suas *tournées* pela América Latina, não perdiam a oportunidade de apresentar-se no Theatro Municipal. Em São Paulo, eles sabiam, a arte e a cultura europeias eram altamente valorizadas, os artistas respeitados, havendo sempre o rigoroso cumprimento das cláusulas contratuais, com o pronto pagamento dos valores em dinheiro previamente combinados. Talvez isso, ao que parece, tenha levado a atriz Sarah Bernhardt a ter dito um dia que "São Paulo era a capital artística do Brasil"[129].

Realmente, passaram pelo palco do Theatro Municipal grandes atores e atrizes, tais como Réjane, Huguenet, Ermete Saccone, Ermete Novelli, Grasso, Maria Melato, Emma Grammatica, e os portugueses Alda Garrido, Chaby e Aura e Adelina Abranches[130]. O canto lírico foi lá representado por renomados intérpretes: Caruso, Tito Schipa, Titta Ruffo, Beniamino Gigli, Claudia Muzzio, Galli-Curci, Mário Pinheiro, Bidu Saião, Journet e Besanzoni Lage[131]. No princípio, sem contar a ópera *O Guarani*, do brasileiro Carlos Gomes, sempre representada, as óperas preferidas eram as de Verdi, Puccini e Mascagni, principalmente *Barbeiro de Sevilha*, *Rigoletto*, *Aida*, *La Bohème*, *Cavalleria Rusticana* e *Traviata*. Somente por volta de 1920 é que *Tristão e Isolda*, *Parsifal*, *Lohengrin* e *Tannhäuser*, de Richard Wagner, foram representadas em São Paulo. Essas obras eram consideradas "música moderna, para desgosto de muita gente que não queria saber de modernices. Música é música, com árias cheias de dó de peito, sendo interrompido o espetáculo para pedir *bis*"[132].

Mas o Theatro Municipal foi, também, durante anos seguidos, o palco escolhido pelas elites para a realização de banquetes políticos e, mesmo, de bailes de carnaval. Inicialmente, tanto os bailes quanto os banquetes eram realizados no *foyer* do teatro. Entretanto, como o local revelara-se pequeno demais em face do número cada vez maior de frequentadores, a prefeitura logo decidiu construir um tablado desmontável que se adaptava sobre a plateia, no mesmo nível do palco. Neste tablado passaram a ser realizados, todos os anos, bailes carnavalescos e, em determinadas ocasiões, grandes banquetes políticos. Por exemplo, marcaram época os banquetes organizados pelo Partido Republicano Paulista. Nessas ocasiões, o palco era a extensão da plateia, e o espetáculo era o comes e bebes das elites, com o comparecimento de membros dos governos estadual e municipal, deputados e senadores, membros do Tribunal de Justiça e militares de altas patentes. "A música, alojada no palco, com o tradicional cenário da floresta, iniciava com a sinfonia de *O Guarani*, prosseguia com valsas

129 Jorge Americano, *São Paulo Nesse Tempo (1915-1935)*, p. 239.
130 *Idem, ibidem.*
131 *Idem*, p. 240.
132 *Idem, ibidem.*

vienenses e terminava, após o brinde de honra, com o hino nacional"[133]. As frisas e camarotes eram ocupados pelos familiares das autoridades e seus convidados, aos quais eram servidos, durante o banquete, "bombons e, na sobremesa, 'bem-casados' e sorvetes"[134].

Os banquetes políticos eram reuniões luxuosas, em que as elites políticas podiam ver realizarem-se os seus requintados apetites gastronômicos e gostos artísticos. Pode-se perceber isto da leitura do *menu* e do programa musical de um desses banquetes, ocorrido no Theatro Municipal, numa noite de sábado, do ano de 1915, ao qual os políticos compareceram trajando casaca:

MENU

Vins	*Hors d'oeuvres*
Madère	Canapés boulevardienne
Blancs	*Potage*
Montrachet	Crème idéale
Chateau Yquen	*Poisson*
Bordeaux rouges	Mêro sauce d'Artagnan
Chateau Mouton Rotschild	Relevé
Chateau Palmers	Trophée de grives à la Luccullus
Chateau Haut Breton	Entrée
Bourgognes rouges	Filet merveilleux
Fleurie	Entrée froide
Beaune	Galantine en belle-vue
Clos-Vougeot	Punch à la Trocadero
Vins de Champagne	Légume
Monopol	Asperges sauce flamande
Mumm extra-dry	Roti
Cordon rouge	Dinde à la paulista
	Jambon d'York
Liqueurs, cigares	Entremets
Service de La Rotisserie	Bombe à la dr. [...]
Sportsman	Gateau Ministre
Décoration de	Bem-casados e amanteigados
F. Nemitz	Dessert
	Fromage, fruits
	Café

MUSIQUE

1.	*Lohengrin*	Wagner
2.	*Roses du Sud*	Strauss

133 *Idem*, p. 107.
134 *Idem, ibidem*.

3.	*Iris*	Mascagni
4.	*Ao Carlinhos*	C. Campos
5.	*Manon*	Massenet
6.	a) *L'amour meurt*	Cremieux
	b) *L'amour fleurit*	
7.	*Gheisha*	Jones
8.	*Mille Baisers*	Holzer
9.	*Salvator Rosa*	C. Gomes
10.	*Traum*	Millocker
11.	*Sérénade*	Tarenghi
12.	*Tout Paris*	Waldteufel[135]

Vez por outra, no Theatro Municipal, aconteciam também apresentações de espetáculos teatrais encenados por artistas amadores pertencentes à alta sociedade paulistana. A propósito, a famosa Semana de Arte Moderna de 1922 lá realizada, e que se tornou um marco na história cultural brasileira, embora não tendo sido propriamente um espetáculo teatral, na verdade não deixou de ser um festivo e criativo *happening* cultural amador, concebido por jovens amantes das artes, jovens poetas e escritores ligados às elites políticas e culturais de São Paulo e por elas patrocinados. Talvez só mesmo como amadores eles pudessem aventurar-se no teatro. A cena teatral paulista, espalhada desde o início do século pelos bairros populares, foi sempre dominada pelos grupos filodramáticos dos imigrantes, com algumas apresentações de teatro profissional de revista. Realmente, o movimento teatral em São Paulo não oferecia condições que permitissem o surgimento de escritores profissionais, como aconteceu no Rio de Janeiro. Até por volta de 1920, os jornais e as revistas eram praticamente os únicos veículos em que a juventude letrada e os futuros jovens modernistas podiam exercer um ofício e ganhar a vida como poetas e escritores[136].

Dentre os vários espetáculos teatrais amadores realizados pela alta sociedade paulistana no Theatro Municipal, chama particularmente a atenção a encenação da peça *O Contratador de Diamantes*, no ano de 1919. Este espetáculo reuniu, pela primeira vez, três personagens que voltariam a encontrar-se nos anos 1940 e 1950 e que, nessas décadas, estiveram envolvidas em importantes acontecimentos da vida artística e cultural de São Paulo: Alfredo Mesquita, Assis Chateaubriand e Yolanda Penteado.

"*Ma bada! Ricordare, prego, ma senza malinconia. Proprio como fa la Iolanda*, Yolanda, a de hoje, a de ontem, a de sempre, *per omnia seculi seculorum*. Assim seja."[137] Com estas palavras, escritas em 1976, Sérgio Buarque de Holanda encerra a generosa introdução que faz, com muito carinho, ao livro de Yolanda Penteado. Sobrinha de Olívia Guedes Penteado

---

135 *Idem*, pp. 114-115.
136 A respeito das oportunidades profissionais abertas aos escritores e intelectuais no início do século, ver Sergio Miceli, *Intelectuais e Classe Dirigente no Brasil*, cap. i, especialmente pp. 1-18.
137 Sérgio Buarque de Holanda, "Introdução", em Yolanda Penteado: *Tudo em Cor-de-rosa*, Rio de Janeiro, Nova Fronteira, 1976. p. 21.

e filha de Juvenal Penteado, outro irmão de Antonio Álvares Penteado, Yolanda Penteado foi, no dizer do escritor e seu amigo Gilberto Freyre, a

> [...] paulista dos derradeiros esplendores do café, [...] a última fidalga paulista dos grandes dias do café e, ao mesmo tempo, a brasileira de um novo e pioneiro e corajoso tipo de mulher bela e lúcida. [...] Encantadora como mulher brasileira de um tipo não só altamente burguês mas autenticamente e, por vezes, quase arcaicamente fidalgo, é o que ela decerto é. Encantadora pela beleza [...], pela inteligência, pelo *sex-appeal*. Compreende-se que ilustres brasileiros mais velhos do que ela tenham se apaixonado de modo tão romântico [...], ainda quando (ela era) menina-moça. [...] Outro apaixonado, este impetuoso, temperamental e violento, por Yolanda, seria Francisco Chateaubriand Bandeira de Mello. Quis casar com a princesa paulista [...]. A princesa paulista [...] casou-se endogamicamente com um primo: um Silva Telles, de quem seria esposa por treze anos[138].

Em 1919, ainda mocinha, Yolanda Penteado participou como atriz-figurante do drama histórico O *Contratador de Diamantes*, escrito por Afonso Arinos de Mello Franco, intelectual mineiro radicado em São Paulo, que, três anos antes, em 1916, havia realizado viagem ao Nordeste coligindo farto material folclórico[139]. Dessa viagem resultara o espetáculo *Reisada*, montado naquele mesmo ano de 1916, no Theatro Municipal, em que o poeta Catulo da Paixão Cearense cantou pela primeira vez sua célebre composição *Luar do Sertão*. Alfredo Mesquita recorda-se desse acontecimento:

> Afonso Arinos [...] fez uma peça chamada *Reisada*. [...] as moças e rapazes da sociedade tomaram parte. Meus irmãos e irmãs também participaram. Eu me lembro de tudo isso porque me impressionou. Lembro até dos menores detalhes. Minhas irmãs não queriam ir, de jeito nenhum. Elas diziam: "Onde já se viu a gente no palco do Theatro Municipal". Papai ponderava: "Uma coisa feita pelo Afonso Arinos deve ser uma coisa bem-feita. Vocês têm que ir". Então, foram, representaram – só dançaram – e no fim adoraram... Foi uma coisa muito bonita, bem-feita, um sucesso enorme. [...] Afonso Arinos disse que tinha uma peça de sua autoria chamada O *Contratador de Diamantes*, que se passava em Diamantina. E garantiu que ia à Europa e quando voltasse iria encená-la. Foi à Europa, sim, mas morreu no dia que chegou a Barcelona[140].

---

138 Gilberto Freyre: "Prefácio", *in* Yolanda Penteado, *Tudo em Cor-de-rosa*, p. 27. Além de Chateaubriand, Gilberto Freyre cita Júlio de Mesquita Filho e Alberto Santos Dumont entre esses brasileiros mais velhos que se apaixonaram por Yolanda.
139 Este Afonso Arinos de Mello Franco, autor do livro *Pelo Sertão*, é tio de outro Affonso Arinos de Mello Franco, mais jovem, que foi um dos bons companheiros de Sérgio Buarque de Holanda em seus tempos de estudante de Direito no Rio de Janeiro (1921), e que se assinava Affonso Arinos Sobrinho, em homenagem ao tio. Francisco de Assis Barbosa, "Os Verdes Anos de Sérgio Buarque de Holanda", p. 35.
140 Depoimento de Alfredo Mesquita, revista *Dionysos*, n. 29, Rio de Janeiro, MINC/Fundacen, 1989, p. 163.

Com a morte do marido, a viúva Antonieta Prado de Mello Franco, filha do conselheiro Antonio Prado, resolveu então dirigir, ela mesma, a montagem de *O Contratador de Diamantes*, tendo no elenco praticamente as mesmas figuras da alta sociedade paulistana que haviam participado do espetáculo *Reisada*. Washington Luiz, que na época era prefeito de São Paulo – depois foi governador do Estado e presidente da República –, além de ceder o Theatro Municipal para a realização desse espetáculo e custear os cenários[141], acompanhou também os ensaios, conforme relembra Yolanda Penteado: "Os ensaios eram diários e, como todos queriam o melhor, nem sempre as opiniões eram as mesmas. [...] E até saiu uma discussão tremenda [...]. Washington Luís, com muita calma, ia apaziguando os ânimos"[142]. O mobiliário e os objetos de cena eram autênticos, compostos de móveis antigos e de baixelas de prata da época de D. João V, os quais, dizia-se, pertenciam às famílias Prado e Penteado[143]. Na distribuição dos papéis, a personagem-título, a do contratador, ficou para Eduardo Aguiar de Andrada, e a da esposa, dona Branca, para Eglantina Penteado da Silva Prado. A personagem do fidalgo português foi para Goffredo da Silva Telles e a do ouvidor para René Thiollier.

Além dos protagonistas, subiram ao palco do Theatro Municipal os atores coadjuvantes, um conjunto de jovens vestidos com roupas de época, as moças trajando longos vestidos à Luís XV, bordados com fios de ouro. Formavam dezesseis pares que deviam dançar um minueto tocado pela orquestra sob a regência do maestro Francisco Mignone[144]. Entre as moças e os rapazes, era possível identificar Yolanda Penteado, Júlio de Mesquita Filho e Marina Vieira de Carvalho, sua futura mulher, Maria Helena e Yolanda Prado, Sílvia Uchoa, Roberto Moreira, Onaldo Machado, Klingelhoefer, Dino Crespi, Luis Novaes de Barros, Lia Mesquita, Marina Furtado e Carolina Penteado da Silva Telles[145]. "Havia tantas personagens em cena" – conta Yolanda Penteado –,

> [...] toda a sociedade paulista, que até diziam ao Aguiar de Andrada: "Você convida todo o mundo para as cenas, depois não sobra ninguém para assistir". [...] A peça foi um sucesso sob todos os aspectos. Do Rio de Janeiro veio um trem especial com o então ministro da Viação, o Afrânio de Mello Franco, e seus convidados. Todas as personalidades, jornalistas, artistas e as famílias paulistas estavam presentes[146].

Terminado o espetáculo, aos artistas amadores e ao seleto público de convidados foi oferecido um banquete na residência do jurista e homem de

---

141 Jorge Americano, *São Paulo Nesse Tempo (1915-1935)*, p. 234.
142 Yolanda Penteado, *Tudo em Cor-de-rosa*, p. 72.
143 Jorge Americano, *São Paulo Nesse Tempo*, pp. 234-235.
144 Fernando Moraes, *Chatô, o Rei do Brasil*, São Paulo, Companhia das Letras, 1994, pp. 105 e 106.
145 Por informação de Maria Eugênia, esposa de Goffredo Telles Júnior, a pesquisa tomou conhecimento de que o vestido de Carolina Penteado da Silva Telles usado nesse espetáculo, em 1919, foi doado ao Museu do Ypiranga após sua morte.
146 Yolanda Penteado, *Tudo em Cor-de-rosa*, p. 72.

negócios Alfredo Pujol. Foi nesse jantar que Yolanda Penteado, aos dezesseis anos de idade, ficou conhecendo o jornalista e advogado paraibano, radicado no Rio de Janeiro, Francisco de Assis Chateaubriand Bandeira de Mello, que tinha, então, 27 anos. Ela conta:

> [...] nessa mesma noite, conheci, na casa do dr. Alfredo Pujol, um rapaz que não era bonito e que, depois, me pediu em casamento sem resultado. Ele veio a se tornar o melhor amigo que tive na vida. Chamava-se Francisco de Assis Chateaubriand Bandeira de Mello e já era conhecido nos meios jornalísticos e jurídicos como Assis Chateaubriand. [...] Naquela noite em que nos conhecemos, em casa do dr. Pujol, eu, que vinha do teatro, estava vestida à Luís xv, cabelos empoados e maquilagem de efeito. O Chateaubriand ficou tonto! Acredito que aquela primeira impressão o marcou muito[147].

Realmente, diante de Yolanda, naquele longínquo ano de 1919, Chateaubriand foi tomado de repentino encantamento e a pediu em casamento. Seu pedido não foi aceito, porém desde então uma grande e profunda amizade os uniu durante as cinco décadas seguintes, até a morte de Chateaubriand, em 1968, depois de sete anos preso a uma cadeira de rodas, com o corpo inteiramente paralisado. "Quando ele estava doente" – diz Yolanda –, "pediu-me uma fotografia. Mandei-lhe justamente a daquela noite de *O Contratador de Diamantes*. Ele colocava a fotografia em frente da máquina de escrever. Quando alguém perguntava quem era a moça, ele dizia: 'É uma condessa austríaca'"[148].

Diferentemente de Yolanda Penteado, Alfredo Mesquita retornaria várias outras vezes ao palco do Theatro Municipal, participando de espetáculos amadores. Em seu texto "Origens do Teatro Paulista"[149], ele refere-se à montagem no Theatro Municipal, em 1926, da peça *O Sarau no Paço de São Cristóvão*, escrita pelo romancista Paulo Setúbal, em voga na época em razão do sucesso que obtivera com seus romances históricos, principalmente *A Marquesa de Santos* e *Maurício de Nassau*. Festejava-se naquele ano o centenário da imperatriz Leopoldina, esposa de D. Pedro I. A sociedade benemérita Liga das Senhoras Católicas tomou a iniciativa de patrocinar a encenação dessa peça, cujo texto ela havia solicitado a Paulo Setúbal. Aliás, diz Alfredo Mesquita que *O Sarau no Paço de São Cristóvão*, "de peça propriamente dita, pouca coisa tinha. Antes, pretexto para recitativos, cantos, música e, no terceiro ato, danças: gavota, giga, quadrilha, em que tomei parte com minhas amigas e amigos, jovens grã-finos de então"[150].

Dez anos mais tarde, em 1936, Alfredo Mesquita retornaria ao Theatro Municipal, depois de ter feito, em 1934, sua primeira experiência como

147 *Idem*, pp. 73-74.
148 *Idem*, p. 74.
149 Alfredo Mesquita, "Origens do Teatro Paulista", revista *Dionysos*, n. 25, "Teatro Brasileiro de Comédia", MEC/Funarte, set. 1980.
150 *Idem*, p. 34.

autor teatral, escrevendo a peça *A Esperança da Família*, encenada profissionalmente por Procópio Ferreira[151]. Ele voltou ao Theatro Municipal com o espetáculo *Noites de São Paulo*, de sua autoria, representado por um elenco de amadores, entre os quais seus sobrinhos e sobrinhas. Conforme ele conta,

> [...] era uma fantasia em três atos, passada numa fazenda do interior do nosso Estado, com cantos e danças tipicamente nossas, músicas de Dinorah de Carvalho, cenários de José Wasth Rodrigues, palavras para as canções de Guilherme de Almeida, com um segundo ato passado no "tempo dos escravos", isto é, nos fins do século XIX, entrando em cena um *trolley* puxado por burros de verdade, havendo mais um samba dançado pelos negros, mais uma quadrilha em que tomava parte toda a trupe de amadores... Com essa evocação dos tempos idos, consegui tirar lágrimas a [*sic*] senhoras idosas que, assistindo ao espetáculo, lembraram-se, comovidas, de seu tempo de "sinhazinhas"... Nessa representação subiu pela primeira vez ao palco Abílio Pereira de Almeida[152].

Abílio Pereira de Almeida teria sua segunda experiência como ator dois anos depois, em 1938, em mais um espetáculo de autoria de Alfredo Mesquita, a fantasia intitulada *Casa Assombrada*, nos mesmos moldes da anterior, baseada em reminiscências da vida nas fazendas de café, com a escravaria negra, suas músicas, cantos e danças. "Desta vez" – relata Alfredo Mesquita – "pus em cena um levante de escravos, como os havia naqueles tempos tidos por calmos e despreocupados... Abílio Pereira de Almeida era o dono da fazenda, tendo como esposa Marina Freire, em sua estreia teatral"[153].

Em 1939, Alfredo Mesquita encenou no Theatro Municipal sua terceira fantasia, *D. Branca*, organizada em benefício do departamento de menores da Liga das Senhoras Católicas. Durante o segundo ato, o espetáculo teve um momento que causou grande impacto na plateia. Foi quando surgiu no palco *O Ballet das Lendas Brasileiras*, um quadro "com música especialmente composta pelo maestro Souza Lima, cenário, roupas e máscaras de Clóvis Graciano – sua estreia como cenógrafo – balé ensaiado por Chinita Ullman, dançado por suas alunas"[154]. No elenco, lá estavam novamente Marina Freire e Abílio Pereira de Almeida, este representando o pai de uma das personagens, o "poeta *manqué*" Genito, interpretado por Décio de Almeida Prado. Bastante jovem ainda e vivendo seus tempos de estudante, Décio de Almeida Prado fazia suas primeiras incursões no teatro, como

151 Particularmente sobre a vida e o trabalho teatral de Alfredo Mesquita, ver Armando Sérgio da Silva, *Uma Oficina de Atores: a Escola de Arte Dramática de Alfredo Mesquita*, São Paulo, Edusp, 1988.
152 Alfredo Mesquita, "Origens do Teatro Paulista", pp. 34-35. (Observe-se que Abílio Pereira de Almeida irá, anos mais tarde, inaugurar o TBC, como ator e autor da peça *A Mulher do Próximo*.)
153 *Idem*, p. 35. (Observe-se, também, que Marina Freire, tia do ator Ruy Affonso, será uma das atrizes que subirá ao palco do TBC na noite de sua inauguração.)
154 *Idem, ibidem*.

ator, antes de vir a tornar-se, ao lado de Sábato Magaldi, o mais importante crítico e historiador do teatro brasileiro[155].

No período em que realizou esses três espetáculos, entre 1935 e 1939, Alfredo Mesquita passou duas temporadas em Paris envolvido em estudos teatrais. Lá tomou conhecimento do teatro moderno francês e dos mais importantes diretores teatrais da nova geração[156]. Nesse tempo, costumava manifestar francamente sua profunda admiração pela moderna cena francesa, o que acabava irritando, principalmente, seu grande amigo Paulo Emílio Salles Gomes, já trotskista a essa época: "Eu vivia aqui em São Paulo" – declara Alfredo Mesquita –, "mas gostava de teatro francês. Era aquele teatro! Não acompanhava de jeito nenhum o movimento daqui, nem sabia que existia. Paulo Emílio Salles Gomes ficava furioso: 'Você não fala do teatro anarquista'. Ora, eu nem sabia que existia anarquismo no Brás... Vivia no mundo da lua..."[157]

Na década de 1930, além dessas apresentações de Alfredo Mesquita, foram realizados também no Theatro Municipal outros espetáculos amadores, geralmente patrocinados pela Liga das Senhoras Católicas. Um deles, que obteve bastante sucesso, foi a peça *A Gata Borralheira*, estrelada pela jovem atriz amadora de família tradicional, Maria Adelaide Prudente de Morais[158]. Entretanto, dentre os eventos artísticos e culturais promovidos nessa época pelas elites paulistanas, merecem igualmente destaque especial as atividades desenvolvidas, entre 1932 e 1934, pela Sociedade Pró-Arte Moderna – Spam. De fato, a Spam promoveu uma série de concertos, recitais, exposições de pintura e escultura. Mas destacam-se imediatamente dois grandes espetáculos, duas grandes festas-baile que ela realizou durante os festejos de carnaval dos anos de 1933 e 1934. Foram festas amplas e heterogêneas, uma espécie de grande pantomima, mistura de baile e representação teatral, seguindo um roteiro minuciosamente preparado, com papéis definidos, números ensaiados e cenários e figurinos bem-cuidados. Delas participaram artistas, intelectuais e figuras de relevo da cidade, especialmente um grupo grande de amigos, pessoas que na sua maior parte tinham sido protagonistas do movimento modernista do decênio anterior[159].

No início dos anos 1930, tudo aquilo que caracterizara de alguma forma o espírito do movimento modernista nos anos 1920 – os anseios de transformação, as constantes viagens à Europa, a alegre e festiva excitação que punha por terra os cânones estéticos estabelecidos, a nacionalidade redescoberta pela experiência artística, o entusiasmo de uma liberdade intelectual e criativa que se exprimia na poesia, na literatura e nas artes plásticas – parece ter-se arrefecido após a Revolução de 30 e, particularmente, depois da

155 *Idem, ibidem.*
156 Armando Sérgio da Silva, *Uma Oficina de Atores: a Escola de Arte Dramática de Alfredo Mesquita*, especialmente pp. 28-35.
157 Alfredo Mesquita, "Entrevista", *Dionysos*, n. 29, "Escola de Arte Dramática", MINC/Fundacen, 1989, p. 262.
158 Jorge Americano, *São Paulo Nesse Tempo (1915-1935)*, p. 236.
159 Gilda de Mello e Souza, "Prefácio", em Vera d'Horta Beccari, *Lasar Segall e o Modernismo Paulista*, p. 15.

Revolução Constitucionalista de 32, o malogrado levante militar paulista contra Getúlio Vargas[160]. Como escreveu Mário de Andrade,

> [...] tudo estourava, política, famílias, casais de artistas, estéticas, amizades profundas. O sentido destrutivo e festeiro do movimento modernista já não tinha mais razão de ser, cumprido o seu destino legítimo. Na rua, o povo amotinado gritava: – Getúlio! Getúlio!... Na sombra, Plínio Salgado pintava de verde a sua megalomania de Esperado. No norte, atingindo de um salto as nuvens mais desesperadas, outro avião abria asas do terreno incerto da bagaceira. Outros abriam eram as veias pra manchar de encarnado as suas quatro paredes de segredo[161].

Realmente, parte dos modernistas de 22 dispersou-se, uns indo encerrar-se nas fileiras de um nacionalismo político exacerbado, tal como o verde-ama-relismo xenófobo manifestado tão fortemente pelo nascente movimento integralista; outros se encaminhando para um nacionalismo político de caráter popular, nutrido no seio das doutrinas comunista e socialista. Um antigo grupo de amigos, no entanto, tentou à contracorrente manter vivo naquele momento o espírito que animara o modernismo paulista desde a Semana de Arte Moderna de 1922. Criaram-se, então, duas sociedades: o Clube dos Artistas Modernos – CAM e a mencionada Sociedade Pró-Arte Moderna – Spam. Pouco depois, com o mesmo objetivo de ampliar o cír-culo dos interessados pela arte moderna, de divulgá-la a um público mais amplo, foram criadas outras sociedades, como a Família Paulista, os Salões de Maio e o Sindicato dos Artistas Plásticos. Durante todo o decênio de 1930, foi principalmente em torno dessas sociedades que gravitou a arte moderna em São Paulo[162].

A ideia da criação da Spam surgiu por volta de 1931, no salão de chá do Mappin, na época um dos pontos de encontro dos intelectuais paulistas. Nessa ocasião, lá estavam reunidos Arnaldo Barbosa, Flávio de Carvalho, Paulo Mendes de Almeida, Zequinha Wasth Rodrigues e Paulo Rossi Osir[163]. Depois de várias reuniões, de que participaram também Paulo Prado, Olívia Guedes Penteado, Mário de Andrade, o pintor Lasar Segall e seu amigo e cunhado, o arquiteto Gregório Warchavchik[164], Flávio de Carvalho desen-tendeu-se com o grupo e, antes da criação da Spam, inaugurou o seu Clube dos Artistas Modernos – CAM.

No dia 22 de dezembro de 1932, meses depois da derrocada paulista na Revolução Constitucionalista, em reunião realizada na casa de Chinita Ulmann, na rua Maranhão n. 44, foi marcado o lançamento oficial da Spam.

---

160 Vera d'Horta Beccari, *Lasar Segall e o Modernismo Paulista*, p. 83.
161 *Apud* Gilda de Mello e Souza, "Prefácio", p. 17.
162 Vera d'Horta Beccari, *Lasar Segall e o Modernismo Paulista*, p. 84.
163 *Idem, ibidem*.
164 Procedente de Roma, Gregório Warchavchik, russo de Odessa, veio para São Paulo em 1923, ano em que Lasar Segall toma a decisão de instalar-se aqui. Casou-se com Mina Klabin, irmã de Jenny Klabin, que, por sua vez, se tornou esposa de Lasar Segall. Ver Vera d'Horta Beccari, *Lasar Segall e o Modernismo Paulista*, p. 83.

Para que se tenha uma ideia da relevância social, cultural e intelectual dos participantes desta sociedade, aparecem na lista de seus sócios fundadores, entre outros, Anita Malfatti, Antonieta Rudge, Arnaldo Barbosa, Alice Rossi, Arthur Pereira, Caldeira Filho, Camargo Guarnieri, Couto de Barros, Carlos Pinto Alves, Chinita Ulmann, Esther Bessel, Francisco da Silva Telles, Frank Smith, Hugo Adami, Gregório Warchavschik e sua mulher Mina Klabin Warchavschik, o casal Lasar Segall e Jenny Klabin Segall, Mário de Andrade, Menotti Del Picchia, Olívia Guedes Penteado, Paulo Prado, Kitty Bodenheim, Rubens B. de Moraes, Sérgio Milliet, Tarsila do Amaral, Victor Brecheret, Vittorio Gobbis e Yan de Almeida Prado. Pouco tempo depois, figurariam também entre os sócios fundadores Antonio de Alcântara Machado, Francisco Mignone, Fructuoso Viana, Guiomar Novaes e João Caldeira Filho[165].

A primeira grande produção artística da Spam foi, mesmo, o baile público de carnaval realizado em fevereiro de 1933, na antiga praça do Trocadero, atrás do Theatro Municipal. Ali, Lasar Segall fez construir uma cidade em miniatura, a cidade de Spam,

> [...] onde havia de tudo: o bar, a prisão, fachadas de casas com crianças e adultos nas janelas, banheiro público, jardim zoológico, pensão e mulheres da vida, circo etc. Eram esses motivos que surgiam nos enormes painéis de papel que forravam as paredes [...]. Segall havia pintado, entre outros, o *Jardim Zoológico* e o enorme painel *O Circo*, que cobria toda a parede de entrada do salão[166].

Neste cenário, no dia 16 de fevereiro de 1933, a partir das 23 horas, teve início o desfile das mais grotescas e extravagantes figuras, numa grande "farra fanfarrã", conforme no convite anunciavam os versos de Mário de Andrade:

> *E se abre a farra fanfarrã!*
> *Doutores, mendigos, exóticas*
> *Pernas, carruagens estrambóticas,*
> *Barcarolas e rataplã,*
> *Heróis nascidos na antevéspera,*
> *Jogadores de box e víspora,*
> *Esporas, cascas, besta ruã...*
> *É a fauna urbana e suburbana*
> *Dançando o fox, a queromana*
> *Corda bamba, valsa alemã*
> *Samba, tango, jongo e bolero!*
> *Vinde ver isso ao Trocadero*
> *Na carnavalada de Spam!*[167]

---

165 *Idem*, p. 85.
166 *Idem*, p. 89.
167 *Apud idem*, pp. 88-89.

Com o título de *Carnaval na Cidade de Spam*, o baile-espetáculo foi projetado por Lasar Segall como uma verdadeira representação teatral caricata, de estilo expressionista. De fato, as personagens principais do espetáculo, cujo enredo, diálogos, cenários e figurinos haviam sido preparados de antemão, apareciam vestidas com "sobrecasacas escuras, cobertas de condecorações, cartolas, fisionomias carregadas de maquilagem, com sobrancelhas grossas e diabólicas, narizes enormes, tudo traduzindo um senso agudo de grotesco"[168]. O clima era de total irreverência às instituições e aos costumes estabelecidos, o que, sob certos aspectos, não deixava de lembrar as primeiras experiências de Tristan Tzara e seus amigos dadaístas no Cabaret Voltaire, na longínqua Zurique do ano de 1916. Todavia, ao contrário do espírito anárquico dos dadaístas, prevalecia na festa-baile da Spam o tom de crítica social, de denúncia e caricatura dos vícios da alta sociedade – à qual, diga-se de passagem, pertencia a maior parte dos organizadores do espetáculo[169].

Em meio à algazarra de um público de foliões elegantes que participava do espetáculo em troca de um convite comprado e já escasso às vésperas do evento, as cenas sucediam-se conforme o estabelecido no roteiro de Lasar Segall. À meia-noite houve a cerimônia em que o prefeito da cidade de Spam, Paulo Mendes de Almeida, recepcionava o príncipe do carnaval (Samuel Klabin), que chegava acompanhado do bobo da corte (Kitty Bodenheim) e de um corpo de bailarinas chefiado por Chinita Ulmann, a bailarina principal. A seguir, devidamente fantasiado, vinha o maestro Camargo Guarnieri à frente de um grande coral. "Fazia parte das 'solenidades' a inauguração da estátua viva de Spaminondas, personificado por Maneco Klabin (irmão de dona Jenny) vestido de bailarina, com um capacete na cabeça, uma perna erguida para trás, em posição de balé, e o braço direito empunhando uma espada, na qual estava enfiado um frango"[170].

Às duas horas da madrugada, aos gritos de pequenos jornaleiros, deu-se a distribuição do "órgão de combate" *A Vida de Spam*, um tabloide de quatro páginas dirigido por Mário de Andrade, Antonio de Alcântara Machado e Sérgio Milliet, com ilustrações e desenhos de Jenny Segall. A primeira página estampava o editorial intitulado "Oh! Abre Alas". Nele os responsáveis pela cidade de Spam declaravam seus princípios:

> Ao entrarmos na arena jornalística um único objetivo nos empolga, uma só finalidade nos propele: defender os interesses do povo explorado e sofredor contra a sanha dos que dispõem do Tesouro e das forças de terra e mar, com a sencerimônia dos sátrapas orientais. Dessa diretriz grandiosa não nos afastaremos um grau siquer de latitude, nem um segundo de longitude honesta e bem-intencionada[171].

A exemplo do primeiro, o segundo grande espetáculo-baile promovido pela Spam, com o título de *Uma Expedição às Selvas da Spamolândia*,

168 *Idem*, pp. 89-90.
169 *Idem*, p. 91.
170 *Idem*, p. 89.
171 *Idem*, p. 91.

foi um estrondoso sucesso, repercutindo em toda a imprensa. Aconteceu no carnaval do ano seguinte, em 1934, e o local escolhido não foi a praça pública, mas o imenso salão do Ringue de Patinação São Paulo, que existia onde é hoje o viaduto Martinho Prado. Neste grande espaço, sempre sob a direção de Lasar Segall, foi construída uma verdadeira selva. "Tiras de papel pintado imitando folhas de bananeira decoravam o teto, de onde pendiam animais insólitos: burros, cobras, zebras, borboletas, corujas e cachos gigantescos de banana."[172] Desta vez, o príncipe do carnaval era representado por um ator profissional, Procópio Ferreira, que adentrou o recinto "acompanhado de um bando de selvagens cobertos de penas, ao som de atabaques e bumbos, correndo pelo salão, executando bailados com coreografia da bailarina expressionista Chinita Ulmann"[173].

Poucos meses depois desta segunda festa de carnaval, morria Olívia Guedes Penteado, vítima de uma apendicite. E, depois de ser pressionada por uma série de acusações, chegava também ao fim a Spam, pelo menos tal como fora concebida por Lasar Segall. Em artigo publicado no *Diário Popular*, em 19 de fevereiro de 1934, o jornalista José Bonifácio de Souza Amaral ataca a sociedade chamando-a de um "antro de dissolução de costumes". Ataca principalmente Lasar Segall e seus amigos modernistas de descendência judaica:

> Seus principais fundadores quem são? E a sua crônica? Uns são estrangeiros, de nacionalidade um pouco incerta, outros são neobrasileiros, desafetos de nossas tradições [...]. Expulsem-se do território nacional os estrangeiros exploradores do lenocínio. Qual a finalidade dessa expulsão? Punir a exploração, a forma indecente de ganhar a vida, ou preservar a sociedade de suas consequências dissolventes? Claro que é preservar a sociedade [...]. Logo, expulsem-se os cáftens, mas feche-se também a Spam[174].

Na verdade, a Spam foi liquidada pelo integralismo, movimento nacionalista de inspiração nazifascista que, na década de 1930, teve como adeptos figuras da alta sociedade paulistana e, também, jornalistas e intelectuais que, em nome da defesa das tradições nacionais e da moral cristã, pregavam a afirmação de uma cultura genuinamente brasileira, afastada da "influência perniciosa" dos estrangeiros[175]. Apesar de tudo, restaram desse período a força inspiradora de Lasar Segall sobre os artistas modernos paulistas e a ideia, por ele defendida, de uma arte moderna existindo fora dos salões, integrada à sociedade e voltada para o grande público. Conforme diz seu filho, Maurício Segall, na Spam "ele ficava realmente empolgado, gostava daquilo realmente. Quando a Spam se acabou, se encerrou uma parte de sua vida"[176].

---

172 *Idem*, p. 100.
173 *Idem, ibidem.*
174 *Apud idem*, p. 101.
175 *Idem*, p. 103.
176 Maurício Segall, depoimento em Vera d'Horta Beccari, *Lasar Segall e o Modernismo Paulista*, p. 193.

Capítulo terceiro

A cidade nas ondas do rádio

As emissoras paulistas

No Brasil, as primeiras transmissões de rádio aconteceram no Rio de Janeiro, em 1922, por ocasião das comemorações do centenário da Independência. Em colaboração com a Light e com a Companhia Telefônica Brasileira, a empresa norte-americana Westinghouse International Company instalou uma estação transmissora de 550 w no alto do Corcovado, a primeira estação de radiotelefonia a funcionar no país. Nos vários locais onde se realizava a grande Exposição do Centenário, principalmente no Palácio Monroe, no Palácio do Catete e na Prefeitura de Petrópolis, foram instalados receptores de rádio e alto-falantes para uma demonstração do "invento milagroso". Durante os festejos, além do discurso do presidente Epitácio Pessoa, o público maravilhado pôde ouvir os sons da ópera *O Guarani*, de Carlos Gomes, tocada no Theatro Municipal[1].

Ao iniciar-se o ano de 1923, o governo brasileiro compra da Western Electric Co. duas estações transmissoras de 500 w para serem utilizadas pelo Serviço Telegráfico Nacional. Com o objetivo de difundir programas informativos, educativos e culturais, dois homens cultos e idealistas, Edgar Roquette Pinto e Henry Moritze, membros da Academia Brasileira de Ciências, solicitam então autorização do governo para utilizarem, durante algumas horas do dia, um dos transmissores que ficava na Praia Vermelha. Nasce assim, no dia 20 de abril de 1923, a Rádio Sociedade do Rio de Janeiro, instalada inicialmente na própria Academia Brasileira de Ciências, transferindo-se menos de um mês depois para a Escola Politécnica e, logo a seguir, para a Livraria Científica Brasileira. Por fim, ela vai fixar-se no edifício da Casa Guinle, na avenida Rio Branco[2]. Em razão das dificuldades de escuta, dos problemas de captação do som, foram poucos os que puderam ouvir as palavras esperançosas de Roquette Pinto, ditas ao microfone da Rádio Sociedade do Rio Janeiro, quando de sua inauguração: "Todos os lares espalhados pelo imenso território brasileiro receberão livremente o conforto moral da ciência e da arte; a paz será realidade entre as nações. Tudo isso há de ser o milagre das ondas misteriosas que transportarão no espaço, silenciosamente, as harmonias"[3].

Mantida pelos fundadores e por alguns sócios contribuintes, geralmente pessoas das elites sociais e culturais do Rio de Janeiro, a Rádio Sociedade do Rio de Janeiro iniciou suas transmissões apresentando programas de música erudita, conferências literárias e palestras de interesse científico. Conforme assinala Antonio Pedro Tota,

> [...] as primitivas estações de rádio se organizavam sob a denominação jurídica de *sociedades* ou *clubes*. Isto porque as emissoras se sustentavam com mensalidades pagas pelos sócios, chamados

1   Maria Elvira Bonavita Federico, *História da Comunicação: Rádio e TV no Brasil*, Petrópolis (RJ), Vozes, 1982, p. 33.
2   *Idem*, p. 35.
3   *Idem*, p. 46.

radioamadores. Existia entre esses radioamadores um tipo de fidelidade quase que partidária, uma espécie de espírito de corpo, por assim dizer: um sócio de uma determinada sociedade de rádio só ouvia aquela emissora. A legislação proibia a veiculação de propaganda pelo sistema de "radiotelefonia", o que levava as estações a se valerem do recurso financeiro das mensalidades para sua sustentação. Isto tornava a prática do radioamadorismo restrita a pessoas de posse[4].

A iniciativa de Roquette Pinto e Henry Moritze desencadeou a fundação de uma série de sociedades e clubes de rádio nos principais centros urbanos do país e, mesmo, em algumas cidades do interior. Rapidamente a radiotelefonia passou a ser vista pelas autoridades políticas e pelos homens de ciência e cultura como um importante instrumento para a educação e formação cultural da população. Mas, nesses primeiros tempos, o rádio significava, antes de tudo, progresso e modernização. Em qualquer cidade, a instalação de uma estação de rádio parecia imprimir na população o sentimento de que o progresso chegava a suas portas, as quais se abriam de repente para o mundo.

Em São Paulo, as primeiras irradiações públicas aconteceram em 1924, depois da fundação da Sociedade Rádio Educadora Paulista, uma organização social de caráter amador, criada em novembro de 1923. Com base nos princípios educativos e culturais preconizados por Roquette Pinto, a Sociedade Rádio Educadora Paulista foi fundada por alguns homens, a maioria engenheiros, ligados à pesquisa científica e tecnológica, como Edgard de Souza, engenheiro eletricista formado na Bélgica e alto funcionário da Light, que na emissora logo assumiu o cargo de diretor-presidente[5]. "Na verdade" – escrevem Vera Lúcia Rocha e Nanci Valença Hernandes Vila –,

[...] o conhecimento da inovação circulava nos pequenos grupos de amadores, formados por engenheiros, pessoas da alta sociedade, comerciantes, proprietários de lojas de disco, de revistas, a princípio a título de curiosidade e, depois, de forma efetiva, com a organização de sociedades ou clubes já com propósitos práticos. Inicialmente, as sociedades ou clubes que se formam mantêm-se com a mensalidade dos sócios contribuintes, no valor de cinco mil-réis, para garantir os elevados custos de montagem e operação das estações[6].

Quando de seu lançamento, a Sociedade Rádio Educadora Paulista funcionou numa das salas do Instituto de Engenharia, que ficava bem no centro

---

4   Antonio Pedro Tota, *A Locomotiva no Ar: Rádio e Modernidade em São Paulo, 1924-1934*, São Paulo, Secretaria de Estado da Cultura/pw Editores, 1990, p. 27.
5   *Idem*, p. 46; e Maria Elvira Bonavita Federico, *História da Comunicação: Rádio e tv no Brasil*, p. 41.
6   Vera Lúcia Rocha e Nanci Valença Hernandes Vila, *Cronologia do Rádio Paulistano: Anos 20 e 30*, São Paulo, Centro Cultural São Paulo, Divisão de Pesquisa, 1993, vol. I, p. 11.

histórico da cidade, na rua da Quitanda. Alguns meses depois, transferiu-se para o Palácio das Indústrias, atual sede da Prefeitura Municipal, local cedido pelo então secretário da Agricultura, dr. Gabriel Ribeiro dos Santos. "Eu me recordo perfeitamente da rádio no Palácio das Indústrias: numa das torres ficava o estúdio, na outra o transmissor" – diz o advogado e radialista Enéas Machado de Assis, um dos pioneiros do rádio paulista, que durante muitos anos fez parte da diretoria dos Diários e Emissoras Associados, de Assis Chateaubriand[7]. Ele lá estivera em 1926, com apenas treze anos de idade, participando de uma audição musical. Nessa época, iniciava-se na prática do violão e integrava um conjunto de seresteiros formado por amigos do bairro do Brás. Foi com dificuldade, no entanto, que seus familiares conseguiram captar o som da emissora e ouvi-lo em casa, enquanto ele e seus companheiros tocavam na rádio. Isto porque, como ele explica,

> os rádios eram de galena. O que era um rádio de galena? A galena é uma pedra, um minério de chumbo com grande poder de captação de sons transmitidos por radiodifusão. Para captar o som, o sinal da emissora, usávamos geralmente uma caixa de charutos, desses charutos Havana, e dentro dela era colocada uma bobina, uma estrela de papelão na qual enrolávamos fios formando uma bobina. Entravam dois fios, os fios de uma enorme antena para captar o sinal, com dois polos que se ligavam ao fone de ouvido. Esse circuito todo passava pela galena, pela pedra, e com uma pequena peça fina e pontiaguda, uma espécie de agulha, ia-se pesquisando sobre a pedra até encontrar o sinal da emissora[8].

Desde o início de suas atividades, a Rádio Educadora Paulista contou com o apoio dos industriais e das autoridades políticas, mantendo laços estreitos com o Partido Republicano Paulista – PRP. Na fase de implantação, em 1923, recebeu cinquenta contos de réis da Câmara Municipal de São Paulo. Mais tarde, em 1925, o governo do Estado fez-lhe doação de um terreno na rua Carlos Sampaio para a construção de sua sede própria. Formou-se então uma comissão presidida por Sílvio Álvares Penteado, e subscrições foram abertas para a obtenção de recursos financeiros destinados à construção do edifício e instalação de um potente transmissor de 1.000 watts. Nessa ocasião, contribuições foram feitas pelas Câmaras Municipais de São Paulo e de Campinas, e por particulares, entre eles o conde Francisco Matarazzo, que doou dez contos de réis, e a empresa norte-americana RCA, que contribuiu com cinco contos de réis[9].

Em junho de 1924, surge a segunda emissora paulistana, a Rádio Clube São Paulo, fundada por um grupo de amadores, entre os quais o comerciante Dias Carneiro, proprietário da Companhia Dias Carneiro São Paulo, casa importadora especializada na venda de equipamentos e acessórios de

---

7   Enéas Machado de Assis, depoimento à Associação Paulista dos Pioneiros da Televisão – Appite (6 de fevereiro de 1998).
8   *Idem.*
9   Maria Elvira Bonavita Federico, *História da Comunicação: Rádio e TV no Brasil*, pp. 40-41.

radiotelefonia, que tinha acabado de lançar no mercado o famoso aparelho receptor de rádio Pekam n. 1, um dos primeiros comercializados na capital paulista[10]. Entre os fundadores da nova estação figurava o jovem João Batista do Amaral, que se tornaria, anos depois, um dos mais conceituados nomes do rádio paulista. Foi em sua residência, na alameda Barão de Limeira, que a Rádio Clube São Paulo fez suas transmissões experimentais. Até cessar suas atividades, fato que ocorreu um ano depois, ela iria funcionar praticamente em caráter experimental, sempre com interrupções para reparos no transmissor, com uma programação que não ia além de duas horas diárias, transmitida três vezes por semana, às terças, quintas e sábados, das 3 às 4 horas da tarde e das 8 às 9 horas da noite[11].

Até 1930, funcionavam em São Paulo apenas três estações de rádio: a PRA-E, Sociedade Rádio Educadora Paulista; a PRA-O, Sociedade Rádio Cruzeiro do Sul; e a PRA-R, Rádio Sociedade Record[12]. A Rádio Cruzeiro do Sul, situada no largo da Misericórdia, começara a operar em outubro de 1927 e, após longa interrupção, reiniciou suas irradiações em maio de 1932, possuindo já um transmissor de 1.000 watts e excelentes equipamentos técnicos, sob a supervisão do engenheiro da Westinghouse, Eugene Falkenburg[13]. Seu proprietário, Alberto Jackson Byngton Jr., era o dono das Casas Byngton & Co., firma especializada em importação e comércio de aparelhagem elétrica e equipamentos radiofônicos. Era também a distribuidora em São Paulo dos aparelhos da Radio Corporation of America – RCA – e representante comercial no Brasil da Columbia Broadcasting[14].

Ligado a Alberto Byngton Jr. estava o norte-americano Wallace Downey, que ocupava posição de destaque na fábrica de discos Columbia. Nessa época, o cinema sonoro dava seus primeiros passos no Brasil, justamente em São Paulo. O primeiro filme nacional totalmente sonorizado foi, de fato, o filme paulista intitulado *Acabaram-se os Otários* (1929), de Luís de Barros. Sincronizada com discos, esta "supercomédia em seis atos" contava as aventuras de dois caipiras, interpretados pelos comediantes do rádio Genésio Arruda e Tom Bill[15]. Alberto Byngton Jr. e Wallace Downey eram sócios-proprietários da produtora cinematográfica Sonofilmes, que, em 1931, com espírito realmente empresarial e aproveitando o sucesso dos comediantes e cantores que iniciavam carreira no rádio, havia realizado o primeiro filme musical nacional, *Cousas Nossas*, dirigido por Wallace Downey e inspirado nos filmes musicais norte-americanos que começavam a chegar ao país. Além de vários comediantes e intérpretes musicais, deste

10 Antonio Pedro Tota, *A Locomotiva no Ar*, p. 28.
11 Vera Lúcia Rocha e Nanci Valença Hernandes Vila, *Cronologia do Rádio Paulistano: Anos 20 e 30*, p. 13.
12 Antonio Pedro Tota, *A Locomotiva no Ar*, p. 85.
13 Vera Lúcia Rocha e Nanci Valença Hernandes Vila, *Cronologia do Rádio Paulistano: Anos 20 e 30*, p. 80.
14 *Idem*, p. 19.
15 Maria Rita Galvão e Carlos Roberto de Souza, "Cinema Brasileiro: 1930-1964", em *História Geral da Civilização Brasileira*, 3. ed., Rio de Janeiro, Bertrand do Brasil, 1995, tomo III, *O Brasil Republicano*, 4º volume: *Economia e Cultura*, p. 468.

filme participaram o cantor Paraguaçu, bastante prestigiado na época, e figuras ilustres da sociedade paulistana, como o poeta Guilherme de Almeida e o ator teatral Procópio Ferreira. Considerado como aquele que inaugurou "um gênero cinematográfico profundamente brasileiro", o filme *Cousas Nossas* "passou praticamente em todas as cidades brasileiras que possuíam salas aparelhadas e foi um triunfo. Nunca antes um filme brasileiro tinha dado tanto dinheiro"[16].

A PRA-R, Rádio Sociedade Record, foi fundada em 2 de abril de 1928 pelo advogado e comerciante Álvaro Liberato de Macedo, proprietário da casa de discos Record[17]. Instalada na praça da República, n. 17, iniciou suas transmissões em outubro do mesmo ano, irradiando durante algumas horas do dia programas quase que exclusivamente musicais, valendo-se dos discos da Casa Record. Esta situação dura até 1931, quando a Rádio Record passa para outros donos. "Em 1931 acabava eu de desmontar uma empresa de luminosos de rua" – conta Paulo Machado de Carvalho[18], o "marechal da vitória", como ficou conhecido por ter chefiado, em 1958, a delegação da Seleção Brasileira de Futebol, ganhadora pela primeira vez, na Suécia, da Copa do Mundo. Descendente da tradicional família paulista de Brasílio Machado, primo dos Alcântara Machado e parente também dos Cardoso de Mello, Paulo Machado de Carvalho foi em São Paulo, ao lado de Assis Chateaubriand, um dos mais importantes empresários de rádio e televisão. Renovou a programação do rádio paulista na década de 1930, criou nos anos 1940 as Emissoras Unidas, uma cadeia de estações de rádio e, em 27 de setembro de 1953, inaugurou na capital paulista a Televisão Record, canal 7.

Em 1931, pois, dando fim a uma firma de luminosos de gás néon que possuía em sociedade com um espanhol e um argentino, Paulo Machado de Carvalho toma inesperadamente o caminho do rádio.

Nessa ocasião – diz ele – conversando em algum lugar, soube que existia um senhor que tinha uma casa de discos que se chamava Record. E, junto com a casa de discos, ele tinha uma rádio montada, a Rádio Record, embora não funcionando. Esse senhor era o sr. Álvaro Liberato de Macedo. [...] Então ele me ofereceu a Rádio Record. Eu nem sabia o que era aquilo. [...] Eu, o João Batista do Amaral[19], meu cunhado [...], e o Jorge Alves de Lima resolvemos ver o que era esse negócio que chamavam de rádio e que emitia uns sons, um negócio muito difícil de se ouvir. Então fomos até a praça da República, n. 17 [...]. O sr. Álvaro Liberato de Macedo disse: "Olha, eu quero me livrar disso e da casa de

16 *Idem*, pp. 468-469.
17 Vera Lúcia Rocha e Nanci Valença Hernandes Vila, *Cronologia do Rádio Paulistano: Anos 20 e 30*, p. 21.
18 Paulo Machado de Carvalho, depoimento à Secretaria Municipal de Cultura, Centro Cultural São Paulo, Idart, Arquivo Multimeios (outubro de 1979).
19 Trata-se do mesmo João Batista Amaral que, poucos anos antes, tinha fundado a Rádio Clube São Paulo e que se tornaria, na década de 1940, proprietário da Rádio Panamericana, a atual Rádio Jovem Pan.

discos também. A casa de discos vocês não querem, então eu quero me livrar disso. Eu vendo por qualquer preço, em quaisquer condições". Se não me engano, precisamente não posso dizer, a Rádio Record foi adquirida por qualquer coisa como 15 mil cruzeiros, entrando o João Batista Amaral com 5, eu com 5 e o Jorge Alves de Lima com 5. [...] Sou obrigado a citar que, no início, nos primeiros dias, eram quase que apenas duas pessoas que trabalham naquilo: éramos eu e essa moça que, depois, veio a se chamar Elisabeth Darcy, e que era a Natália Perez da Fonseca[20].

Em 1932, por ocasião da Revolução Constitucionalista, a Rádio Record torna-se a emissora líder de São Paulo, porta-voz do levante militar paulista contra o governo de Getúlio Vargas[21]. Durante esses acontecimentos, enquanto a Rádio Educadora permanecia de uma maneira geral compromissada com o Partido Republicano Paulista e, nessa medida, fiel ao governo central do Rio de Janeiro, a Rádio Record, aos sons da marcha militar francesa *Paris Belfort*, apresentava-se como "a voz de São Paulo" e abria seus microfones aos estudantes, escritores e intelectuais, a grande maioria saída da Faculdade de Direito do largo de São Francisco e pertencente aos quadros do Partido Democrata Paulista. Mantendo-se ininterruptamente no ar durante 24 horas, numa programação que fazia parte do esforço de guerra, a Rádio Record revelou ao público paulista e brasileiro os nomes dos estudantes de direito Nicolau Tuma e César Ladeira, que, juntamente com Renato Macedo e Licínio Neves, se tornaram naquele momento os mais consagrados *speackers* ou locutores de rádio do país. César Ladeira, em particular, adquiriu enorme prestígio, ficando conhecido como a "voz da revolução". Diante do microfone da Rádio Record, ele costumava dirigir-se aos ouvintes de forma direta, numa conversa sem cerimônia, carregada de emoção e apelo patriótico. Nas vozes desses locutores, começaram então a ser ouvidas as crônicas escritas por Antonio de Alcântara Machado, Genolino Amado, Orígenes Lessa e, mesmo, Mário de Andrade, que, sob o pseudônimo de Luís Pinho, fazia questão de ressaltar o caráter democrático e popular do movimento revolucionário paulista. Um pouco mais tarde, Rubem Braga escreveria também crônicas para a Rádio Record[22].

Foi somente a partir de 1930, sob a égide do progresso, da modernização, do desenvolvimento urbano, tecnológico e industrial, que o rádio adquiriu projeção no cenário do espetáculo urbano, definindo-se como um

---

20 *Idem*. A propósito, Elisabeth Darcy, ou Natália Perez da Fonseca, é mãe de Sílvio Luiz, conhecido narrador de futebol e cronista esportivo da televisão, e de Verinha Darcy, falecida jovem ainda, que quando menina foi atriz dos teleteatros infantojuvenis da PRF-3 TV, canal 3. Nos anos 1950, na televisão, no tempo em que não existiam ainda filmes publicitários, Elisabeth Darcy foi apresentadora de programas e anunciadora de produtos comerciais.

21 Particularmente a esse respeito, consultar Antonio Pedro Tota, *A Locomotiva no Ar*.

22 Paulo Machado de Carvalho e Raul Duarte, depoimentos à Secretaria Municipal de Cultura, Centro Cultural São Paulo, Arquivo Multimeios (outubro de 1979). Com relação a Mário de Andrade, ver Telê Porto Ancona Lopez, *Mário de Andrade: Ramais e Caminhos*, São Paulo, Livraria Duas Cidades, 1972, p. 62.

poderoso instrumento de comunicação, diversão e entretenimento socio-cultural. Isto aconteceu no momento em que os aparelhos receptores de rádio estrangeiros, de diferentes marcas, já podiam ser encontrados com certa facilidade nas casas comerciais importadoras e vendidos a um preço acessível a amplos setores da população. Foi a fase de grande expansão do rádio brasileiro, acompanhando o desenvolvimento da indústria fonográfica e cinematográfica, e da indústria de equipamentos de radiodifusão, aparelhos receptores, alto-falantes e radiolas.

Difundindo-se cada vez mais em todas as camadas da população e adquirindo a primazia até então detida tão somente pelos órgãos de imprensa em matéria de informação e de prestação de serviços à população, o rádio entra numa fase de grande expansão, principalmente depois da promulgação, em 1º de março de 1932, do decreto 21.111, que atribuiu estatuto jurídico à radiocomunicação brasileira e que, entre outras medidas, autorizou a veicu-lação de propaganda comercial nos meios radiofônicos[23]. As estações de rádio tornam-se, então, um poderoso veículo de propaganda, num momento em que se ampliava nas cidades o mercado de bens de consumo. Passam a adotar diretrizes profissionais e empresariais, baseadas no modelo do rádio norte-americano, transformando-se em verdadeiras empresas do espetáculo urbano. Sob a influência das agências de publicidade norte-americanas que começavam a instalar-se no país[24], buscam ampliar a audiência, criando uma série de programas voltados para o entretenimento e diversão das camadas populares da população. Ao mesmo tempo, as emissoras de rádio passam a depender cada vez mais dos anunciantes, das firmas industriais e comerciais patrocinadoras dos programas.

O *Programa Casé*, criado em 1932 por Ademar Casé, na Rádio Philips do Rio de Janeiro, foi um dos primeiros que tentaram traduzir à maneira brasileira a fórmula dos programas comerciais das rádios norte-americanas. Ele costumava ouvir em ondas curtas os programas da BBC de Londres e, principalmente, os animados shows musicais de auditório transmitidos pelas emissoras *broadcasting* norte-americanas. Estes programas apresentavam a novidade de fazer com que o anúncio comercial aparecesse integrado ao próprio espetáculo, não como algo à parte, mas como um pequeno show dentro de um grande show comandado por locutores, apresentadores, músicos, cantores e comediantes profissionais. Assim, a propaganda de um determinado produto acabava igualmente recebendo "tratamento artístico", com a participação de artistas e músicos profissionais, resultando num produto que se tornou conhecido sob o nome de *jingle* publicitário.

Dotado de aguçado tino comercial e informado sobre as inovações publicitárias do rádio norte-americano, Ademar Casé cria o *Programa Casé*

---

23 Maria Elvira Bonavita Federico, *História da Comunicação: Rádio e TV no Brasil*, pp. 50-51.
24 *Idem*, p. 53, nota 64. Maria Elvira Bonavita Federico assinala que agências de publicidades foram criadas no Brasil a partir de 1914. Por sua vez, Vera Lúcia Rocha e Nanci Valença Hernandes Vila observam que escritórios das agências de publicidades norte-americanas J. W. Thompson e N. W. Ayer & Son foram instalados no Brasil, respectivamente, em 1929 e 1930. *Cronologia do Rádio Paulistano: Anos 20 e 30*, p. 37.

depois de ter iniciado sua vida no Rio de Janeiro como vendedor. Seu filho, Geraldo Casé – pai da atriz de televisão e cinema Regina Casé –, conta que um dia, lá no interior de Pernambuco, "como todo bom nordestino, ele (Ademar Casé) percebeu que o país, o Brasil, ficava em outro lugar, ficava na cidade, no Rio de Janeiro"[25]. Ele veio sozinho para essa cidade, trazendo quase que apenas a roupa do corpo, e aí começou sua vida como vendedor. "Ele foi um grande vendedor, sempre foi um grande vendedor. Vendia de tudo, desde laranjas, terrenos até aparelhos de rádio" – declara Geraldo Casé[26].

> De emprego em emprego, ele foi ser vendedor de aparelhos de rádio e bateu todos os recordes de vendas, porque encontrou uma solução fantástica para vender. Ele pegava em confiança os rádios, enchia um táxi com os aparelhos e saía para as casas [...]. Como ele fazia isso? Antigamente, existiam os catálogos telefônicos. Para possuir um telefone, a pessoa precisava ter poder aquisitivo. E, antigamente, além do número do telefone, os catálogos traziam também o número da placa do automóvel. Ora, quem tinha telefone e tinha uma placa de automóvel era porque tinha um poder aquisitivo bastante bom. O que ele fazia? Ele ia nas casas dessas pessoas, exatamente na hora em que o dono da casa não se encontrava, pois devia estar no trabalho, e instalava um rádio para a família ouvir. Ele dizia que o rádio ficaria ali em consignação e que, se o dono quisesse comprar, ele voltaria dali a uns dois ou três dias. Evidentemente, o rádio, que era uma novidade incrível, ficando dois ou três dias na casa de fulano, a vizinhança vinha também e começava a ouvir o rádio. Evidentemente, o rádio era comprado. E os vizinhos compravam também. Ele bateu então todos os recordes de venda de aparelhos de rádio[27].

O sucesso de Ademar Casé como vendedor de aparelhos de rádio foi tão grande que ele acabou sendo apresentado a Augusto Vitorino Borges, membro da diretoria da empresa holandesa Philips, fabricante de aparelhos radiofônicos e equipamentos elétricos. Ele toma então conhecimento de que esta empresa pretendia lançar uma estação de rádio para divulgar seus produtos. Sem jamais ter sido cantor, compositor, locutor, ator ou músico, propõe à Philips o aluguel da estação, durante duas horas, uma vez por semana[28]. Pensava criar um programa de variedades, repleto de números musicais e quadros humorísticos, ao gosto do público popular e, sobretudo, um programa que pudesse identificar-se com a marca de produtos comerciais, nos moldes dos programas das rádios norte-americanas. Ele sabia que,

25 Geraldo César Casé, depoimento à Associação Paulista dos Pioneiros da Televisão – Appite (3 de dezembro de 1998).
26 *Idem.*
27 *Idem.*
28 Luiz Carlos Saroldi e Sônia Virgínia Moreira, *Rádio Nacional: O Brasil em Sintonia*, 2. ed., Rio de Janeiro, Martins Fontes/Funarte, 1988, p. 17.

em primeiro lugar, necessitava de patrocinadores, do apoio financeiro das firmas comerciais. Usando de sua experiência como vendedor, saiu à caça dos anunciantes, buscando de todas as formas atrair os donos dos estabelecimentos comerciais para fazerem propaganda de seus produtos no rádio.

Em março de 1930, entra em operação a PRA-X, Rádio Philips, que logo se tornou uma das mais importantes do Rio de Janeiro, ao lado das rádios Guanabara e Mayrink Veiga[29]. Dois anos mais tarde, em 14 de fevereiro de 1932, nos estúdios da rua Sacadura Cabral, iria ao ar pela primeira vez o *Programa Casé*, que trazia uma grande novidade em termos de propaganda comercial: o *jingle*, o anúncio publicitário musicado. De repente, no transcorrer do programa, em meio aos quadros cômicos e números de música popular, uma musiqueta em ritmo de fado era cantada várias vezes, com seu devido acompanhamento musical, feito na hora, ao vivo, em homenagem aos bons serviços prestados pelo patrocinador, a Padaria Bragança. As palavras eram estas: *"O padeiro desta rua / tenha sempre na lembrança / não me traga outro pão / que não seja o pão Bragança"*[30]. Considerado o primeiro *jingle* do rádio brasileiro, este anúncio foi criado por Antonio Nássara, um dos jovens colaboradores de Ademar Casé, que se consagrou poucos anos depois como compositor musical[31]. Nessa época da Rádio Philips, no *Programa Casé*, muitos jovens atores, cantores, músicos, escritores e compositores iniciaram sua carreira artística. Além do próprio Antonio Nássara, alguns tornaram-se artistas célebres no mundo do espetáculo teatral e musical brasileiro. Foi o caso, por exemplo, do ator Sadi Cabral, que se integraria, em 1957, ao nascente elenco do Teatro de Arena de São Paulo[32]; do cantor e compositor Henrique Foréis Domingues, o famoso Almirante, "a maior patente do rádio", conforme epíteto que recebeu de César Ladeira; e de Noel Rosa, "o poeta da Vila", talvez o expoente máximo da música popular brasileira de todos os tempos[33].

Funcionando como "uma escola de rádio ativa e itinerante", o *Programa Casé* esteve no ar em várias emissoras do Rio de Janeiro, durante dezenove anos consecutivos, de 1932 a 1951, quando encerrou suas atividades na Rádio Tupi[34]. Seu período áureo foi o da PRA-9, Rádio Mayrink Veiga, a emissora carioca que, a partir de 1933, arrebatou a cidade sob a direção artística de César Ladeira, o locutor dos revolucionários constitucionalistas paulistas. Através dos microfones da Mayrink Veiga, revelou-se ao público brasileiro uma infinidade de artistas que se tornariam ídolos nacionais, como Lamartine Babo, Ari Barroso, Carmem Miranda, Orlando Silva, Ciro

---

29 Em 1936, a Rádio Philips encerra suas atividades. Utilizando seus transmissores de 20 KW, entra em operação a PRE-8 – Rádio Nacional do Rio de Janeiro, instalada no último andar do edifício do jornal *A Noite*, no número 7 da praça Mauá. Em março de 1940, através do decreto-lei n. 2.073, Getúlio Vargas incorpora a Rádio Nacional ao patrimônio da União. Luiz Carlos Saroldi e Sônia Virgínia Moreira, *Rádio Nacional: o Brasil em Sintonia*, pp. 16, 17, 26 e ss.
30 *Idem*, p. 17.
31 *Idem, ibidem.*
32 Revista *Dionysos*, n. 24, "Especial: Teatro de Arena", Rio de Janeiro, MEC/Funarte/SNT, outubro de 1978, pp. 11-12.
33 Luiz Carlos Saroldi e Sônia Virgínia Moreira: *Rádio Nacional: o Brasil em Sintonia*, pp. 17-18.
34 *Idem*, p. 18.

Monteiro, Francisco Alves, Sílvio Caldas, Linda Batista, Marília Batista e muitos outros.

Em São Paulo, o ano de 1934 é marcado por uma certa descontração política, chegando ao fim o chamado Governo Provisório de Getúlio Vargas e havendo a convocação de uma Assembleia Nacional Constituinte. As elites políticas e culturais do Estado buscam reunir suas forças e reorganizar a sociedade, ainda combalida em consequência da derrota política e militar de 1932. É o momento em que, após a fundação da Escola de Sociologia e Política, ocorrida em 1933, são criadas a Universidade de São Paulo e sua Faculdade de Filosofia, com o objetivo manifesto de possibilitar a forma-ção, em São Paulo, de novos quadros administrativos, de novas lideranças políticas e intelectuais capazes de afirmar no futuro – sobretudo diante de Getúlio Vargas, diga-se de passagem – a vocação de independência dos paulistas e sua fé nas liberdades democráticas[35]. É, também, o momento em que se observa a ampliação do mercado interno, a prosperidade do comér-cio e o crescimento da importância do rádio como veículo de propaganda comercial. Várias emissoras são então inauguradas, de tal forma que, ao findar-se o ano de 1934, cinco novas estações de rádio vêm somar-se às três já existentes, as conhecidas PRA-6, Rádio Educadora Paulista, PRB-6, Rádio Cruzeiro do Sul e a PRB-9, Rádio Record[36].

Logo no mês de janeiro, surge a PRA-5, Rádio São Paulo, "a estação que cresce com São Paulo", conforme anunciavam seus locutores. Tratava-se da mesma Rádio Clube São Paulo que, em silêncio desde 1925, retomava suas atividades em bases novas, na forma de uma organização empresarial de que faziam parte Itajiba Santiago, Geraldo Homem de Melo, Leonardo Jones Jr. e João Batista do Amaral, seu antigo fundador, cunhado de Paulo Machado de Carvalho e sócio da Rádio Record[37].

Meses depois, em novembro, o próprio Paulo Machado de Carvalho fundaria a PRG-9, Rádio Excelsior, "a voz querida da cidade", que se insta-lou no mesmo edifício da praça da República onde funcionava a sede da Organização Record. A Rádio Excelsior coloca no ar uma programação dirigida basicamente às camadas de elite da população, ao contrário de sua coirmã, a Record, de cunho popular. Sua programação inclui programas culturais e de música erudita, programas religiosos e, em particular, um programa sobre turfe, especialmente destinado aos sofisticados frequentado-res do Jockey Club. Devido à repercussão alcançada pelas irradiações feitas pela Rádio Excelsior das missas da Igreja N. S. do Carmo e do Santuário de N. S. Aparecida, a Arquidiocese de São Paulo decide fundar uma emissora dedicada exclusivamente a programas religiosos. Após entendimentos com Paulo Machado de Carvalho, a Rádio Excelsior transforma-se, em maio de

---

35 Júlio de Mesquita Filho, "Pensamento Diretor dos Fundadores da Universidade de São Paulo", em *Política e Cultura*, São Paulo, Martins, 1969.

36 Em agosto de 1933, as emissoras de rádio de São Paulo têm os seus prefixos modificados em caráter definitivo. Vera Lúcia Rocha e Nanci Valença Hernandes Vila, *Cronologia do Rádio Paulistano: Anos 20 e 30*, p. 88.

37 *Idem*, p. 90.

1936, na Voz de Anchieta, "a primeira estação católica do mundo"[38]. No seu quadro de locutores, além do cônego Manoel Corrêa de Macedo e do já conhecido *speaker* Renato Ribeiro Macedo, figurava o jovem advogado Tito Fleury Martins, que se casaria alguns anos depois com a atriz Cacilda Becker, a futura estrela do Teatro Brasileiro de Comédia – TBC[39].

Em junho de 1934, é a vez da inauguração da PRE-4, Rádio Cultura, que se identificou como "a voz do espaço". A estação nasce de uma emissora clandestina, a DKI – Voz do Juqueri, fundada pelos irmãos Olavo e Dirceu Fontoura na garagem da residência de Benito Fontoura, na rua Padre João Manoel[40]. Os Fontoura eram uma família de industriais do ramo farmacêutico, proprietária do Laboratório Fontoura, que, para divulgar seus produtos, havia contratado, em 1925, o escritor Monteiro Lobato. Através do Jeca Tatu, personagem que ele criara, seus inúmeros leitores tomaram conhecimento da ação revigorante do fortificante Biotônico Fontoura, que tinha transformado o pobre e desnutrido homem da roça numa pessoa forte e sadia[41].

Tendo como diretor-presidente o jovem Olavo de Castro Fontoura, e como *speakers* Otávio Mendes Cajado e Roberto Moreira Filho, a PRE-4 Rádio Cultura iniciou suas transmissões num pequeno prédio construído na mesma rua Padre João Manuel. Participaram dos primeiros programas alguns colaboradores da antiga DKI – Voz do Juqueri, entre eles o comediante Vital Fernandes da Silva, que ganhou fama realizando o programa humorístico DKI – *Aventuras de Nhô Totico*. Num local imaginário chamado Vila da Alegria, o programa fazia desfilar tipos populares, figuras características da cidade de São Paulo, com destaque para a personagem do caipira Nhô Totico. Tamanho foi o seu sucesso, que a Rádio Cultura passou a ser chamada de "a emissora do Nhô Totico" e Vital Fernandes da Silva nunca mais pôde livrar-se deste nome, nem tampouco desta personagem que tanto divertiu a cidade nos anos 1930 e 1940, a meninada principalmente[42].

O desenhista e escritor Mário Fanucchi, antigo radialista e um dos pioneiros da TV Tupi-Difusora, recorda-se de seu tempo de criança, em 1938, quando, com onze anos de idade, saiu da cidade de Ponta Grossa, no Paraná, e veio a São Paulo com sua mãe visitar uma tia que morava no bairro da Casa Verde. Sua tia fez questão de levá-lo à Rádio Cultura para

---

38 *Idem*, p. 102.
39 *Idem*, pp. 60 e 102.
40 *Idem*, p. 92. Consultar igualmente Enéas Machado de Assis, depoimento à Associação Paulista dos Pioneiros da Televisão – Appite (6 de fevereiro de 1998).
41 Carmem Lúcia Azevedo, Márcia M. Camargos e Vladimir Sacchetta, *Monteiro Lobato: Furacão na Botocúndia*, São Paulo, Editora Senac, 1997, p. 200. Cabe aqui observar que uma profunda amizade uniu durante toda a vida Monteiro Lobato à família Fontoura e, em especial, a Cândido Fontoura. Anos mais tarde, na década de 1950, o Biotônico Fontoura seria um dos patrocinadores de *O Sítio do Picapau Amarelo*, programa de teleteatro infantojuvenil da PRF-3 TV Tupi-Difusora, que ficou praticamente dez anos no ar, criado por Júlio Gouveia e Tatiana Belinky a partir da obra de Monteiro Lobato.
42 Vera Lúcia Rocha e Nanci Valença Hernandes Vila, *Cronologia do Rádio Paulistano: Anos 20 e 30*, p. 54. (Nesta obra, o nome real de Nhô Totico é também apresentado como Vital Fernandes da Silveira.)

que ele conhecesse o Nhô Totico. "A Rádio Cultura naquele tempo ficava no Jabaquara" – conta ele –

> [...] e os estúdios funcionavam lá, ao lado do transmissor, praticamente. E havia um estúdio em que o visor de vidro permitia que um público reduzido, de mais ou menos umas vinte ou trinta pessoas, pudesse assistir ao programa do Nhô Totico. [...] Ele fazia a *Escolinha da Dona Olinda*, um programa com tipos característicos da sociedade paulista. Então, havia os representantes da colônia italiana, portuguesa, árabe, japonesa. Havia o nordestino, o preto velho [...]. E ele imitava a voz de cada uma dessas personagens com absoluta perfeição. Fazia o programa totalmente de improviso, não havia *script* nenhum. [...] Foi ali que eu fiquei encantado com o rádio, encantado com o microfone, com aquela coisa mágica que eu ouvia no Paraná e que eu estava vendo de perto naquele momento. Talvez isso tenha influenciado meu interesse pelo rádio dali para a frente[43].

Desde dezembro de 1936, a emissora vinha funcionando nos estúdios construídos ao lado do seu transmissor, na avenida Jabaquara. No início do ano de 1939, quando Monteiro Lobato já começava a apresentar seu programa infantil diário, *O Sítio de Dona Benta pelo Espaço*, com Sagramor de Escuvero no papel de dona Benta[44], a Rádio Cultura inaugura suas novas instalações na avenida São João, num edifício de seis andares, batizado com o nome de O Palácio do Rádio. O local tinha a aparência dos grandes estúdios das redes norte-americanas de rádio. Possuía uma sala de espetáculos em dois planos, plateia e balcão, com capacidade para quatrocentas poltronas, e um estúdio aberto para o público, sem a habitual separação de vidro, permitindo o contato direto entre os artistas e os espectadores[45]. Todas as noites, filas formavam-se na avenida São João, repletas de gente ávida para assistir aos shows de auditório, que, além de diversos artistas, cantores e comediantes nacionais, apresentavam algumas vezes atrações musicais estrangeiras como, por exemplo, orquestras típicas cubanas e mexicanas. Enéas Machado de Assis foi o autor de uma opereta escrita em homenagem ao rádio, encenada na festa de inauguração desses novos estúdios. Ele conta que naquele tempo imperava a solidariedade no rádio. Todos os que nele trabalhavam faziam de tudo, ajudavam até na limpeza do palco e do auditório, à noite, no encerramento das transmissões. Faziam isso desde os donos da emissora até o mais humilde funcionário. E da parte dos radialistas havia um grande respeito pelo público, tanto na maneira pela qual se dirigiam a ele, sempre num bom português, quanto no modo de vestir-se. "Todo artista, apresentador, animador" – diz ele –, "quem quer

---

43 Mário Fanucchi, depoimento à Associação Paulista dos Pioneiros da Televisão – Appite (5 de junho de 1998).
44 Vera Lúcia Rocha e Nanci Valença Hernandes Vila, *Cronologia do Rádio Paulistano: Anos 20 e 30*, p. 124.
45 *Idem*, p. 69.

que subisse ao palco do Palácio do Rádio tinha que se expressar bem e estar em traje a rigor."[46]

No final do ano de 1934, mais duas emissoras surgem no cenário radiofônico paulista. Uma delas é a PRE-7, Rádio Cosmos, que se instalou na praça Marechal Deodoro e que se anunciava como "a estação das grandes iniciativas". Foi fundada por Alberto Byngton Jr., dono da PRB-6, Rádio Cruzeiro do Sul, enquanto Wallace Downey, seu sócio na produtora paulista de cinema Sonofilmes, preparava-se para realizar no Rio de Janeiro novos filmes musicais, desta vez com os artistas cariocas do rádio e dos teatros de revista. Nessa época, com efeito, o cinema vivia uma fase de grande euforia no Rio de Janeiro, principalmente em função dos trabalhos realizados pela companhia cinematográfica Cinédia, fundada em 1930 pelo jornalista Ademar Gonzaga. Durante os anos 1920, entusiasmados com os filmes norte-americanos, Ademar Gonzaga e seu amigo Pedro Lima exerceram importante papel como animadores e divulgadores da arte cinematográfica. Primeiramente na revista *Paratodos* e, depois, na revista *Cinearte*, que dedicava semanalmente duas páginas à cinematografia nacional, eles divulgavam os novos filmes, informavam sobre os atores e realizadores, incentivando sempre os pouquíssimos brasileiros que se lançavam à aventura de realizar um filme no país. Elogiavam, em particular, os trabalhos da Phebo Filmes, da pequena cidade mineira de Cataguases, empresa que revelou o cineasta Humberto Mauro, cujo filme *O Thesouro Perdido*, realizado em Minas Gerais, recebeu o Medalhão de Bronze da Cinearte, em 1927, prêmio dado pela revista ao melhor filme do ano[47]. Possuindo estúdios bem equipados, numa área de 8.000 m² no bairro carioca de São Cristóvão, a Cinédia tentou adotar o modelo das grandes produtoras dos Estados Unidos e iniciar a produção industrial de filmes no Brasil. Depois de produzir alguns filmes, entre eles *Ganga Bruta*, dirigido por Humberto Mauro e considerado hoje uma das obras-primas da cinematografia brasileira, a Cinédia realiza, em 1933, seu primeiro filme sonoro, *Voz do Carnaval*, um filme musical dirigido pelo próprio Ademar Gonzaga e por Humberto Mauro. Apresentando marchinhas e sambas de músicos e compositores cariocas que começavam a despontar no rádio, entre eles Lamartine Babo, Noel Rosa, Francisco Alves, Antonio Nássara, Benedito Lacerda e Assis Valente, este filme marca a primeira aparição de Carmem Miranda no cinema, cantando num estúdio da Rádio Mayrink Veiga[48]. Com *Voz do Carnaval*, a Cinédia parece encontrar um caminho promissor para a produção cinematográfica nacional. Associa-se então à Waldow Filmes, a produtora que Wallace Downey abrira no Rio de Janeiro, e com ela realiza três dos mais importantes filmes musicais brasileiros da década de 1930, que consagrarão em definitivo o

---

46 Enéas Machado de Assis, depoimento à Associação Paulista dos Pioneiros da Televisão – Appite (6 de fevereiro de 1998).

47 Paulo Emílio Salles Gomes, *Humberto Mauro, Cataguases, Cinearte*, São Paulo, Perspectiva/ Edusp, 1974, pp. 168 e ss.

48 Alice Gonzaga Assaf, *50 Anos de Cinédia*, Rio de Janeiro, Record, 1987, p. 10.

talento da cantora Carmem Miranda e dos artistas do rádio: *Alô, Alô, Brasil!* (1935), *Estudantes* (1935) e *Alô, Alô, Carnaval!* (1936)[49].

A última estação de rádio inaugurada em São Paulo no ano de 1934 foi a PRF-3, Rádio Difusora, "a estação do som de cristal", assim definida pelo poeta Guilherme de Almeida, amigo de Assis Chateaubriand. Mantendo sempre estreitas relações com as elites culturais, financeiras e econômicas paulistas, Assis Chateaubriand, o fundador da nova emissora, já era proprietário nessa época, no Rio de Janeiro, da revista O *Cruzeiro*, fundada em 1928, e do órgão de imprensa *O Jornal*, que no ano de 1929 mantivera na Alemanha, como correspondente permanente, o então jovem jornalista Sérgio Buarque de Holanda[50]. Em São Paulo, possuía o jornal *Diário de São Paulo*, fundado em 1929, e o vespertino *Diário da Noite*, adquirido de um pequeno grupo de jornalistas, em 1925, com o apoio financeiro do empresário Guilherme Guinle, dono da Companhia Docas de Santos[51].

A PRF-3, Rádio Difusora, foi a primeira emissora paulista a organizar-se sob a forma de uma sociedade anônima, trazendo na lista de seus acionistas figuras de relevo dos meios bancários, comerciais e culturais de São Paulo. Foi igualmente a primeira estação de rádio da América Latina a possuir uma torre de irradiação com 87 metros de altura, um sistema de refrigeração de válvulas de circuito fechado e um equipamento especial para reportagens extraestúdio[52]. Com a fundação da Rádio Difusora, Assis Chateaubriand dava mais um passo importante na construção dos Diários e Emissoras Associados, que se tornariam, nos anos 1950, a maior cadeia de jornais e estações de rádio do país. Em setembro de 1935, ele inauguraria no Rio de Janeiro "o cacique do ar", como foi chamada a Rádio Tupi do Rio. E exatamente dois anos depois, em setembro de 1937, nascia em São Paulo, na rua Sete de Abril, "a mais poderosa emissora paulista", a PRG-2, Rádio Tupi, cuja direção artística foi entregue ao maestro Souza Lima. Inteiramente construída em Londres e montada em São Paulo pela Marconi Wireless Telegraph, a estação possuía a mais moderna tecnologia da época. Na cerimônia de sua inauguração, que contou com a presença do governador do Estado, Cardoso de Mello Neto, e do prefeito Fábio da Silva Prado, o tenor mexicano Pedro Vargas, da cadeia de rádio norte-americana NBC, e a soprano Irene Cunha Bueno cantaram trechos da ópera *O Guarani*, de Carlos Gomes. A pianista Antonieta Rudge e o violinista Anselmo Zlatopolski deram também sua contribuição artística ao evento[53].

Até o final da década, há notícia ainda do lançamento de mais duas emissoras de rádio em São Paulo. Uma delas, fundada em 1939, foi a PRH-3, Rádio Piratininga, que seguia orientação religiosa, baseada na doutrina espírita. Sua diretoria era formada pelo professor Campos Vergal e por Pedro

---

49 Maria Rita Galvão e Carlos Roberto de Souza, "Cinema Brasileiro: 1930-1964", p. 477; e Alice Gonzaga Assaf, *50 Anos de Cinédia*, pp. 44-48.

50 Fernando Moraes, *Chatô, o Rei do Brasil*, São Paulo, Companhia das Letras, 1994, p. 191.

51 *Idem*, pp. 153 e 191.

52 Vera Lúcia Rocha e Nanci Valença Hernandes Vila, *Cronologia do Rádio Paulistano: Anos 20 e 30*, p. 95.

53 *Idem*, p. 111.

de Camargo, Floriano Costa, Romeu Amaral Camargo, Odilon Negrão e Benedito Galvão[54]. A outra, que iria ter importante presença na história paulista do rádio e da televisão, foi a PRH-9, Sociedade Bandeirante de Radiodifusão. Fundada em 1937, a Rádio Bandeirantes começou a funcionar num pequeno estúdio localizado no antigo prédio da Bolsa de Mercadorias, na rua São Bento. Sua diretoria era formada por José Pires de Oliveira, diretor presidente, Jorge Gomes Guimarães, diretor superintendente, e Enéas Machado de Assis, diretor artístico ou de *broadcasting*[55]. No início dos anos 1940, ela passou a fazer parte da Rede de Emissoras Unidas, de Paulo Machado de Carvalho. Em 1947, é comprada por Adhemar de Barros, que, nessa época, quando se iniciava o período de vida democrática no país, se torna o primeiro governador eleito de São Paulo, apoiado pelo Partido Comunista[56]. A Rádio Bandeirantes passa então a ser administrada por seu genro, João Jorge Saad, um jovem e ativo comerciante, filho de imigrantes árabes, que lá investe toda a pequena fortuna que havia acumulado vendendo tecidos por atacado nas pequenas cidades do interior, como representante da loja que seu pai possuía na rua 25 de Março. Mais ou menos dois anos depois, em 1949, equipada com novos transmissores comprados nos Estados Unidos e dotada de moderna aparelhagem técnica, a emissora começa a disputar a audiência de rádio em São Paulo, ao lado das fortes concorrentes representadas pela Record, São Paulo, Tupi e Difusora. Foi quando Adhemar de Barros, reconhecendo que devia ao genro uma quantidade grande de dinheiro, entrega-lhe a Rádio Bandeirantes, não sem antes dizer-lhe: "Eu não vou pagar isso tudo que você colocou na estação. Em compensação, eu te dou a rádio. Mas toda eleição que tiver, você tem que me apoiar, você sabe que eu sou político"[57]. Então, João Jorge Saad encerra de vez suas atividades no comércio e, pouco a pouco, vai comprando pequenas estações de rádio em diversas cidades do interior. "Comprei primeiro a rádio de São José dos Campos" – conta ele.

> Depois fui comprar uma em Pouso Alegre, por questões sentimentais, porque foi lá que eu comecei a minha vida como vendedor-viajante. [...] Fui comprar outra em Lavras, comprei em Ouro Fino, comprei em Campo Grande, no Mato Grosso. Fui fazendo uma rede. Depois comprei em Campinas. Enfim, eu comprei uma porção de estações. E fiz uma rede. E, de fato, toda vez que havia uma campanha eu ajudava o meu sogro[58].

---

54 *Idem*, p. 140.
55 *Idem*, p. 109. Segundo Enéas Machado de Assis, o diretor presidente da Rádio Bandeirantes, José Pires de Oliveira, era do grupo Drogasil, firma comercial distribuidora de produtos farmacêuticos. Enéas Machado de Assis, depoimento à Associação Paulista dos Pioneiros da Televisão – Appite (6 de fevereiro de 1998).
56 Thomas Skidmore, *Brasil: de Getúlio a Castelo*, 4. ed., Rio de Janeiro, Paz e Terra, 1975, p. 95.
57 João Jorge Saad, depoimento à Associação Paulista dos Pioneiros da Televisão – Appite (18 de maio de 1998).
58 *Idem, ibidem.*

Em outubro de 1950, duas semanas após Assis Chateaubriand ter inaugurado em São Paulo a PRF-3 TV Tupi-Difusora, Getúlio Vargas retorna ao poder, elegendo-se presidente da República numa coligação partidária formada principalmente pelo Partido Trabalhista Brasileiro – PTB –, que ele ajudara a fundar, em 1945, e pelo Partido Social Progressista – PSP –, fundado por Adhemar de Barros[59]. Graças aos trabalhos de propaganda política executados pela Rádio Bandeirantes durante a campanha eleitoral e ao prestígio político de seu sogro, João Jorge Saad obtém uma audiência com o novo presidente eleito: "Um belo dia o dr. Getúlio me chamou" – ele relata.

> Gozado. Eu, quando era garoto, aprendi a detestar o Getúlio, depois a gostar do Getúlio, depois a tornar a detestar. E, no fim, vim a conhecê-lo pessoalmente e fiquei encantado com aquele homem. Eu fui, e o Getúlio me perguntou: "Então, o Saad precisa de emprego e nunca mais me procurou? O que é que você quer?" Eu disse: "Eu quero ondas curtas para cobrir o Brasil. E eu quero uma emissora de televisão". Ele disse: "Eu vou ver". E semanas ou meses depois vieram as ondas curtas e, depois, veio a televisão. Aí eu comecei a me preparar pra montar a televisão. Só fui montá-la muito mais tarde[60].

De fato, a TV Bandeirantes seria inaugurada em São Paulo somente em 1967, dois anos após o surgimento da Rede Globo de Televisão.

Desde o início da década de 1940, observam-se algumas modificações importantes no panorama empresarial do rádio em São Paulo. Uma delas é o afastamento do meio radiofônico dos irmãos Fontoura, donos da Rádio Cultura, e de Alberto Byngton Júnior, proprietário das rádios Cosmos e Cruzeiro do Sul. Ao lado de Wallace Downey, que havia dirigido em São Paulo, em 1931, o filme *Cousas Nossas*, Alberto Byngton Júnior reabre no Rio de Janeiro, em 1935, a empresa cinematográfica Sonofilmes. No período de 1935 a 1944, os dois produzem lá uma série de filmes,

---

59 Em 1945, representando os interesses das antigas lideranças políticas estaduais, formam-se os dois maiores partidos nacionais: a União Democrática Nacional (UDN) e o Partido Social Democrático (PSD). A UDN reunia as antigas lideranças estaduais influenciadas pelo Partido Democrata Paulista, que tinha à sua frente Júlio de Mesquita Filho e se opunha a Getúlio Vargas e ao regime ditatorial do Estado Novo. De seu lado, o PSD, presidido pelo próprio Getúlio Vargas, reunia os interventores estaduais, seus fiéis aliados, liderados principalmente por Benedito Valadares, interventor em Minas Gerais, e Fernando Costa, interventor em São Paulo. Surgem igualmente outros partidos nacionais, de maior ou menor expressão política, destacando-se entre eles o Partido Social Progressista (PSP), liderado por Adhemar de Barros; o Partido Trabalhista Brasileiro (PTB), congregando forças populares ligadas ao movimento sindical, controlado em certa medida por Getúlio Vargas e apoiado de alguma forma pelo Partido Comunista; o Partido de Representação Popular (PRP), liderado por Plínio Salgado e formado por membros da antiga Ação Integralista Brasileira; e o Partido Democrata Cristão (PDC). A respeito da criação dos partidos nacionais em 1945, ver Edgar Carone, *A República Liberal (1945-1964)*, São Paulo, Difel, 1985, volume I, pp. 260; 275; e pp. 292-332. Sobre o funcionamento do sistema partidário, ver Maria do Carmo C. de Souza: "A Democracia Populista, 1945-1964: Bases e Limites", em Alain Rouquié, Bolivar Lamounier e Jorge Schavarzer (orgs.), *Como Nascem as Democracias*, São Paulo, Brasiliense, 1985, pp. 73-103.

60 João Jorge Saad, depoimento à Associação Paulista dos Pioneiros da Televisão – Appite (18 de maio de 1998).

comédias ligeiras baseadas em peças teatrais de autores conhecidos, como Gastão Tojeiro e Joracy Camargo, e comédias musicais com os astros e estrelas do rádio[61]. Laura Cardoso, uma das atrizes pioneiras da PRF-3, TV Tupi-Difusora, declara que a Rádio Cosmos, estação em que trabalhou como radioatriz no início de sua carreira, se transformou na Rádio América depois de 1945[62]. Por sua vez, o dramaturgo Dias Gomes, que também lá trabalhou, informa que nessa época o proprietário da Rádio América era o deputado Hugo Borghi, que a transferiu, por volta de 1948, ao famoso jurista Oscar Pedroso d'Horta, como forma de pagamento de honorários advocatícios que lhe devia[63]. De sua parte, Maria Elvira Bonavita Federico assinala que a Rádio Cosmos foi comprada pela Rádio Bandeirantes quando esta emissora se tornou propriedade do governador Adhemar de Barros[64].

Outras modificações ocorridas na década de 1940 no panorama do rádio paulista merecem também ser citadas. Destacam-se entre elas a incorporação da antiga Rádio Educadora Paulista pela Rádio Gazeta, da Fundação Cásper Líbero[65], e a transferência da Rádio Excelsior, ligada à Arquidiocese de São Paulo, para o grupo jornalístico *Folha da Manhã*[66]. No início dos anos 1950, a Rádio Excelsior muda de nome, tornando-se a Rádio Nacional de São Paulo, quando passa a fazer parte da Organização Vitor Costa. Infelizmente, a pesquisa não pôde se estender sobre esta organização, que se tornou proprietária da TV Paulista, canal 5, a segunda emissora de TV do Brasil, inaugurada experimentalmente em São Paulo, no ano de 1951, depois de Assis Chateubriand ter lançado em São Paulo a TV Tupi-Difusora, em 1950, e no Rio de Janeiro, a TV Tupi, em 1951. Em seu livro *História da Comunicação: Rádio e TV no Brasil*, Maria Elvira Bonavita Federico praticamente não se refere à TV Paulista e à Organização Vitor Costa. De modo geral, o que se pode dizer é que Vitor Costa foi um dos mais importantes diretores da Rádio Nacional do Rio de Janeiro, emissora incorporada ao patrimônio da União desde 1940. Foi, igualmente, o principal responsável pelo sucesso de suas radionovelas nos anos 1940 e parte dos 1950. Em 1954, com a morte de Getúlio Vargas, de quem era homem de confiança, Vitor Costa deixa a Rádio Nacional e, conforme afirma o escritor Marcos Rey

---

61 Com a Sonofilmes, Alberto Byngton Júnior e Wallace Downey produziram no Rio de Janeiro, entre outros, os seguintes filmes: *O Bobo do Rei* (1937); *Banana-da-terra* (1939), em que Carmem Miranda, acompanhada pelo conjunto musical Bando da Lua, canta *O que É que a Baiana Tem?*, de Dorival Caymmi; *Laranja-da-China* (1940); *João Ninguém* (1940?), comédia dramática escrita e dirigida por Mesquitinha, considerada o filme mais importante da Sonofilmes, no Rio de Janeiro; e *Abacaxi Azul* (1944). Sobre as realizações da Sonofilmes nessa época, ver Maria Rita Galvão e Carlos Roberto de Souza, "Cinema Brasileiro: 1930-1964", pp. 468--477; e Sérgio Augusto, *Este Mundo É um Pandeiro: a Chanchada de Getúlio a JK*, São Paulo, Cinemateca Brasileira/Companhia das Letras, 1989, "Filmografia", pp. 215-223.

62 Laura Cardoso, depoimento à pesquisa "A História do Rádio", Secretaria Municipal de Cultura, Centro Cultural São Paulo, Idart, Arquivo Multimeios (22 de setembro de 1976).

63 Dias Gomes, depoimento à Associação Paulista dos Pioneiros da Televisão – Appite (27 de novembro de 1998).

64 Maria Elvira Bonavista Federico, *História da Comunicação: Rádio e TV no Brasil*, p. 73.

65 *Idem, ibidem.*

66 Marcos Rey, depoimento à Associação Paulista dos Pioneiros da Televisão – Appite (10 de julho de 1998).

no depoimento citado, associa-se ao grupo *Folha da Manhã*, proprietário da Rádio Excelsior de São Paulo. Nesse momento é criada a Organização Vitor Costa, que adquire a TV Paulista, canal 5. Tanto a Rádio Excelsior, tornada então Rádio Nacional de São Paulo, quanto a TV Paulista, canal 5, viriam a constituir, na década de 1960, as emissoras paulistas da Rede Globo de Rádio e Televisão.

Na capital paulista, durante os decênios de 1940 e 1950, mantêm-se intactos e fortalecidos mais ainda os Diários e Emissoras Associados, de Assis Chateaubriand, e o conjunto de emissoras lideradas pela Rádio Record, de Paulo Machado de Carvalho. Historicamente vinculados às elites políticas e econômicas paulistas, mantendo fortes laços pessoais e profissionais com as antigas e novas lideranças culturais e intelectuais de São Paulo – que, de uma maneira geral, mantinham relações próximas com a Escola de Sociologia e Política, com a Universidade de São Paulo e, particularmente, com as redações dos jornais *O Estado de S. Paulo*, *Diário da Noite* e *Diário de São Paulo* –, Paulo Machado de Carvalho e Assis Chateaubriand terão, até pelo menos 1960, presença dominante na cena do espetáculo urbano paulista do rádio e da televisão, imprimindo-lhe características particulares e impregnando-a de valores e aspirações cujo fundamento pode ser encontrado nos históricos ideais artísticos e culturais das elites paulistanas de pensamento liberal e democrático.

Os locutores e radioatores

Nas décadas de 1930 e 1940, jovens de diversas origens sociais, muitos deles descendentes das diferentes coletividades estrangeiras que povoavam o Estado, encontram formas de exprimir-se artística e culturalmente pelas ondas radiofônicas. A maior parte vinha do interior, buscando ganhar a vida e descobrir o mundo na cidade grande, a capital paulista. Através do rádio, toda uma produção artística e cultural imprime à cena do entretenimento e do espetáculo urbano um colorido impregnado de matizes populares, num decalque singular das tradições culturais disseminadas na população. Utilizando avançada tecnologia e envolvidas numa aura de modernidade, as emissoras de rádio apresentavam-se à sociedade como um campo profissional que atraía principalmente a juventude estudantil. De uma maneira geral, muitos jovens estudantes, cujas famílias, mais ricas ou menos ricas, mais pobres ou menos pobres, sonhavam em vê-los ingressar um dia nas atividades públicas – seja na política, no magistério ou na administração –, viam o rádio como uma promissora alternativa profissional, capaz de proporcionar-lhes notoriedade e ganhos materiais.

No meio radiofônico, eram basicamente três as áreas de atuação em que o jovem aspirante a radialista podia encaixar-se: locutor e apresentador de programas, produtor e escritor e, por fim, radioator. No mais das vezes, o jovem iniciava-se no rádio como locutor. A partir daí, em função de suas qualidades pessoais, podia tornar-se também apresentador de auditório, comentarista, narrador esportivo – especialmente das irradiações de futebol –, redator e produtor de programas e, mesmo, intérprete de radioteatro e radionovela. O que se exigia em primeiro lugar do candidato era que ele possuísse uma boa voz. Ter um bom "metal de voz", como costumava-se dizer na época, era condição primordial para o ingresso no rádio. Se, além disso, o candidato possuísse formação cultural e intelectual, conhecesse a língua portuguesa, soubesse expressar-se bem e, para completar, tivesse a capacidade de improvisação diante do microfone, isto é, fosse capaz de dirigir-se ao público *ad libitum*, sem precisar ler um texto previamente elaborado, – neste caso, não lhe ficavam apenas abertas as portas do rádio, mas também as da fama e do estrelato.

A atividade de locutor e apresentador era a que mais prestígio social proporcionava e a que mais interesse despertava na juventude. Para o jovem, o rádio significava, antes de tudo, a possibilidade de falar ao microfone e ter sua voz – muito mais do que seus argumentos – ouvida, comentada, reconhecida e respeitada por toda a cidade. Muitos, desde cedo, antes de entrarem para a profissão, exercitavam-se nos serviços de alto-falantes. "Naquela época, nas cidades do interior, havia a mania de serviços de alto-falantes" – conta o advogado e antigo radialista Murillo Antunes Alves, nascido em Itapetininga.

> Era, geralmente, na praça principal da cidade. Em Itapetininga, o serviço existia na praça Marechal Deodoro, que era conhecida popularmente como largo dos Amores, porque à noite os casais iam lá fazer *footing*, namorar. Então, havia um serviço de alto-falantes em que se tocava música e era lida a publicidade comercial. Era uma espécie de estação de rádio só para aquele local. E eu, estudante, me senti atraído e acabei sendo locutor nesse serviço de alto-falante durante quase um ano. Quando vim para São Paulo, em 1937, pensei tentar o rádio. E trabalhei durante três meses num serviço de alto-falantes que existia na rua Direita, perto da praça da Sé[67].

José Blota Júnior, outro veterano radialista e também advogado, relata que no ano de 1937, quando era estudante de Direito e ia passar as férias em Ribeirão Bonito, sua cidade natal, costumava atuar como locutor e apresentador de músicas num serviço de alto-falantes. "Eu me senti tão envaidecido pela repercussão sobre meus conterrâneos, sobre as pessoas de minha família, [...] que todo aquele entusiasmo fez inocular no meu espírito a ideia de entrar para o rádio. E ouvindo todas as manhãs aqui (em São Paulo) a antiga Rádio Cosmos, pela qual eu tinha especial predileção, por alguma razão eu pressentia que seria lá que a minha carreira começaria"[68].

No final da década de 1930, a importância cada vez maior do rádio na vida do espetáculo urbano propiciou o surgimento de escolas destinadas à formação de locutores e radiatores. O mesmo havia acontecido, por volta

---

67 Murillo Antunes Alves, depoimento à Associação Paulista dos Pioneiros da Televisão – Appite (23 de julho de 1997).
68 José Blota Júnior, depoimento à Associação Paulista dos Pioneiros da Televisão – Appite (10 de abril de 1997).

de 1920, em relação ao cinema, quando escolas de formação de atores e cineastas foram criadas em virtude da expansão da produção cinematográfica paulista[69]. Em 1937, Brenno Rossi, diretor artístico da Rádio São Paulo, funda a Escola Moderna de Rádio, que se anunciava com o seguinte *slogan*: "Adiantamos a hora do seu êxito!" Situada na rua Barão de Itapetininga, a escola dava aulas de canto e, sob a orientação de Armando Bertoni, preparava os candidatos a *speaker*[70]. No mesmo ano, na rua Direita, o famoso cantor Arnaldo Pescuma inaugura a Primeira Escola Brasileira de Artistas de Rádio – Pebar, "destinada a descobrir e formar valores para o rádio e, ainda, oferecer oportunidades para o ingresso no *broadcasting*". As aulas de canto e voz eram ministradas pela professora de canto e piano Naja de Siqueira Campos e pelo tenor Paulo Ansaldi. O maestro Gabriel Migliori cuidava dos cursos instrumentais e musicais, enquanto as aulas de aperfeiçoamento vocal, expressão e dicção ficavam a cargo do renomado locutor Nicolau Tuma[71].

No entanto, a verdadeira escola de locutores e radioatores era o próprio rádio, conforme observa Waldemar Ciglioni, um dos principais galãs das novelas da Rádio São Paulo nos anos 1940 e 1950. Sua entrada no rádio ocorreu em 1937, ano da instalação do Estado Novo, regime ditatorial de Getúlio Vargas. Na condição de vice-presidente da Federação dos Estudantes do Estado de São Paulo, entidade então influenciada fortemente pelo Partido Comunista[72], ele foi encarregado de produzir o programa *Hora do Estudante*, na Rádio Difusora. Em 1939, já estava na Rádio São Paulo como locutor e apresentador de dois programas, um sobre cinema e um outro dedicado a dar respostas às cartas enviadas pelos ouvintes[73]. Ele conta que, sobretudo a partir de 1940, as emissoras costumavam fazer testes para revelar novos profissionais. A Rádio São Paulo, em particular, "foi uma verdadeira escola e ela se orgulhava muito disto" – afirma ele. "Tinha as portas abertas aos novos valores. [...] Ela selecionava candidatos a todos os postos: locutores, radioatores, redatores, novelistas e escritores. Semanalmente, aos sábados à tarde, fazíamos experiências com novos elementos, selecionando candidatos de alto gabarito vindos principalmente do interior"[74].

---

69 A mais famosa foi a Escola Azzurri, surgida de um grupo de jovens apaixonados pelo cinema, filhos de imigrantes e, na sua maioria, antigos amadores dos grupos teatrais espanhóis e italianos. Esses jovens reuniam-se em torno de Gilberto Rossi e Arturo Carrari, realizadores, em 1919, do primeiro grande sucesso do cinema paulista, o filme *O Crime de Cravinhos*. Maria Rita Eliezer Galvão, *Crônica do Cinema Paulistano*, São Paulo, Ática, 1975, p. 40.

70 Vera Lúcia Rocha e Nanci Valença Hernandes Vila, *Cronologia do Rádio Paulistano: Anos 20 e 30*, p. 107.

71 *Idem*, p. 108.

72 Informação prestada por Jacó Guinsburg, que era então um jovem militante do Partido Comunista e que mantinha nessa época relações com Waldemar Ciglioni. (Entrevista concedida à pesquisa em 1º de março de 2000.)

73 Vera Lúcia Rocha e Nanci Valença Hernandes Vila, *Cronologia do Rádio Paulistano*, pp. 112,128 e 131.

74 Pesquisa "A História da Telenovela", Secretaria Municipal de Cultura, Centro Cultural São Paulo, Idart, Arquivo Multimeios (15 de março de 1979).

Muitos desses candidatos chegavam do interior já possuindo alguma experiência de trabalho em emissoras de rádio de suas cidades. Mário Fanucchi, por exemplo, um dos pioneiros da TV Tupi-Difusora, é um desses inúmeros casos. Ele ingressou na Rádio Tupi em 1949, como locutor do *Matutino Tupi*, "jornal falado" diário, com uma hora de duração, dirigido pelo jornalista Corifeu de Azevedo Marques. Antes havia sido locutor e redator de programas na emissora local de sua cidade, a PRJ-2, Rádio Clube Pontagrossense. Como a maioria dos jovens do interior, ele viera fazer estudos superiores em São Paulo. Como sabia desenhar desde pequeno, em 1944 quis entrar no curso de Química Industrial, recém-aberto pela Universidade Mackenzie. Não tendo sido aprovado no exame de seleção, tentou trabalhar na imprensa, ajudado pelo jornalista José Freitas Nobre e, também, pelo desenhista e caricaturista Belmonte, do jornal *Folha da Noite*, criador da famosa personagem Juca Pato. Mas acabou seguindo mesmo a profissão de radialista, quem sabe sob o efeito da forte impressão que lhe causara o rádio naquela vez, quando ainda menino, visitando São Paulo com a mãe, foi levado pela tia para assistir ao programa do Nhô Totico na Rádio Bandeirantes[75].

Walter Forster e Yara Lins, pioneiros também da PRF-3, TV Tupi-Difusora, trabalharam igualmente em estações de rádio de outras cidades antes de virem para São Paulo. Em 1936, ele inicia sua carreira de radialista como locutor da Rádio Educadora de Campinas. Em 1939, depois de ter passado pela Educadora Paulista, já era figura de destaque no elenco de locutores e radioatores da Rádio Bandeirantes. Dotado de bela voz e sempre atuando como locutor e galã de novelas, permanece nesta emissora até 1945, transferindo-se a seguir para a Tupi-Difusora. Quando é lançada a televisão, em 1950, participa do programa inaugural e fica com o nome registrado na história da televisão brasileira como o autor da primeira telenovela realizada no país. Mas é sempre lembrado, principalmente, por ter sido o galã que, em cena, atraído de modo irresistível pela beleza da personagem interpretada pela atriz Vida Alves, deu o primeiro beijo, boca a boca, diante das câmeras da TV[76].

Quanto a Yara Lins, iniciou sua carreira radiofônica como radiatriz e locutora de uma pequena estação de rádio na cidade de Uberlândia, em Minas Gerais. Foi despertada para a vida artística quando, menina ainda, assistiu a uma representação teatral circense na sua cidade natal, Frutal, cidade mineira situada perto da divisa entre os Estados de Minas e de São Paulo. Naquela época, 1945, aos jovens do interior dotados de algum talento artístico só restavam as portas do rádio, principalmente aquelas das emissoras da capital. Em 1949, já possuindo alguma experiência diante do microfone, ela é aprovada como radiatriz e locutora num concurso lançado pela Rádio Excelsior de São Paulo. Em 1950, ao lado de César Monteclaro,

---

75   Mário Fanucchi, depoimento à Associação Paulista dos Pioneiros da Televisão – Appite (5 de junho de 1998).
76   Pesquisa "A História do Rádio", Secretaria Municipal de Cultura, Centro Cultural São Paulo, Idart, Arquivo Multimeios (22 de setembro de 1976).

Walter Forster, Vida Alves, Lia de Aguiar, Dionísio Azevedo, Heitor de Andrade, Ribeiro Filho e de muitos outros astros do rádio, passa a compor o elenco de radioteatro da Rádio Tupi, sob a direção de Oduvaldo Vianna.

Outros dois exemplos de jovens que iniciaram a carreira em emissoras de rádio do interior são Odair Marzano e Janete Clair. Nos anos 1940, na Rádio São Paulo, ao lado do jovem advogado Enio Rocha, de Nélio Pinheiro e de Waldemar Ciglioni, ele foi um dos principais galãs do radioteatro paulista. Na adolescência, tinha sido cantor e locutor na PRF-8, Rádio Emissora de Botucatu, antes de vir fazer faculdade em São Paulo e prestar concurso para locutor na Rádio São Paulo. Janete Clair, por sua vez, era considerada, em 1940, a garota-prodígio da cidade paulista de Franca, cantando e declamando poesias na emissora local, a PRB-5, Rádio Franca. Em 1945, seus pais mudam-se para São Paulo e ela presta concurso na Rádio Difusora, sendo aprovada como locutora e radioatriz. Em 1950, casa-se com o dramaturgo Dias Gomes e, a partir de 1956, começa a escrever novelas de rádio até tornar-se, alguns anos depois, ao lado da veterana Ivani Ribeiro, uma das escritoras de novelas que mais sucesso obtiveram na televisão brasileira[77].

Os radialistas das arcadas: Enéas Machado de Assis, Maurício Loureiro Gama e Homero Silva

Tradicionalmente, desde os tempos dos veteranos Nicolau Tuma, Raul Duarte, César Ladeira, Renato Macedo, Itá Ferraz, Emílio Carlos e outros, os quadros de locutores e apresentadores de programas de rádio eram preenchidos, principalmente, por estudantes saídos da Faculdade de Direito do largo de São Francisco. Enéas Machado de Assis, Maurício Loureiro Gama, Murillo Antunes Alves, José Blota Júnior, Homero Silva, José Carlos de Moraes (Tico-Tico), César Monteclaro e Vida Alves são alguns dentre os muitos radialistas que estudaram Direito na Universidade de São Paulo e que, depois, tiveram destacada carreira como profissionais do rádio e da televisão, sobretudo nos anos 1950.

Enéas Machado de Assis e Maurício Loureiro Gama, dois dos mais antigos pioneiros da PRF-3, TV Tupi-Difusora, iniciaram o curso de Direito em 1932, ano da Revolução Constitucionalista. Nessa época, na Europa, começavam a formar-se governos fortes e autoritários, cujos chefes se apresentavam à sociedade como salvadores da pátria. Os Estados nacionais reorganizavam-se através da instituição de governos ditatoriais que, incitando os sentimentos patrióticos na população, buscavam impor uma nova ordem social capaz de conter a pressão dos movimentos populares de tradição anarquista, socialista e comunista. Tentavam, sobretudo, controlar as massas de trabalhadores urbanos que reivindicavam, já com certo grau de organização, participação na vida política nacional, legislação trabalhista, mais empregos e melhores salários. Apoiados nas forças militares e

---

77 *Idem.*

mobilizando especialmente os setores médios da população, com o envolvimento dos comerciantes, de parte importante dos quadros do funcionalismo público, dos profissionais liberais e da intelectualidade, alguns dos mais notórios ditadores da era moderna irrompem no cenário político da Europa Ocidental: Salazar, em Portugal; o generalíssimo Franco, na Espanha; Mussolini, na Itália; e Hitler, na Alemanha.

Na provinciana cidade de São Paulo, após a derrota militar de 32, permaneciam intactos e fortalecidos mais ainda o ideal difuso de democracia e o sentimento de repulsa ao autoritarismo de Getúlio Vargas. Durante o Movimento Constitucionalista, sobretudo nas escaramuças ocorridas nas frentes de luta do interior, muito sangue derramara-se e muitos jovens perderam a vida, numa batalha cujo significado manifesto era o da defesa das liberdades democráticas contra o governo inconstitucional de Vargas saído da Revolução de 30. Na Faculdade de Direito do largo de São Francisco, principalmente junto às suas lideranças intelectuais, estudantis e acadêmicas, delineavam-se as duas principais correntes de pensamento político e social – comunismo e integralismo – que, durante toda a década de 1930, demarcariam com traços fortes os campos de atuação política, impregnando de cores encarnadas e verde-amarelas os horizontes de participação social da juventude. Organizado nacionalmente, o movimento integralista, de inspiração fascista, foi criado em 1932 sob a denominação de Ação Integralista Brasileira – AIB. Na sua chefia nacional estava Plínio Salgado, ativista político que, em São Paulo, exercia também atividades de jornalista no *Correio Paulistano*, jornal ligado ao Partido Republicano Paulista. Quando foi extinta, em 1937, antes da imposição do Estado Novo, a AIB contava com quase um milhão de adeptos e simpatizantes. Por sua vez, o Partido Comunista, sob a liderança de Luiz Carlos Prestes, acabou mobilizando grandes contingentes dos trabalhadores urbanos e dos setores médios da população, sobretudo através da sua ação na organização, em 1935, da Aliança Nacional Libertadora – ANL, um grande movimento nacional de oposição ao governo Vargas[78].

Enéas Machado de Assis nasceu de uma família de músicos da cidade de Pindamonhangaba, no Vale do Paraíba, embora seu pai fosse dentista de profissão e sua mãe professora do Colégio São José, na mesma cidade. Completou os estudos secundários no Colégio Rio Branco, em São Paulo, onde fez também o pré-jurídico. Nessa escola, formou um trio regional amador. A esse respeito, ele conta:

> Faziam parte do trio eu, no violão, o Oswaldo Borba, no piano –
> Oswaldo Borba que se tornou depois um célebre maestro no rádio e na
> televisão do Rio de Janeiro –, e o Luiz Quirino dos Santos, que cantava
> e fazia ritmo com o chapéu de palheta. O Luiz Quirino dos Santos

---

78 Edgar Carone, *A Segunda República (1930-1937)*, São Paulo, Difel, 1974; e *O Estado Novo (1937-1945)*, 5. ed., Rio de Janeiro, Bertrand do Brasil, 1988, pp. 193-215.

tornou-se um grande escritor de novelas de rádio e de televisão. E com esse trio participamos de vários programas na Rádio Clube de Santos[79].

Em 1932, ingressando no curso de Direito, é imediatamente nomeado diretor artístico do conjunto musical da faculdade. Com esse conjunto, nas caravanas de shows e espetáculos organizadas pelos estudantes, viajou por várias cidades do país. Em 1934, com 21 anos de idade, torna-se o diretor artístico da PRE-4, Rádio Cultura, "a voz do espaço", fundada pelos irmãos Fontoura. "Era de tal forma pouca a afinidade que eu tinha com a política" – diz ele –,

> que talvez tenha sido eu um dos raros alunos da Faculdade de Direito de São Paulo que atravessou todo o curso sem pertencer a um partido político acadêmico. Isso, porque eu não gostava de política, ou melhor, não tive a oportunidade de gostar de política. Eu vivia para o rádio. Para mim era somente o rádio que existia. Por ele eu lutava, eu fazia, eu vivia. Era só aquilo. Eu não tinha interesse nenhum em caminhar para a política[80].

Mesmo não gostando de política, Enéas Machado de Assis acabou desempenhando papel político importante na área do Direito das Comunicações. Advogado e radialista ligado aos Diários e Emissoras Associados, de Assis Chateubriand, ele empenhou-se com afinco para que se criasse no país o Código Nacional das Telecomunicações. Em 1945, quando o Estado Novo caminhava para o fim, participou no Rio de Janeiro da reunião da União Internacional de Telecomunicações – UIT, que visava a estabelecer nova regulamentação jurídica para a radiodifusão brasileira, libertando-a da interferência arbitrária da presidência da República. No ano seguinte, no México, foi um dos membros fundadores da Associação Interamericana de Radiodifusão. Em 1948, participa também da fundação da Associação das Emissoras de São Paulo. E, em 1962, quando é criada a Associação Brasileira de Emissoras de Rádio e Televisão – Abert, torna-se vice-presidente da entidade[81]. Em 1966, no período da ditadura militar, atua intensamente nesta associação, quando ela denuncia a presença de grupos estrangeiros na radiodifusão do país. Foi o momento em que o seu presidente, João Calmon, um dos homens fortes dos Diários e Emissoras Associados, comunicou oficialmente à Câmara dos Deputados a atuação do grupo norte-americano Time-Life junto à Organização Globo, de Roberto Marinho. Denunciou, também, a compra de 29 emissoras paulistas de rádio por um outro grupo norte-americano e a pressão que a multinacional Standard Oil – Esso Brasileira de Petróleo estaria exercendo sobre os empresários brasileiros de radiodifusão. Um ano antes, em 1965, Carlos

---

79 Enéas Machado de Assis, depoimento à Associação Paulista dos Pioneiros da Televisão – Appite (6 de fevereiro de 1998).
80 *Idem.*
81 *Idem.*

Lacerda, um dos articuladores políticos do golpe militar de 64, já havia denunciado ao ministro da Justiça os acordos entre a Organização Globo e o grupo Time-Life, arguindo sua inconstitucionalidade em função do artigo 160 da Constituição Federal. Enquanto isso, no Congresso Nacional, arrastava-se desde 1964 o pedido de convocação de uma Comissão Parlamentar de Inquérito – CPI sobre esta mesma questão, pedido feito pelo deputado cassado João Dória e reiterado pelo deputado Eurico de Oliveira[82].

De seu lado, Maurício Loureiro Gama, vindo da cidade de Tatuí, chega a São Paulo em 1930, seguindo os conselhos de seu avô, velho tropeiro do interior paulista que o havia praticamente criado após a morte prematura de seu pai, um conhecido farmacêutico da cidade. O avô dissera-lhe: "Vai ser doutor lá em São Paulo, vai, meu filho". Estimulado por sua mãe, professora de escola primária, ele veio então estudar Direito no largo de São Francisco[83]. Seu ingresso no rádio aconteceu em 1940, quando foi convocado por Edmundo Monteiro, principal diretor dos Diários Associados em São Paulo, para substituir o cronista político da Rádio Tupi, Motta Neto, repentinamente falecido. Em homenagem ao poeta e escritor Oswald de Andrade, de quem era admirador, Maurício Loureiro Gama cria o programa *Ponta de Lança* – título tirado de uma das publicações de Oswald de Andrade –, que ficou no ar durante dez anos, para o qual escrevia crônicas políticas lidas diariamente, às dez horas da noite, pelo locutor Homero Silva.

Em 19 de setembro de 1950, primeiro dia da programação normal da PRF-3 TV, canal 3, Maurício Loureiro Gama aparece no vídeo, às dez horas da noite, lendo nervosamente uma crônica política. "Foi um assunto do dia" – diz ele –,

> [...] eu não me lembro mais. Foi qualquer coisa acontecida com Jânio Quadros. Ele tinha brigado na Câmara Municipal e levou um murro na cara, levou uma bofetada e saiu muito sangue. Então o Jânio passava a mão no rosto cheio de sangue, dizendo aos berros: "Este é o sangue do povo! É o sangue do povo!" [...]. Contei a história desse incidente na Câmara Municipal. E foi assim a primeira crônica[84].

No quarto dia de sua apresentação, ele introduz uma máquina de escrever no pequeno cenário onde lia a crônica, para causar a impressão de que se encontrava numa redação de jornal. Depois, no mesmo horário, cria uma coluna de televisão que se chamava *Revista Diária dos Diários e Revistas*. Esta coluna evoluiu para uma espécie de jornal televisivo, no mesmo horário, que teve o nome de *Diário de São Paulo na TV*. Tempos mais tarde, surge a *Edição Extra*, um jornal diário mais leve, com notícias variadas, apresentado por ele, ao meio-dia, juntamente com o radialista e repórter José Carlos de Moraes, o famoso Tico-Tico, e com Carlos Spera, um dos repórteres pioneiros da televisão, falecido em plena juventude.

---

82 Maria Elvira Bonavita Federico, *História da Comunicação: Rádio e TV no Brasil*, pp. 87-89.
83 Maurício Loureiro Gama, depoimento à Associação Paulista dos Pioneiros da Televisão – Appite (23 de julho de 1997).
84 *Idem*.

O comandante Fidel Castro, em 1961, no programa *Edição Extra* da TV Tupi-Difusora. Sentado a seu lado, à esquerda, vê-se o repórter Carlos Spera. Em pé, atrás dos dois, está o jornalista Maurício Loureiro Gama (Foto: Raymundo Mattos. Arquivo David José).

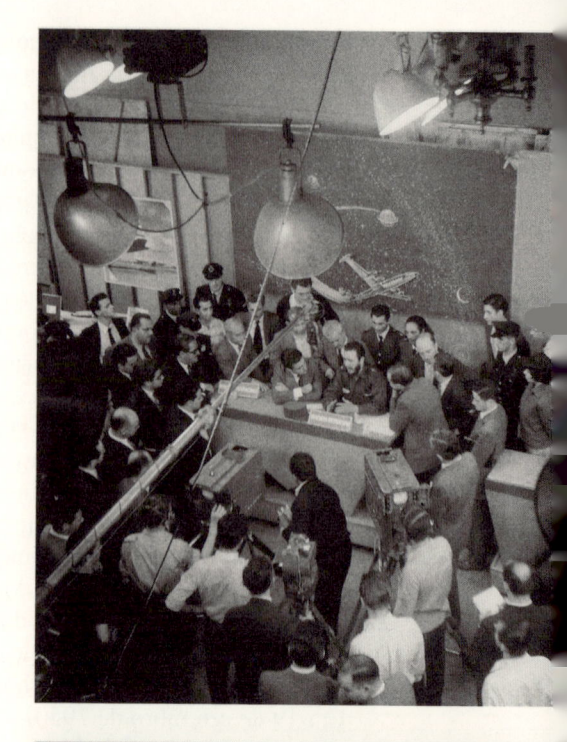

Atrás de Fidel Castro, vê-se seu companheiro de Sierra Maestra, Camilo Cienfuegos. Em pé, à direita, ao lado do cinegrafista, está o repórter José Carlos de Moraes, o conhecido Tico-Tico (Foto: Raymundo Mattos. Arquivo David José).

Na Faculdade de Direito, Maurício Loureiro Gama aproximou-se logo de colegas que trabalhavam na imprensa. Ele sabia que as redações de jornais eram locais de encontro de intelectuais e que deveria chegar a elas se quisesse arranjar um emprego e ter um lugar no mundo das letras[85]. Percebia que os mais conceituados intelectuais, redatores e jornalistas da época estavam nos grandes jornais, em primeiro lugar em *O Estado de S. Paulo*, dos Mesquita; em segundo, no *Diário de São Paulo*, de Assis Chateaubriand; depois em *A Gazeta* e no *Correio Paulistano*. Este último, na década de 1920, ligado ao PRP, tinha sido um dos mais importantes jornais de São Paulo. Após o Movimento de 32, começou a entrar em fase de decadência, do mesmo modo que a Rádio Educadora Paulista[86].

Frequentando várias redações de jornais desde o início do ano de 1932, ele pôde testemunhar a tomada de posição de jornalistas e intelectuais a favor da Revolução Constitucionalista. Sérgio Buarque de Holanda, por exemplo, que algumas vezes escrevia para o *Diário de São Paulo* e *Diário da Noite*, chegou a ser detido por defender publicamente o movimento revolucionário paulista[87]. A partir de 1934, já trabalhando como jornalista profissional no *Diário de São Paulo* e fazendo "bicos" como *freelancer* em *A Gazeta* e no *Correio Paulistano*, assistiu à radicalização política de vários intelectuais e estudantes que acabaram ingressando no Partido Comunista ou no Movimento Integralista. Ao integralismo, aderiram também alguns jovens da Faculdade de Direito, os Silva Telles entre eles. Filiaram-se ao Partido Comunista figuras importantes da vida cultural paulista, como "o genial, irreverente e polêmico" Oswald de Andrade, que sempre acolhia com simpatia os estudantes e os jovens jornalistas, passando-lhes informações políticas de bastidores[88]. No início dos anos 1940, em pleno Estado Novo, quando a Usina de Volta Redonda, no Rio de Janeiro, estava prestes a ser inaugurada, Oswald de Andrade deu-lhe preciosa informação jornalística que foi um verdadeiro furo publicado pelo *Diário da Noite*. Maurício Loureiro Gama conta:

> Ele vinha caminhando pela rua Sete de Abril, com aquele seu jeitão alegre, saltitante, brincando com todo mundo. Encontrando-se comigo, disse em tom de brincadeira: "Veja lá o que você vai fazer com a informação que vou lhe dar". Evidentemente, a informação era para ser publicada. Contou-me então que tinha acabado de saber que, numa reunião de políticos e empresários paulistas, acontecida no dia anterior, que teve a presença do engenheiro Plínio Queiroz, havia sido decidida a criação da Cia. Siderúrgica Paulista – Cosipa. Era a resposta que São Paulo estava dando a Getúlio Vargas, pois a inauguração da Usina de Volta Redonda foi considerada aqui como mais uma derrota imposta aos paulistas pelo ditador[89].

---

85   Maurício Loureiro Gama, em entrevista concedida à pesquisa (14 de agosto de 1999).
86   *Idem.*
87   Antonio Candido, "A Visão Política de Sérgio Buarque de Holanda", em Antonio Candido (org.), *Sérgio Buarque de Holanda e o Brasil*, São Paulo, Editora Fundação Perseu Abramo, 1998, pp. 81-82.
88   Maurício Loureiro Gama, entrevista concedida à pesquisa (14 de agosto de 1999).
89   *Idem.*

O repórter Carlos Spera, de perfil, conversa com Fidel Castro. Ao fundo, está César Monteclaro, então assistente de Cassiano Gabus Mendes na direção artística da televisão (Foto: Raymundo Mattos. Arquivo David José).

Nesses primeiros anos de jornalismo, Maurício Loureiro Gama tinha verdadeira admiração por Oswald de Andrade, apesar de vê-lo pouco e de não simpatizar com o fato de ele ter-se filiado ao Partido Comunista. Gostava de "sua irreverência, de seu espírito crítico independente, divertido, cáustico, demolidor"[90]. Muitas vezes, nas redações de jornal, era com prazer que ouvia relatos de casos que envolviam Oswald de Andrade. Um deles permaneceu em sua memória, não com muitos detalhes. Foi algo acontecido, talvez, no auditório da Biblioteca Municipal, num encontro de intelectuais em que se discutia literatura e para o qual Oswald de Andrade não tinha sido convidado, propositalmente. Com a reunião já em andamento, inesperadamente sua figura enorme irrompe no auditório. Ali ele fica um instante, de pé, com as mãos nos bolsos, ouvindo um palestrante terminar sua alocução. Logo após, faz-se silêncio entre os participantes da mesa diretora dos trabalhos. Alguém, tentando quebrar o gelo do ambiente, dirige-se a ele num fingido tom de simpatia: "Chegue-se a nós. Há lugar para você nesta mesa. Não tema ser o nosso calcanhar de Aquiles". Ao que Oswald de Andrade retruca prontamente: "Se eu sou o seu calcanhar de Aquiles, você é o chulé de Apolo". E, sorrindo, dá meia-volta e abandona o recinto[91].

Nesses tempos, a admiração de Maurício Loureiro Gama não ia só para Oswald de Andrade. Era também dirigida a intelectuais e jornalistas, alguns bem mais velhos do que ele, que circulavam principalmente pela redação de

90 *Idem.*
91 *Idem.*

O Estado de S. Paulo. Havia Sérgio Milliet, Paulo Duarte, o jovem Mário Neme, Edgard Cavalheiro, Nabor Caires de Brito, Fernando Góes, Luis Martins, sem contar Geraldo Ferraz, do *Diário da Noite*, "o eterno apaixonado pela Patrícia Galvão, a Pagu"[92]. Havia também Mário de Andrade, com quem, sempre que podia, ia conversar e tomar cerveja na Cervejaria Franciscano, na rua Líbero Badaró[93]. "Quando Mário de Andrade foi para a chefia do Departamento Municipal de Cultura, por volta de 1935" – conta Maurício Loureiro Gama –,

> escrevi ingenuamente uma carta ao Paulo Duarte, que ocupava a chefia de gabinete do então prefeito Fábio Prado. Contei-lhe que era de Tatuí, terra do escritor Paulo Setúbal, que era estudante de Direito e "foca" de jornal. Disse-lhe que queria ser escritor, que não adotava posições políticas extremadas, não era nem comunista, nem integralista, e que queria trabalhar no Departamento de Cultura. Pois não é que ele respondeu à carta! E lá fui eu ter uma entrevista com ele. Acabei trabalhando uns tempos com aquele grupo maravilhoso que cercava o Mário de Andrade, pessoas que fizeram muita coisa pela cidade de São Paulo, criaram rede de parques infantis, bibliotecas, discotecas, concurso nacional para o mobiliário do operário etc. Infelizmente, quando o Prestes Maia assumiu a prefeitura, pouco tempo depois, ele se indispôs com o Mário de Andrade. Então, o Gustavo Capanema, ministro da Cultura do Getúlio, levou o Mário de Andrade para o Rio, por indicação do poeta Carlos Drummond de Andrade, que era o chefe de gabinete no Ministério. Isso foi difícil de engolir, por causa do Getúlio. Foi um problema para todos nós, paulistas[94].

Em 1936, Maurício Loureiro Gama assustou-se com a prisão do estudante comunista Paulo Emílio Salles Gomes, o qual, em espetacular fuga por um túnel, saiu da cadeia em 1937, seguindo direto para Paris[95]. Ele conhecia a família Salles Gomes desde menino, da cidade de Tatuí. Era uma família muito rica, originária da Bahia, que possuía uma fábrica de fiação e tecelagem em Sorocaba, a Fábrica Santa Maria. O avô de Paulo Emílio era um importante médico e foi responsável, em Tatuí, por uma série de benfeitorias e de obras sociais. Dentre suas várias iniciativas em prol da comunidade, fez vir do Rio de Janeiro o médico sanitarista Emílio Ribas para instalar rede de esgotos e dotar a cidade de serviços de água encanada. Outro médico da família, João Florêncio Salles Gomes, foi um dos pesquisadores pioneiros do Instituto Butantã de São Paulo[96].

---

92   *Idem.*
93   Sobre a participação de Maurício Loureiro Gama na boêmia paulistana, ao lado de Mário de Andrade e seu grupo de amigos, referência é feita em Lúcia Helena Gama, *Nos Bares da Vida. Produção Cultural e Sociabilidade em São Paulo, 1940-1950*, São Paulo, Editora Senac, 1998, pp. 88 e ss.
94   Maurício Loureiro Gama, entrevista concedida à pesquisa (14 de agosto de 1999).
95   Lúcia Helena Gama, *Nos Bares da Vida*, p. 65.
96   Maurício Loureiro Gama, entrevista concedida à pesquisa (14 de agosto de 1999).

Ligado cada vez mais ao grupo de jornalistas e intelectuais do jornal *O Estado de S. Paulo*, Maurício Loureiro Gama integra a seção paulista da Associação Brasileira de Escritores, que promoveu em São Paulo, em janeiro de 1945, o I Congresso Brasileiro de Escritores. Segundo o jornalista e crítico literário Luiz Martins, em texto reapresentado por Lúcia Helena Gama[97],

> [...] a seção paulista da Associação Brasileira de Escritores nasceu, praticamente, na redação d' *O Estado de S. Paulo*, graças sobretudo a Sérgio Milliet, seu primeiro presidente, e a Mário Neme. A abertura do I Congresso Brasileiro foi no Theatro Municipal, sob a presidência de Aníbal Machado, e as plenárias foram no Centro do Professorado Paulista. [...] Os escritores contra o Estado Novo se manifestaram ostensivamente, na Declaração de Princípios do Congresso. Os mais radicais daqui acusam a esquerda democrática de estar dominando a associação; é a chamada "panelinha" do *Estado*, mas que culpa temos, se somos a maioria?

Reunindo intelectuais e escritores de todo o país, das mais diversas tendências ideológicas, esse congresso foi a primeira tomada de posição pública das lideranças políticas e intelectuais brasileiras contra a ditadura de Getúlio Vargas[98]. Conforme observa Antonio Candido, depois da instauração do Estado Novo, em novembro de 1937, foram muitos os recursos utilizados pelos intelectuais a favor "das liberdades democráticas" e em oposição ao regime autoritário de Getúlio Vargas. Um deles foi a fundação, em 1942, da Associação Brasileira de Escritores, ABDE[99]. "Na luta contra a ditadura Vargas" – escreve ele –,

> a Associação tinha efetuado o congraçamento, contra o inimigo comum, das diversas correntes políticas: liberais, socialistas democráticos, stalinistas, trotskistas. No entanto, derrubada a ditadura em 1945, [...] os comunistas [...] queriam prolongar o papel predominantemente político da ABDE e mesmo atrelá-la à orientação estrita de seu partido. Nós, do Partido Socialista, predominávamos na direção da seção paulista, da qual eu era presidente por ocasião do segundo congresso local[100]. Propus então que a declaração de princípios desse destaque aos direitos da inteligência e da criação, reconhecendo que cada escritor deve atender antes de mais nada a eles. Era uma guinada em relação ao cunho político das declarações anteriores e houve embates duros, mas o nosso ponto de vista prevaleceu e adotou-se a nossa proposta de redação, pensada por Sérgio Milliet, Sérgio Buarque de Holanda, Lourival Gomes Machado e eu. A redação final foi de Sérgio Buarque

---

97 Lúcia Helena Gama, *Nos Bares da Vida*, p. 109.
98 *Idem*, p. 110.
99 Antonio Candido, "A Visão Política de Sérgio Buarque de Holanda", p. 82.
100 Ocorrido, provavelmente, em 1947.

de Holanda e quem leu o documento foi Sérgio Milliet. Dou esta informação para mostrar a orientação ideológica do nosso grupo de socialistas democráticos em política cultural e para ilustrar a orientação de Sérgio Buarque de Holanda nesse sentido[101].

Aos 88 anos de idade, Maurício Loureiro Gama* recorda-se com orgulho do fato de ter sido um dos representantes da bancada paulista no primeiro congresso da Associação Brasileira de Escritores, realizado em São Paulo, em janeiro de 1945. Emocionado, pensa no avô, seu grande incentivador na juventude. Imagina o quanto ele teria gostado, se estivesse vivo na época, de vê-lo ali ao lado dos mais expressivos nomes da intelectualidade paulista, entre eles Antonio Candido, Arnaldo Pedroso d'Horta, Caio Prado Júnior, Edgard Cavalheiro, Fernando de Azevedo, Fernando Góes, Guilherme de Almeida, João Cruz Costa, Lourival Gomes Machado, Luiz Martins, Mário da Silva Brito, Mário de Andrade, Mário Neme, Monteiro Lobato, Oswald de Andrade, Paulo Emílio Salles Gomes e Sérgio Milliet[102].

Juntamente com Enéas Machado de Assis e Maurício Loureiro Gama, um outro radialista pioneiro da PRF-3, TV Tupi-Difusora, formado também na Faculdade de Direito do largo de São Francisco, teve papel de destaque no meio radiofônico paulista nas décadas de 1940 e 1950. Trata-se de Homero Domingues da Silva, que se tornou conhecido como Homero Silva. Filhos do fotógrafo Jorge Eloi Domingues da Silva, ele e seu irmão Gilberto tiveram na cidade de São Paulo uma infância e uma adolescência bastante pobres, situação que se agravou com a morte do pai, quando Homero foi obrigado a parar os estudos secundários que fazia no Colégio Nossa Senhora do Carmo, dos irmãos maristas, e arranjar algum trabalho para ajudar a sustentar a mãe e o irmão. Em 1936, com dezoito anos de idade, Homero Silva vendia de porta em porta o sabão caseiro fabricado por sua mãe, Cândida Colomba Petinatti. Porém, um ano depois, em 1937, passava em primeiro lugar num concurso para locutor na Rádio Difusora, ao qual concorreu também José Blota Júnior, que tinha acabado de ingressar na Faculdade de Direito[103].

Em julho de 1937, dá-se a estreia na Rádio Difusora do programa *Clube Papai Noel*, idealizado por Fernando Getúlio Costa e apresentado por Itá Ferraz. Poucas semanas depois, Homero Silva assume o comando do programa, mantendo-o no ar durante cerca de três décadas e revelando uma

101 Antonio Candido, "A Visão Política de Sérgio Buarque de Holanda", pp. 82-83.
* Maurício Loureiro Gama faleceu em São Paulo, no dia 02 de agosto de 2004. (N. da E.)
102 A respeito desse congresso e das teses nele defendidas, ver Carlos Guilherme Mota, *Ideologia da Cultura Brasileira, 1933-1974*, 6. ed., São Paulo, Ática, 1990, pp. 137-153.
103 José Blota Júnior, depoimento à Associação Paulista dos Pioneiros da Televisão – Appite (10 de abril de 1997); e Homero Silva Filho, depoimento à Associação Paulista dos Pioneiros da Televisão – Appite (18 de novembro de 1998).

série de artistas mirins[104]. A atriz Vida Alves, que dele participou quando menina, e Homero Silva Filho comentam o caráter educativo e cultural do *Clube Papai Noel*. Segundo eles, era um programa dirigido às crianças e feito por crianças, que tinha a intenção de estimular a curiosidade intelectual e despertar no público infantil o interesse pelo estudo e o gosto pela leitura. Além disso, graças à orientação musical e à dedicação do maestro Francisco Dorce, permitia que as crianças desenvolvessem suas aptidões artísticas[105].

Por volta de 1940, atuando como locutor e apresentador de rádio, Homero Silva decide retomar os estudos e preparar-se para ingressar, juntamente com seu irmão, na Faculdade do largo de São Francisco. Data dessa época o início da amizade que estabeleceu com o professor Alfredo Pucca, dono do Instituto de Ciências e Letras, conhecido colégio da capital. Conforme observa Luiz Galon[106], nesse tempo apenas o curso primário era público, o então chamado grupo escolar. Os cursos ginasial e colegial eram geralmente pagos. Graças à amizade entre Homero Silva e o professor Alfredo Pucca, grande parte dos adolescentes que se tornariam figuras de relevo do rádio e da televisão em São Paulo pôde estudar no Instituto de Ciências e Letras, muitas vezes sem pagar. Por exemplo, lá estudaram, entre outros, Cassiano Gabus Mendes, Lia de Aguiar, Renato Galon (irmão de Luiz Galon e importante radialista nos anos 1950), Vida Alves, Walter Ribeiro dos Santos, Arnaldo Gaeta, Geraldo Blota (irmão de Blota Júnior) e Antonio Leite (famoso locutor e produtor das rádios Tupi e Difusora nos anos 1950)[107].

No ano de 1947, alguns desses jovens secundaristas são levados à Rádio Difusora para lá realizar uma ideia que Homero Silva e Alfredo Pucca tinham desenvolvido: apresentar a história do Brasil no rádio, em episódios, contada pelos próprios estudantes. Quase todos, especialmente Lia de Aguiar, Vida Alves e Cassiano Gabus Mendes, já haviam tido experiências no rádio. Cassiano Gabus Mendes era o que mais conhecia o meio radiofônico, pois desde os onze anos de idade acompanhava seu pai, Octavio Gabus Mendes, famoso escritor e apresentador de programas que, antes de transferir-se para a Tupi-Difusora, em 1943, trabalhara no Rio de Janeiro e em várias emissoras paulistas, principalmente nas rádios Record e Bandeirantes.

Lia de Aguiar e Vida Alves, em 1942, meninas ainda, com apenas doze ou treze anos de idade, haviam trabalhado com Cassiano Gabus

---

104 Homero Silva Filho, *idem*; e Vera Lúcia Rocha e Nanci Valença Hernandes Vila, *Cronologia do Rádio Paulistano: Anos 20 e 30*, volume I, p. 110. Dentre as inúmeras crianças e adolescentes que passaram pelo *Clube Papai Noel*, podem ser citados Sônia Maria Dorce, hoje advogada, filha do maestro Francisco Dorce, diretor musical do programa, e considerada nos anos 1950 a "menina-prodígio" da televisão; Erlon Chaves, que se tornou importante maestro do rádio e da televisão nos anos 1950 e 1960; a apresentadora e cantora Hebe Camargo; a cantora Wilma Bentivegna; o cantor Wanderley Cardoso; o diretor de telenovela e teleteatro Walter Avancini; e as atrizes Lia de Aguiar e Vida Alves.

105 Homero Silva Filho, depoimento à Associação Paulista dos Pioneiros da Televisão – Appite (18 de novembro de 1998).

106 Luiz Galon, entrevista concedida à pesquisa (17 de julho de 1998).

107 Lia de Aguiar, depoimento à Associação Paulista dos Pioneiros da Televisão – Appite (20 de abril de 1999). Dados fornecidos igualmente por Luiz Galon na entrevista citada.

Mendes e Geraldo Blota nos programas infantis de radioteatro *A Hora Infantil de Sagramor de Scuvero* e *Teatro de Brinquedo*, realizados na Rádio Bandeirantes por Sagramor de Scuvero, uma jovem talentosa que adaptava e radiofonizava textos da literatura infantojuvenil. "Nós fazíamos *Branca de Neve*, *A Gata Borralheira*, *Joãozinho e Maria*, todas as histórias infantis" – conta Lia de Aguiar.

> O *Teatro de Brinquedo* era feito primeiro no rádio e depois no palco. No começo representávamos numa casa de calçados que tinha na rua São Bento, a Casa Eduardo. Havia um local, uma espécie de poço, um poçozinho muito bonitinho, romântico... [...] Então, primeiro a gente fazia ali. Depois passamos a fazer no Centro do Professorado Paulista, que possuía um teatro muito grande para mil pessoas. Uma peça por semana, todos os domingos pela manhã, cada vez com uma história diferente adaptada e dirigida pela Sagramor, e interpretada por nós. O teatro ficava sempre lotado. Havia um interesse muito grande pelo teatro e todos queriam ver as crianças que trabalhavam. E naquela época, como ninguém sabia nada, formamos um núcleo, uma escolinha de arte. Tinha aula de sapeteado, aula de declamação, aula de dicção. A partir dali, a minha carreira foi muito bonita...[108]

Em 1946, no início do período de vida democrática no país e às vésperas da promulgação da nova Constituição, alguns advogados e radialistas, colegas de Homero Silva, entre os quais Blota Júnior, Aurélio Campos (então famoso locutor esportivo), Manoel da Nóbrega, José Roberto Dias Leme (locutor da cidade de Campinas) e Fernando Lobo (radialista do Rio de Janeiro), seguem para os Estados Unidos para realizar estágios nas redes CBS e NBC, a convite do Serviço Cultural e Informativo do Departamento Norte-Americano de Estado[109]. Homero Silva permanece no Brasil dedicando-se intensamente às atividades radiofônicas, especialmente ao seu *Clube Papai Noel* e à campanha do Natal das crianças pobres, a qual ele passou a organizar anualmente, obtendo de particulares e das empresas patrocinadoras de seus programas doações de roupas, brinquedos e mantimentos para serem distribuídos às crianças pobres, todos os anos, na "Cidade do Rádio", no bairro do Sumaré, numa grande festa popular de comemoração do Natal. Ligado profundamente à Igreja Católica e manifestando seus sentimentos cristãos nas ações beneméritas em favor das crianças pobres, Homero Silva alcançou enorme notoriedade, principalmente após o surgimento da televisão, em 1950. Tornou-se duas vezes vereador, duas vezes deputado estadual, numa delas, em 1958, tendo sido o deputado mais votado do Brasil, e quase foi eleito prefeito da capital paulista, numa disputada e controvertida eleição em que perdeu por uma diferença de apenas cinquenta

---

108 Lia de Aguiar, *op. cit.*
109 José Blota Júnior, depoimento à Associação Paulista dos Pioneiros da Televisão – Appite (10 de abril de 1997).

votos[110]. Vários de seus colegas advogados e radialistas seguiram também o caminho da política nas décadas de 1950 e 1960, elegendo-se a cargos públicos como vereadores ou deputados, graças, sobretudo, à projeção pública que obtiveram a partir dos programas de rádio e de televisão. Entre eles, podem ser citados, por exemplo, Blota Júnior, Sagramor de Scuvero, Aurélio Campos, Geraldo Blota, Manoel da Nóbrega, Nicolau Tuma, Emílio Carlos e Murillo Antunes Alves, que, mesmo não tendo nunca sido eleito em votação política, foi chefe do Cerimonial da Presidência da República no curto governo do presidente Jânio Quadros[111].

Os escritores de radioteatro e radionovelas

Nos decênios de 1940 e 1950, a Rádio São Paulo foi a emissora paulista líder de audiência em matéria de radioteatro e radionovela, seguida sempre de perto pelas rádios Tupi e Difusora. Ela mantinha uma tradição iniciada pela coirmã Rádio Record, que, nos anos 1930, havia introduzido o radioteatro em sua programação, começando por irradiar textos teatrais de autores nacionais, principalmente uma série de peças do dramaturgo paulista Oduvaldo Vianna. Em 1936, quando a Rádio Record contrata a Companhia de Rádio Teatro Manuel Durães, o radioteatro ganha força e se afirma como um dos elementos indispensáveis da programação radiofônica[112]. Contando com um pequeno elenco formado por nomes de prestígio nos meios teatrais, como Otília Amorim, Leonor Navarro, Edith de Moraes, Conchita de Moraes, Nestório Lips e o próprio Manuel Durães, esta companhia adaptava para o rádio obras teatrais consagradas, textos que eram integralmente apresentados, aos sábados e domingos, das 13 às 15 horas. "O *Teatro Manuel Durães* durou na Record perto de trinta anos, ininterruptamente" – afirma o antigo radialista Djalma Amaral. "Aos sábados, era uma história completa. E aos domingos, outra história completa, em três atos. [...] Naquela época, crianças, jovens, adultos, todos ouviam o *Teatro Manuel Durães*. Era um ritual, uma espécie de missa rezada pelo Manuel Durães e seu elenco de radioteatro"[113].

A popularidade alcançada pelos programas de Manuel Durães é apontada como um dos motivos que levaram as emissoras de rádio a investir mais no radioteatro[114]. Em dezembro de 1938, a Rádio Cultura lança o programa dominical *Teatro em Seu Receptor*, sob a direção de Sangirardi Jr., apresentando na estreia a peça *Deus Lhe Pague*, de Joracy Camargo,

---

110 Provavelmente, na eleição para prefeito ocorrida em 1957. Seu filho declara que, numa chapa cujo candidato a vice-prefeito era o radialista Nicolau Tuma, Homero Silva perdeu para Lino de Matos, que tinha como vice-prefeito o radialista Emílio Carlos. Homero Silva Filho, depoimento à Associação Paulista dos Pioneiros da Televisão – Appite (18 de novembro de 1998).
111 José Blota Júnior, depoimento à Associação Paulista dos Pioneiros da Televisão – Appite (10 de abril de 1997); e Murillo Antunes Alves, depoimento à Associação Paulista dos Pioneiros da Televisão – Appite (23 de julho de 1997).
112 Vera Lúcia Rocha e Nanci Valença Hernandes Vila, *Cronologia do Rádio Paulistano*, pp. 60 e 65.
113 Pesquisa "A História do Rádio", Secretaria Municipal de Cultura, Centro Cultural São Paulo, Idart, Arquivo Multimeios (22 de setembro de 1976).
114 Vera Lúcia Rocha e Nanci Valença Hernandes Vila, *Cronologia do Rádio Paulistano*, p. 68.

com interpretação de Procópio Ferreira. Em fevereiro de 1939, a Rádio Bandeirantes inicia a série *Teatro para Você*, em que Octavio Gabus Mendes, inspirando-se em escritores norte-americanos de *radio play*, como Al Goodwin, Benny Taylor e Arch Oboler, faz suas primeiras experiências de radiofonização de filmes, adaptando histórias lançadas no cinema e introduzindo no radioteatro trilhas sonoras musicais e efeitos de sonoplastia. Logo a seguir, no mesmo ano, surgem os seguintes programas: *Rádio Teatro Cruzeiro do Sul*, na Rádio Cruzeiro do Sul; a série policial *Mistérios no Ar* e o *Rádio Teatro Cosmos*, na Rádio Cosmos, que estreia com a peça em três atos *A Restauração de Pernambuco*, de autoria de Olegário Passos, baseada no romance O *Príncipe de Nassau*, de Paulo Setúbal; *Teatro Gracioso*, na Educadora Paulista; *Teatro de Brinquedo*, série de radioteatro infantil, na Bandeirantes; *Rádio Teatro Relâmpago*, na Tupi, e, por fim, *Grande Teatro Difusora*, na Rádio Difusora. O maior acontecimento radioteatral deste ano de 1939 foi, sem dúvida, a apresentação da peça *O Contratador de Diamantes*, de Afonso Arinos, a mesma que havia sido montada pelas elites paulistanas vinte anos antes no Theatro Municipal de São Paulo. Realizada pela Rádio Cruzeiro do Sul e tendo o poeta Guilherme de Almeida como apresentador, a peça de Afonso Arinos foi uma verdadeira superprodução de radioteatro, envolvendo a participação de uma orquestra composta de quarenta elementos, um coro de cantores negros com vinte vozes, um coro religioso de dez vozes, um elenco de quinze intérpretes principais e mais cinquenta figurantes desempenhando pequenos papéis[115].

Em 1939, surge o nome de Ivani Ribeiro entre os escritores e adaptadores de textos dramáticos para o rádio. Sua carreira começou nas rádios Record e Bandeirantes, adaptando contos e romances de autores célebres da literatura universal. Adaptou obras de Dostoiévski, de Tolstói e, mesmo, de Shakespeare, transformando em texto radiofônico a peça *A Megera Domada*. Adaptou, igualmente, toda a obra de José de Alencar e o romance *A Muralha*, de Dinah Silveira de Queiroz[116]. Em meados da década de 1940, ela já figura entre os principais escritores do rádio do país, ao lado de Oduvaldo Vianna e Octavio Gabus Mendes, em São Paulo, e Amaral Gurgel, Raimundo Lopes e José Ghiaroni, no Rio de Janeiro[117]. Pouco a pouco, atuando principalmente na Rádio São Paulo e nas rádios Tupi e Difusora, muitos escritores adquirem prestígio como adaptadores de contos, de romances ou de radionovelas estrangeiras, e como autores de textos radiofônicos originais. Cardoso da Silva, Otávio Augusto Vampré, Nara Navarro, Dulce Santucci, Ciro Bassini, Talma de Oliveira, Oswaldo Moles e Sarita Campos são alguns dos nomes que se destacam ainda na década de 1940. Na década seguinte aparecem, entre outros, Jota Silvestre, Walter Forster, Vida Alves, José Castelar e Heloisa Castelar.

---

115 *Idem*, pp. 68, 132 e 136.
116 Depoimento de Ivani Ribeiro, em pesquisa "A História do Rádio", Secretaria Municipal de Cultura, Centro Cultural São Paulo, Idart, Arquivo Multimeios (22 de setembro de 1976).
117 Depoimento de Waldemar Ciglioni, *idem*.

Durante os anos 1940 e 1950, ganham força no rádio paulista o escritor nacional e as histórias brasileiras, apesar do enorme sucesso que alcançavam nessa época as radionovelas mexicanas, cubanas e venezuelanas irradiadas pela Rádio Nacional do Rio de Janeiro, sob o patrocínio, principalmente, das indústrias Colgate-Palmolive, representadas no Brasil pela agência Standard Propaganda[118]. "A Standard era a única empresa de propaganda que tinha um departamento de rádio" – conta Heloisa Castelar, referindo-se ao início de sua carreira radiofônica, em 1943, contratada como secretária por essa agência de publicidade.

> Nesse sentido, a Standard foi a pioneira. [...] Pagando um salário muito bom, ela criou um corpo de redatores de novelas, do qual participavam o Raimundo Lopes, o José Castelar, o José Roberto Penteado, o Péricles do Amaral e o Rubens do Amaral. [...] No começo tínhamos que traduzir novelas cubanas, argentinas, e só depois nossos autores entraram. Primeiro entraram os estrangeiros, depois entramos nós. Eu acho que a novela é importante. [...] Ela é válida na medida em que se possa fazer dela um veículo para dizer alguma coisa. Ela é válida porque é nossa, é feita por nossa gente, com nossos atores, retratando a nossa vida, com todos os defeitos que ela possa ter. [...] Acho que a novela pode melhorar. Coisas podem ser feitas com um pouco mais de mensagem para o povo. Nós temos que lutar pela novela. Temos que manter o mais possível os teatros nossos, os teatros feitos por nós [...] para ver se a gente consegue acabar um pouco com essa influência estrangeira bastante perniciosa, esses filmes imbecis que passam hoje na televisão[119].

O tom nacionalista observado nesta declaração de Heloisa Castelar, feita em 1979, tem sua razão de ser. É que naquela época, na década de 1940, muitos radialistas, principalmente os mais intelectualizados e mais cultos, aqueles que exerciam atividades como escritores e redatores de programas, mantinham ligações com o Partido Comunista, seja como simpatizantes, seja como militantes. Ela, seu marido José Castelar e muitos outros autores de radionovela, diretores e radioatores, pertenciam aos quadros do PCB e não deixaram de ser influenciados pela política cada vez mais nacionalista e anti-imperialista adotada por este partido, sobretudo após ter sido fechado pelo governo, em 1947, depois de um curto período de existência legal, iniciado em 1945.

---

118 Trazendo Paulo Gracindo no papel do galã Albertinho Limonta, a radionovela estrangeira de maior sucesso no Brasil, *O Direito de Nascer*, do cubano Felix Caignet, só foi lançada no país em 1952, pela Rádio Nacional do Rio de Janeiro. Em 1953, foi reapresentada em São Paulo, pela Rádio Tupi, tendo como principal par romântico Walter Forster e Lia de Aguiar. Pesquisa "A História do Rádio", Secretaria Municipal de Cultura, Centro Cultural São Paulo, Idart, Arquivo Multimeios (22 de setembro de 1976).

119 Depoimento de Heloisa Castelar, em pesquisa "A História da Telenovela", Secretaria Municipal de Cultura, Centro Cultural São Paulo, Idart, Arquivo Multimeios (15 de março de 1979).

No início dos anos 1940, os programas de radioteatro e radionovela conquistam definitivamente o público radiouvinte, tornando-se líderes de audiência ao lado das irradiações esportivas de futebol, dos shows musicais de auditório e dos programas jornalísticos, que ganharam projeção desde o início da Segunda Guerra Mundial. No ano de 1941, a programação radiofônica é marcada pelo sucesso estrondoso das radionovelas *Fatalidade*, de autoria de Oduvaldo Vianna, lançada na Rádio São Paulo, e *Em Busca da Felicidade*, de Leandro Blanco, autor provavelmente cubano, mexicano ou venezuelano, apresentada na Rádio Nacional do Rio de Janeiro, com tradução e adaptação de Gilberto Martins[120]. Essas duas radionovelas inauguraram no rádio brasileiro um novo modelo de escrita radiofônica, em que as histórias, enriquecidas por temas musicais e por efeitos de sonoplastia, eram narradas durante vários meses, geralmente em três capítulos semanais, em dias alternados, cada capítulo com meia hora de duração[121]. Era um modelo que vinha de fora, mas que já havia sido experimentado por Oduvaldo Vianna na Rádio El Mundo, de Buenos Aires, no período em que ele viveu na Argentina, de 1938 a 1940. Lá, conforme este modelo de escrita, ele adaptou para o rádio e dirigiu a radiofonização de praticamente toda a obra de José de Alencar, além de ter dirigido peças teatrais e de ter atuado no cinema como roteirista e diretor[122]. Em 1941, de volta ao Brasil, é contratado por João Batista do Amaral para ser o diretor artístico da Rádio São Paulo, cujo principal anunciante era a indústria Gessy-Lever. Ele inaugura então o *Teatro de Romance do Extrato de Tomate Marca Peixe*, produto de uma indústria de doces e conservas que resolveu também patrocinar programas de radioteatro e radionovela. Lançando "a primeira dupla romântica do rádio paulista", Nélio Pinheiro e Sônia Maria, e tendo como tema musical o prelúdio da ópera *A Traviata*, de Verdi, a radionovela *Fatalidade* bateu todos os recordes de audiência em São Paulo no ano de 1941[123]. "Na capital paulista" – relata Oduvaldo Vianna –,

> às nove horas da noite, a novela radiofônica andava pelas ruas dos bairros, nos aparelhos ligados de todas as casas por onde se passava. Um belo dia, recebi uma carta do Piolin, o famoso palhaço, que estava no apogeu de sua carreira, datada de Botucatu. O velho amigo me pedia para mudar o horário da novela e explicava: às segundas, quartas e sextas-feiras o circo do famoso cômico ficava às moscas na velha cidade da Sorocabana. Infelizmente não pude atendê-lo. Eu

---

120 Depoimentos de Waldemar Ciglione e Heloisa Castelar, "A História da Telenovela".
121 A radionovela *Em Busca da Felicidade* manteve-se no ar durante mais de dois anos, irradiada pela Rádio Nacional do Rio de Janeiro e retransmitida em São Paulo pela Rádio São Paulo. A partir de acordo firmado entre Vitor Costa, diretor do departamento de radioteatro da Rádio Nacional, e Oduvaldo Vianna, da Rádio São Paulo, as radionovelas escritas por este último foram também retransmitidas no Rio de Janeiro pela Rádio Nacional. Deocélia Vianna, *Companheiros de Viagem*, São Paulo, Brasiliense, 1984, pp. 71-74.
122 *Idem*, pp. 65 e ss.
123 Depoimento de Waldemar Ciglione, em pesquisa "A História do Rádio", Secretaria Municipal de Cultura, Centro Cultural São Paulo, Idart, Arquivo Multimeios (22 de setembro de 1976).

era apenas diretor da rádio e autor da novela, mas na emissora quem mandava, como manda ainda hoje, são as agências de propaganda que compram os horários, a maior parte delas norte-americanas. E elas são inflexíveis...[124]

Referindo-se ainda ao sucesso de *Fatalidade*, ele conta também o seguinte acontecimento:

> Monteiro Lobato, meu velho e grande amigo, para espanto meu, surgiu uma noite na Rádio São Paulo. Ia ouvir a novela. Ironia do grande escritor? Ele explicou. Na antevéspera fora a um velório. Notou com certa estranheza, em determinada hora, que tudo quanto era mulher deixara a sala em que se achava o defunto. Às nove horas da noite somente alguns homens restavam no velório. Pouco depois começou a ouvir vozes chorosas que vinham do andar superior. Levantou-se e deixou também a sala, curioso e preocupado. Subiu por uma pequena escada. O rumor foi aumentando. Chegou à porta de um quarto que estava fechada. E os lamentos, os soluços tornaram-se mais nítidos. Que estaria acontecendo? E o autor de Jeca Tatu, com o intuito de prestar socorro, de ser útil, abriu a porta. As mulheres que enchiam o quarto voltaram-se assustadas, mas os lamentos e os soluços prosseguiram. Vinham de um rádio. Uma das ouvintes explicou a Monteiro Lobato, boquiaberto, o que estava acontecendo: a novela. E o escritor, agora sorrindo, sentou-se e ouviu também. E meu amigo me procurou. Tinha curiosidade de saber como se transmitia tudo aquilo com ruídos, com músicas de fundo, pássaros que cantavam, apitos de trem, buzinas, partidas e freadas de autos, tiros, crepitar de incêndios, rumores de cascatas, de mar, de ramos, de navio, através do microfone. Levei-o ao estúdio da rádio e, dali por diante, vários contos do grande escritor foram radiofonizados[125].

A liderança da Rádio São Paulo no rádio paulista, a partir de 1941, não deixou de estar associada à presença nela de Oduvaldo Vianna, que na época era um conceituado teatrólogo, autor de peças representadas pelas principais companhias teatrais do Rio de Janeiro e de São Paulo[126]. Mas ele era também um homem de cinema. No ano de 1929, passara seis meses nos Estados Unidos estudando cinema e, em 1936, consagrou-se no Rio de Janeiro como argumentista, roteirista e diretor ao realizar o filme *Bonequinha de Seda*, estrelado por Gilda de Abreu, nos estúdios da companhia cinematográfica Cinédia, de Ademar Gonzaga. Elogiado pela crítica e muitas vezes

---

124 *Apud* Deocélia Vianna, *Companheiros de Viagem*, p. 72.
125 *Idem*, pp. 72-73.
126 Fora do Brasil, duas peças de Oduvaldo Vianna fizeram muito sucesso: *Feitiço*, montada em Buenos Aires pela atriz argentina Evita Franco, e *Amor*, encenada não só em Buenos Aires, mas também em diversos países (Cuba, Espanha, México, Paraguai, Uruguai, Portugal e Estados Unidos), pela companhia da atriz argentina Paulina Singerman. *Idem*, pp. 40-41.

aplaudido pelo público ao término de cada exibição, *Bonequinha de Seda* "ficou cinco semanas em cartaz, atrasando todo o lançamento estrangeiro e batendo o recorde de bilheteria, que naquela época pertencia ao filme português *A Severa*. [...] O sucesso foi estrondoso, ultrapassando mesmo a expectativa dos mais otimistas. Sucesso de bilheteria e sucesso artístico"[127].

Em 1937, antes de embarcar para a Argentina, Oduvaldo Vianna inicia na Cinédia as filmagens de *Alegria*, filme inacabado que trazia mais uma vez Gilda de Abreu no principal papel feminino e no qual aparecia o maestro Radamés Gnatalli, autor da partitura musical, regendo a orquestra da Rádio Nacional. Deste filme participaram também o filho de seu segundo casamento, Oduvaldo Vianna Filho, o Vianinha, bebê ainda, aparecendo no colo de uma das atrizes, e o jovem ator amador paranaense Túlio de Lemos, que representou a personagem "Krali, o rei dos ciganos", e que se tornaria um de seus amigos inseparáveis durante toda a vida[128].

Em 1944, Oduvaldo Vianna deixa a Rádio São Paulo, transferindo-se para a Rádio Panamericana, recém-fundada, da qual era um dos sócios[129].

Na condição de proprietário e diretor artístico da nova estação, ele tinha propósitos bem definidos:

> A primeira coisa a ser valorizada em nossa emissora é a redação. Não vou improvisar escritores. Vou buscar o escritor, o bom escritor onde ele estiver e trago-o para cá. [...] Além disso, quero fazer um rádio popular, como deve ser todo rádio. Mas é preciso dizer que popular não significa qualidade inferior. O povo está pedindo coisas boas, compreende perfeitamente o que é bom. E o rádio, afinal, é também um veículo educativo[130].

Com tal objetivo, ele traz do Rio de Janeiro três jovens escritores e produtores de programas, amigos de sua confiança: Hélio do Soveral, Dias Gomes e Mário Lago. Estes dois, particularmente, possuíam já alguma fama. Dias Gomes, que se iniciava na dramaturgia, tinha acabado de escrever sua primeira peça teatral, *Pé de Cabra*, levada à cena pouco tempo antes pela companhia do ator Procópio Ferreira. De seu lado, Mário Lago dedicava-se à música e era ator de teatro, gozando de certo prestígio como escritor e compositor de música popular, graças ao sucesso dos sambas *Saudades da Amélia*, "a mulher de verdade", e *Atire a Primeira Pedra*, que fez em parceria com Ataulfo Alves. Para a Panamericana vieram, também, alguns experientes locutores e radioatores da Rádio São Paulo, e Túlio de Lemos, que, tendo trabalhado antes como radioator na Rádio Record, ao lado de

---

127 Alice Gonzaga Assaf, *50 Anos de Cinédia*, p. 66.
128 *Idem*, p. 70. Igualmente Deocélia Vianna, *Companheiros de Viagem*, p. 102.
129 Sobre a experiência de Oduvaldo Vianna na Rádio Panamericana, ver Deocélia Vianna, *Companheiros de Viagem, op. cit.;* Mário Lago, *Bagaço de Beira de Estrada*, Rio de Janeiro, Civilização Brasileira, 1977; Dias Gomes, depoimento à Associação dos Pioneiros da Televisão – Appite (27 de novembro de 1998); e Cesar Monteclaro, depoimento à Associação Paulista dos Pioneiros da Televisão – Appite (3 de março de 1999).
130 *Apud* Deocélia Vianna, *Companheiros de Viagem*, p. 77.

Octavio Gabus Mendes, começaria a desenvolver ali sua carreira de redator e produtor de programas de rádio. Outros jovens, como César Monteclaro e Vida Alves, iniciariam igualmente suas carreiras profissionais na Rádio Panamericana, ao lado dos "amigos de confiança" de Oduvaldo Vianna, cuja maioria, como ele próprio, era simpatizante ou filiada ao Partido Comunista, o PCB, especialmente Dias Gomes, Mário Lago e Túlio de Lemos.

Em 1945, finda a Segunda Guerra Mundial, o país entra num clima de euforia democrática. Justamente neste momento falha o projeto de Oduvaldo Vianna na Rádio Panamericana. Enfrentando problemas com as empresas de propaganda, ele faz na época a seguinte declaração:

> O anunciante é quem manda no rádio. É um verdadeiro ditador: faz o que bem entende, exige o que bem quer. O anunciante é, de certa maneira, o diretor artístico de nossas emissoras. O homem que fabrica pasta de dentes tem mais voz dentro de uma emissora nacional do que o autor inteligente que pretende lançar um programa melhor e mais agradável. É preciso acabar com isto. É preciso pensar mais no público do que no anúncio[131].

Aceitando então o convite que lhe faz Assis Chateaubriand, ele assume a direção artística da Rádio Tupi e vai encontrar no bairro do Sumaré, na direção artística da Rádio Difusora, Octavio Gabus Mendes, o maior nome do rádio paulista desde a década de 1930, homem dos mais criativos, poliglota, formado em Ciências e Letras e, mais do que tudo, um eterno apaixonado pelo cinema.

Octavio Gabus Mendes iniciou sua vida artística, na década de 1920, como crítico, roteirista e diretor de cinema. Nesse tempo, em São Paulo, com pouco mais de vinte anos de idade, era colaborador das revistas cariocas de cinema *Paratodos* e *Cinearte*, que reuniam alguns jovens críticos e incansáveis lutadores pela afirmação do cinema brasileiro, especialmente Pedro Lima e Adhemar Gonzaga. Quando este funda a companhia cinematográfica Cinédia, em 1930, Octavio Gabus Mendes transfere-se para o Rio de Janeiro, para ser roteirista e diretor de filmes, após ter realizado em São Paulo, em 1929, o longa metragem *Às Armas*, seu primeiro trabalho de direção no cinema. No Rio de Janeiro, em 1931, nos estúdios da Cinédia, ele dirige o filme *Mulher*, baseado em argumento que escreveu em parceria com Adhemar Gonzaga. A filha deste, Alice Gonzaga Assaf, observa que neste filme pode-se notar a grande influência que Octavio Gabus Mendes exerceria sobre Humberto Mauro, realizador do filme *Ganga Bruta*[132]. Com efeito, o filme *Ganga Bruta*, um dos clássicos da cinematografia brasileira, dirigido por Humberto Mauro em 1933, foi realizado a partir de argumento escrito por Octavio Gabus Mendes. Ainda no Rio de Janeiro, em 1933, ele realiza para a empresa cinematográfica Brasil Vita Filmes, da atriz

---

131 *Idem*, p. 78.
132 Alice Gonzaga Assaf, *50 Anos de Cinédia*, p. 39.

Carmem Santos, o filme *Onde a Terra Acaba*, produção que teve também a participação da Cinédia[133].

Com apenas 27 anos de idade e pai de três filhos, entre eles Cassiano Gabus Mendes, em 1933 ele retorna a São Paulo, onde procura estabelecer-se profissionalmente. O caminho que lhe pareceu então mais promissor em termos artísticos e financeiros foi o do rádio, principalmente o da Rádio Record, a "explosiva" emissora de Paulo Machado de Carvalho, que na época reunia inúmeros jovens escritores e intelectuais, inovando o rádio paulista após a importância política que conquistara na Revolução Constitucionalista de 32. Depois de algumas tentativas de se tornar locutor da Rádio Cruzeiro do Sul, ele ingressa na Rádio Record em setembro de 1933. Sobre esse momento de sua vida profissional, Vera Lúcia Rocha e Nanci Valença H. Vila escrevem:

> Fonte de produções criativas e renovações constantes […] o gênio de Octavio Gabus Mendes logo se faz notar. Cinéfilo inveterado […], de imediato cria um departamento de cinema na estação, com o sonho, a longo prazo, de fazer cinema, seguindo as pegadas das emissoras estrangeiras, como a RKO nos Estados Unidos. Uma das primeiras realizações deste departamento são as matinês infantis, organizadas e apresentadas por Octavio, aos domingos, nos cines República e Olímpia, com a finalidade de despertar nas crianças o gosto pela arte cinematográfica[134].

Dez anos mais tarde, em 1943, Octavio Gabus Mendes assume a direção de radioteatro das Rádios Tupi e Difusora, sendo então considerado o mais culto, inteligente e inventivo profissional do rádio paulista. Ele havia feito todo tipo de experiência renovadora nas emissoras por que passara, inclusive na Rádio Nacional do Rio de Janeiro, quando lá esteve, por um período de seis meses, logo depois de sua inauguração, em 1936, fornecendo ideias para a programação artística e iniciando a organização de sua discoteca[135]. Nas Rádios Tupi e Difusora, ele era unanimemente respeitado pelos redatores, radioatores, produtores e diretores da emissora, principalmente pelo diretor geral de programação, o advogado baiano Dermival Costa Lima[136]. Era

---

133 Importantes referências sobre a atividade de Octavio Gabus Mendes no cinema brasileiro dessa época podem ser encontradas em Paulo Emílio Salles Gomes, *Humberto Mauro, Cataguases, Cinearte*, São Paulo, Perspectiva/Edusp, 1974; Maria Rita Galvão, *Crônica do Cinema Paulistano, op. cit.* (especialmente os depoimentos de Joaquim Garnier e José Medina); Maria Rita Galvão e Carlos Roberto de Souza, "Cinema Brasileiro: 1930-1964", pp. 473-475; Alice Gonzaga Assaf, *50 Anos de Cinédia*; e Edith Gabus Mendes, *Octavio Gabus Mendes, do Rádio à Televisão*, São Paulo, Lua Nova, 1988. Particularmente sobre a atividade de Octavio no rádio, ver Vera Lúcia Rocha e Nanci Valença Hernandes Vila, *Cronologia do Rádio Paulistano: Anos 20 e 30*.

134 Vera Lúcia Rocha e Nanci Valença Hernandes Vila, *Cronologia do Rádio Paulistano: Anos 20 e 30*, pp. 49-50.

135 Edith Gabus Mendes, *Octavio Gabus Mendes, do Rádio à Televisão*, p. 56.

136 Octavio Gabus Mendes foi padrinho do casamento de Dermival Costa Lima com a escritora e radioatriz Sarita Campos.

respeitado em virtude de sua sólida cultura geral, de seu caráter generoso, que o fazia estar sempre disposto a estimular os novos escritores, e de sua capacidade de criar novos programas[137]. A qualidade literária inovadora de seus textos transparecia tanto nas curtas histórias românticas, baseadas em acontecimentos do dia a dia, escritas especialmente para o público feminino da programação vespertina, que não perdia um só *Encontro das Cinco e Meia*, quanto nas peças originais ou nas adaptações de grandes obras literárias que produzia para os seus espetáculos de radioteatro, entre eles o *Romance Valery*. Além disso, possuía reconhecidas capacidades como comentarista político, como crítico de cinema, como apresentador de programas de auditório e como diretor artístico de programas radioteatrais.

Na Rádio Tupi, um dos mais famosos programas de Octavio Gabus Mendes foi o radioteatro semanal *Cinema em Casa*, que apresentava histórias baseadas nos filmes de alguns importantes realizadores de Hollywood. Junto às empresas norte-americanas distribuidoras de filmes, ele obtinha cópias dos roteiros originais, os quais traduzia e radiofonizava, introduzindo efeitos sonoros e temas musicais. Referindo-se ao início de sua carreira no rádio, aos seus primeiros tempos na Rádio Record, ele diz: "Eu tinha intenção de fazer radioteatro. Usar orquestras, em larga escala, era impraticável. Tinha novas ideias e estudava, cuidadosamente, o rádio norte-americano. A primeira coisa que fiz, nas horas de folga que o microfone me dava, foi organizar a discoteca da estação. Precisava de ruídos, de música, de discos"[138]. Isto ele pôde fazer na Rádio Tupi. E mais: baseando-se na forma sucinta e direta dos diálogos de experimentados roteiristas cinematográficos, como Paddy Chayefsky (que começou no rádio), Michael Curtiz (autor de *Casablanca*, em 1942), Ben Hecht e Herman Mankiewicz (que trabalhou ativamente com Orson Welles no roteiro do filme *Cidadão Kane*), ele introduziu uma nova linguagem ao radioteatro, libertando seu texto da pesada influência que sofria da tradicional escrita literária e teatral dos clássicos portugueses. Isso repercutiu imediatamente no modo de atuação dos radioatores e radioatrizes. Daí por diante, passou a contar não apenas o bom "metal de voz", a voz bonita, como as de Walter Forster e César Monteclaro, por exemplo, mas principalmente a qualidade artística da interpretação, o talento dos radioatores e radioatrizes, independentemente de terem ou não voz "metálica", os quais começaram a ser escolhidos em função das características individuais ou tipo psicológico das personagens que deviam interpretar.

Em 1945, sob o comando artístico de Octavio Gabus Mendes e Oduvaldo Vianna, as rádios Tupi e Difusora disputam com a Rádio São Paulo a liderança da audiência paulista de radioteatro. Nessa época, a

137 A respeito dessas qualidades de Octavio Gabus Mendes, ver os depoimentos de Janete Clair, Sarita Campos, Laura Cardoso e Mário Lago, em pesquisa "A História do Rádio", Secretaria Municipal de Cultura, Centro Cultural São Paulo, Idart, Arquivo Multimeios (22 de setembro de 1976).
138 *Apud* Edith Gabus Mendes, *Octavio Gabus Mendes, do Rádio à Televisão*, p. 49.

"Cidade do Rádio" possuía um elenco grande de radioatores, escritores e produtores formado por jovens idealistas, do qual faziam parte, entre outros, Sarita Campos, Janete Clair, Lia de Aguiar, Heitor de Andrade, Fernando Balleroni, Dionísio Azevedo, Walter Forster, Homero Silva, Ribeiro Filho, sem contar Ivani Ribeiro, já considerada importante escritora de radioteatro, e a jovem equipe trazida da Rádio Panamericana por Oduvaldo Vianna, integrada principalmente por Túlio de Lemos, Dias Gomes, Mário Lago, Vida Alves e César Monteclaro[139]. Após a morte prematura de Octavio Gabus Mendes, em 1946, aos quarenta anos de idade, sua "escola" de radioteatro foi continuada, sobretudo por seu filho Cassiano Gabus Mendes e pelo ex-bancário e ex-estudante de filosofia Walter George Durst, que traziam também nas veias a paixão pelo cinema. Assumindo a produção e realização do programa *Cinema em Casa*, os dois aplicaram e desenvolveram o mesmo estilo de diálogo cinematográfico e o mesmo modo de interpretação dos radioatores. Isso foi feito especialmente por Walter George Durst, que conhecera Octavio Gabus Mendes na Rádio Bandeirantes, em 1942, e que veio para a Rádio Difusora trazido por ele, em 1943. Nesta época, com pouco mais de vinte anos de idade, Walter George Durst chegava da cidade de Campinas, onde, com a ajuda de um parente longínquo de sua mãe, tinha conseguido emprego no Banco do Estado. Lá iniciou estudos superiores de filosofia, que logo abandonou, principalmente depois que tomou conhecimento do pensamento marxista. Simpatizante do Partido Comunista, a ele filiou-se em 1946, no momento em que o PCB passou a ter existência legal. Foi quando Oduvaldo Vianna candidatou-se por esse partido a deputado estadual, ao lado de Caio Prado Júnior e do físico Mário Schenberg, de quem se tornou suplente na Assembleia Legislativa[140]. O ator Lima Duarte, que nesse tempo chegava a São Paulo, vindo na carroceria de um caminhão de uma pequena cidade do interior de Minas Gerais, relembra o clima da cidade, acabada a Segunda Guerra Mundial:

> O mundo era maravilhoso, depois da guerra. Havia o sentimento de preocupação com a humanidade. Conquistamos a paz! Conquistamos tudo! "Vem jovem, vem ser jovem, vem exercer a vida!" Tinha isso quando cheguei em São Paulo. Era lindo! [...] A minha mais remota memória de participação política é quando me vejo pichando os muros do Cemitério da Consolação com os seguintes dizeres: "Para deputado estadual, vote em Oduvaldo Vianna, do Partido Comunista Brasileiro"[141].

139 Depoimentos de Dias Gomes e Mário Lago à Associação Paulista dos Pioneiros da Televisão – Appite (27 de novembro de 1998 e 4 de junho de 1999, respectivamente).
140 Deocélia Vianna, *Companheiros de Viagem*, p. 87.
141 Lima Duarte, depoimento à Associação dos Pioneiros da Televisão – Appite (6 de março de 1998).

Cena do filme *O Sobrado* (São Paulo, 1955), dirigido por Cassiano Gabus
Mendes e Walter George Durst, com os artistas da PRF-3, TV Tupi-Difusora.
Em primeiro plano, da esquerda para a direita, Lima Duarte, Dionísio
Azevedo, Lia de Aguiar e José Parisi (Arquivo Lia de Aguiar).

O Sobrado.
Lia de Aguiar e Fernando Balleroni (Arquivo Lia de Aguiar).

O espetáculo da cultura

O Sobrado. Marcia Real e Lia de Aguiar (Arquivo Lia de Aguiar).

Sólidos laços de amizade iriam unir por toda a vida Lima Duarte a Oduvaldo Vianna, que lhe deu o primeiro emprego na Rádio Difusora, em 1946, como operador de som e sonoplasta, e que o lançou como radioator. Ele estabeleceria, também, ligações pessoais e profissionais profundas com os jovens Cassiano Gabus Mendes e Walter George Durst, atuando no programa *Cinema em Casa* como radioator e como operador de som, juntamente com Salatiel Coelho, o mais importante sonoplasta da televisão nos anos 1950[142]. Outro a quem se ligaria profissionalmente e de modo fraterno foi Dionísio Azevedo. Este, mineiro como ele, mas de origem árabe, viera sozinho para São Paulo, anos antes, disposto a fazer cinema. Isto era um desejo, um sonho que acalentava desde os tempos de criança, época em que, montado num burrico, percorria os campos empoeirados de Minas Gerais em companhia de seu pai, um mascate, um vendedor ambulante de tecidos e mantimentos, e encantava-se ao anoitecer, não com o pôr do sol, mas com os filmes mudos projetados ao ar livre nas praças dos vilarejos perdidos no interior[143].

142 Em entrevista concedida à pesquisa em 21 de agosto de 1999, a atriz Bárbara Fázio diz que, por ocasião da morte de seu marido, Walter George Durst, em 1997, Lima Duarte declarou: "Foi-se o homem a quem devo tudo. Em vida, ele não me deu apenas bons papéis para representar. Ele me deu sua sabedoria e, quando precisei, me deu também comida".

143 Estes dados sobre a história de vida de Dionísio Azevedo baseiam-se nas lembranças das longas conversas que, duas ou três décadas atrás, costumávamos manter.

O Sobrado. Da esquerda para a direita, Douglas Norris, José Parisi, Fernando Balleroni e Dionísio Azevedo (Arquivo Lia de Aguiar).

Em 1948, a "Cidade do Rádio" respirava cinema. Assis Chateaubriand, preparando-se para lançar a televisão no Brasil, criava os Estúdios Cinematográficos Tupi. A Oduvaldo Vianna, que tinha acabado de realizar o documentário *Chuva de Estrelas*, foi entregue a tarefa de escrever, dirigir e produzir o longa-metragem *Quase no Céu*, com a participação do elenco de radioatores e radioatrizes das Emissoras Associadas[144]. Entretanto, os altos custos envolvidos em uma produção cinematográfica; a dependência total de material técnico estrangeiro para a realização de um filme, desde o início até o fim do processo, desde a compra no exterior da película virgem até a fase final de revelação, montagem e sonorização; as dificuldades de exibição de um filme no mercado brasileiro em função dos interesses comerciais dos distribuidores e exibidores; tudo isso parece ter levado Assis Chateaubriand a abandonar o projeto de instalação de uma indústria cinematográfica em São Paulo. Antes, porém, desencadeia uma forte campanha contra os exibidores de filmes. Por exemplo, além dos artigos e matérias publicados diariamente em todo o país pelos jornais dos Diários Associados, em maio de 1949, mês do lançamento de *Quase no Céu*, a revista *O Cruzeiro*, em texto assinado por Arlindo Silva, publica uma longa reportagem trazendo o seguinte título em letras maiúsculas: "OFENSIVA CONTRA OS *TRUSTS* DA TELA. A GUERRA DOS *TRUSTS* DE EXIBIDORES AOS FILMES NACIONAIS. RIO, SÃO PAULO, MINAS

144 Ver Capítulo Primeiro, Segundo Quadro, "A Inauguração da PRF-3 TV Tupi-Difusora" (p. 61).

GERAIS E O RESTO DO BRASIL NAS MÃOS DE AÇAMBARCADORES". Em longo texto, faz-se então a denúncia do poder dos exibidores:

> Em São Paulo e Rio de Janeiro dois grupos dominam as telas. Na capital paulista há o circuito "Serrador", que enfeixa em suas mãos intransigentes [muitos] cinemas, incluindo o Ipiranga, o Art-Palácio, o Bandeirantes e o Ópera, que são dos melhores da Cinelândia. No Rio há o truste de Severiano Ribeiro, que se projeta até Minas e até o norte do país, num total de 143 casas. [...] Os "Estúdios Tupi" tomaram a iniciativa de abrir luta contra os monopolizadores da tela. Aproximaram-se dos exibidores independentes e [...] surgiu uma nova linha de doze cinemas para enfrentar o truste. É esse grupo de doze cines que vai lançar conjuntamente o *Quase no Céu*. A rede é capitaneada pelo "Marabá" [...]. Está declarada a guerra contra os monopólios da tela.

O Sobrado. Da esquerda para a direita, Fernando Balleroni, Lia de Aguiar e Bárbara Fázio (Arquivo Lia de Aguiar).

O segundo filme dos Estúdios Tupi não chegou a ser realizado. Chamava-se *O Homem e a Terra*, cuja autoria e direção seria do mesmo Oduvaldo Vianna[145]. Naquele momento, todos os esforços estavam dirigidos para a instalação da primeira emissora de televisão do país. Pouco tempo depois, em setembro de 1950, sob o comando de Dermival Costa Lima,

---

145 Na reportagem citada da revista *O Cruzeiro*, de maio de 1949, anuncia-se que se realizaria este segundo filme.

inaugurava-se a PRF-3, TV Tupi-Difusora. E quem implantará o teatro na televisão, criando pela primeira vez no país uma linguagem própria de teleteatro, será o grupo de radialistas amantes do cinema, formado basicamente por Cassiano Gabus Mendes, Walter George Durst e Dionísio Azevedo, secundados por Lima Duarte, Salatiel Coelho e por um conjunto grande de jovens produtores de programas, redatores, radioatores e radioatrizes das rádios Tupi e Difusora. Assumindo desde o início a direção artística da televisão, Cassiano Gabus Mendes e seus amigos lançarão o famoso *TV de Vanguarda*, programa pioneiro de teleteatro da televisão brasileira, que permaneceu no ar durante mais de dez anos, em apresentações quinzenais, aos domingos à noite, alternando-se semanalmente com outros programas de teleteatro que o tomavam como modelo de representação teatral na televisão. Dirigido pelo próprio Cassiano Gabus Mendes, por Dionísio Azevedo e, sobretudo, por Walter George Durst, o *TV de Vanguarda* não deixou de colocar em prática as técnicas da narrativa cinematográfica desenvolvidas no programa radiofônico *Cinema em Casa*, apresentando adaptações de *scripts* e roteiros de filmes norte-americanos, de contos e obras de alguns dos principais escritores nacionais e, principalmente, de textos dos mais destacados nomes da literatura e da dramaturgia mundiais[146]. Foram esses jovens idealistas, herdeiros de Octavio Gabus Mendes e de Oduvaldo Vianna, que criaram a linguagem da teledramaturgia e do teleteatro no Brasil, imprimindo à PRF-3, TV Tupi-Difusora – em cuja programação, na década de 1950, predominavam os programas teleteatrais – características que a distinguem nessa época como um centro de produção artística integrado ao projeto cultural de construção e formação do país, iniciado em 1945, após a abertura do período democrático, quando ocorre em São Paulo uma série de iniciativas de valorização da arte e da cultura.

Em 1955, sempre apaixonados por cinema, Walter George Durst e Cassiano Gabus Mendes dirigem, na Companhia Cinematográfica Vera Cruz, o filme *O Sobrado*, baseado na obra O *Tempo e o Vento*, de Erico Veríssimo. Realizado com atores e atrizes do elenco da TV Tupi-Difusora, esse filme é o único documento hoje existente sobre o trabalho dos artistas pioneiros da televisão no Brasil.

---

146 Flávio Luiz Porto e Silva, O *Teleteatro Paulista nas Décadas de 50 e 60*, Secretaria Municipal e Cultura, Idart, 1981.

Capítulo quarto

Às vésperas do TBC e da PRF-3 TV Tupi-Difusora

Os novos grupos amadores de teatro

Durante a década de 1940, com o apoio e incentivo das elites culturais e intelectuais das principais cidades do país, todo um movimento de valorização do teatro vai mobilizar as novas gerações, resultando no surgimento de diversos grupos teatrais amadores, formados, em sua grande maioria, pela juventude estudantil e universitária. Em 1938, no Rio de Janeiro, o diplomata Paschoal Carlos Magno cria o Teatro do Estudante do Brasil, que estreia com a peça *Romeu e Julieta*, de Shakespeare, dirigida pela veterana atriz Itália Fausta[1]. Neste mesmo ano, sob o patrocínio da Associação dos Artistas Brasileiros – AAB, organiza-se o grupo amador Os Independentes, liderado pelo ator Sadi Cabral, por Mafra Filho, por Luísa Barreto Leite e, também, pelo cenógrafo Tomás Santa Rosa[2]. Situada no antigo Palace Hotel, na Cinelândia carioca, ponto de encontro de políticos e intelectuais da capital federal, a AAB reunia diversos artistas "modernistas", das mais variadas tendências ideológicas, figurando entre eles o maestro Heitor Villa-Lobos e os pintores Portinari, Di Cavalcanti e Lasar Segall. Reunia também muitos intelectuais que ocupavam postos importantes no governo federal, particularmente no Ministério da Educação e Saúde, comandado por Gustavo Capanema[3]. Em 1940, a partir do grupo Os Independentes, é formado o grupo Os Comediantes, apoiado igualmente pela AAB. Sob a direção do ator polonês Zbgniew Ziembinski, que se instalara no Rio de Janeiro fugindo da guerra na Europa, Os Comediantes encenam, em 1943, a peça *Vestido de Noiva*, de Nelson Rodrigues, espetáculo considerado pela maioria dos estudiosos como o "marco da definitiva modernização da cena brasileira"[4]. A respeito dessa montagem, Décio de Almeida Prado escreve:

> O choque estético [...] foi imenso, elevando o teatro à dignidade dos outros gêneros literários, chamando sobre ele a atenção de poetas como Manuel Bandeira e Carlos Drummond de Andrade, romancistas como José Lins do Rego, ensaístas sociais como Gilberto Freyre, críticos como Álvaro Lins. Repentinamente, o Brasil descobriu essa arte julgada até então de segunda categoria, percebendo que ela podia ser tão rica e quase tão hermética quanto certa poesia ou certa pintura moderna. Evocou-se a propósito a grandeza da tragédia grega, discorreu-se sabiamente sobre os méritos do expressionismo alemão que na véspera ainda ignorávamos, proclamou-se, com unanimidade raras vezes observada, a genialidade da obra de Nelson Rodrigues[5].

---

1 Sobre Paschoal Carlos Magno e o Teatro do Estudante do Brasil, consultar particularmente Armando Sérgio da Silva, *Uma Oficina de Atores: a Escola de Arte Dramática de Alfredo Mesquita*, São Paulo, Edusp, 1988, pp. 34 e ss.

2 Sebastião Milaré, "Apontamentos Cronológicos do Desenvolvimento da Encenação no Brasil", em *Setepalcos*, revista da *Cena Lusófona*, 03, número especial dedicado ao teatro brasileiro, Associação Portuguesa para o Intercâmbio Teatral, setembro de 1998, p. 19.

3 Victor Hugo Adler Pereira, *A Musa Carrancuda: Teatro e Poder no Estado Novo*, Rio de Janeiro, Editora Fundação Getúlio Vargas, 1998, p. 69.

4 Sebastião Milaré, "Apontamentos Cronológicos do Desenvolvimento da Encenação no Brasil", p. 19.

5 Décio de Almeida Prado, O *Teatro Brasileiro Moderno, 1930-1980*, São Paulo, Perspectiva/ Edusp, 1988, pp. 40-41.

Em 1941, enquanto Jerusa Camões criava o Teatro Universitário na Escola Nacional de Música do Rio de Janeiro, no Recife, continuando e expandindo a experiência teatral do Grupo Gente Nossa, Valdemar de Oliveira organiza um grupo amador, de início constituído só de médicos, dando origem ao Teatro de Amadores de Pernambuco – TAP. Quatro anos depois, em 1945, Hermilo Borba Filho funda nesta mesma cidade o Teatro do Estudante de Pernambuco, do qual participam Ariano Suassuna e José Carlos Cavalcanti Borges, criadores da "moderna comédia nordestina"[6]. Antes, em 1942, Renato Vianna já havia criado em Porto Alegre a Escola de Arte Dramática do Rio Grande do Sul.

Em São Paulo, no início dos anos 1940, a febre do teatro tomou conta também das novas gerações, especialmente dos jovens estudantes das faculdades de Direito e de Filosofia da Universidade de São Paulo. A exemplo do que acontecia no Rio de Janeiro em torno do Teatro do Estudante, de Paschoal Carlos Magno, e do grupo Os Comediantes, os jovens estudantes paulistas mantinham também uma atitude crítica em relação aos espetáculos teatrais profissionais que costumavam se realizar na época, centrados muito mais na figura do grande ator ou da grande atriz do que na qualidade artística da obra dramática. Seguindo uma tradição calcada na própria história da formação do teatro e da arte dramática no Brasil, a cena teatral nacional era via de regra dominada por primeiros atores e primeiras atrizes, proprietários de companhias teatrais, que encenavam geralmente comédias de costumes e peças de *vaudeville*, sob forte influência do teatro de comédias português e francês. Nessa época, um leve sotaque lusitano não deixava ainda de marcar a atuação dos grandes atores profissionais, que, salvo alguns poucos, entre eles Dulcina de Moraes e Odilon Azevedo, exerciam seu *métier* preocupados principalmente em satisfazer o gosto teatral pouco exigente de um público que acorria às casas de espetáculos em busca, quase sempre, apenas de diversão e entretenimento. Criticando este teatro profissional, os estudantes ligados ao teatro amador denunciavam, sobretudo, seu baixo nível artístico e seu manifesto caráter comercial[7].

Florescendo no meio estudantil e universitário, o teatro amador possibilitou à juventude a descoberta da importância do teatro enquanto atividade artística associada à poesia e à literatura, implicada com os estudos, com a busca de conhecimento, com a representação da vida e da própria condição humana. Dada a natureza coletiva do trabalho teatral, muitos jovens puderam dele participar, exercitando ludicamente novas formas de convivência e de solidariedade, num ambiente que guardava o espírito da própria universidade, animado constantemente pela troca de ideias, opiniões, pontos de vista e informações sobre o homem e o mundo. No calor das discussões estudantis em torno do teatro, prevalecia sempre o empenho de todos em realizar o espetáculo, em ver a obra de arte acabada.

6   Sebastião Milaré, "Apontamentos Cronológicos do Desenvolvimento da Encenação no Brasil", p. 19.
7   Sobre as críticas que os amadores do Rio de Janeiro faziam nessa época ao teatro profissional, consultar Victor Hugo Adler Pereira, *A Musa Carrancuda*, pp. 67 e ss.

Rememorando seus tempos de vida universitária, na década de 1940, e os contatos que manteve com o Grupo de Teatro Universitário – GUT, dirigido por Décio de Almeida Prado, a escritora e pesquisadora de teatro Maria Thereza Vargas escreve:

> Se teatro amador quer dizer, antes de tudo, "teatro feito por gente que ama", aqueles espetáculos, além de me apresentarem a Gil Vicente e a Martins Pena, deixaram claro para mim alguns outros pontos não distantes dessa afirmação: teatro também poderia ser coisa de estudo, de atenção, de aprendizado; simplicidade e pobreza no seu bom sentido fazem um bem enorme tanto aos intérpretes quanto ao público (*c'est sur la contrainte matérielle que la liberté d'esprit prends son point d'appui*, eu iria ler mais tarde nos apontamentos de Jacques Copeau). E, finalmente, a certeza de que teatro não era arte marginalizada e inútil. Muitos e muitos anos depois, Cacilda Becker dirá, fazendo um balanço de sua carreira [...]: "e foi ali, entre os universitários, no grupo do Décio, que comecei a perceber o encanto da arte". Como todos nós, na verdade[8].

De fato, Cacilda Becker, antes de ingressar no TBC, em 1948, e tornar-se uma das mais importantes atrizes brasileiras do século XX, trabalhou e colaborou com Décio de Almeida Prado no grupo amador da Faculdade de Filosofia.

O Grupo Universitário de Teatro – GUT foi fundado em 1943 por iniciativa de Lourival Gomes Machado e, principalmente, de Décio de Almeida Prado, dois jovens universitários recém-formados que haviam demonstrado interesse pelo teatro desde a época de estudantes, participando de pequenas montagens teatrais na faculdade, ao lado dos estudantes de Letras e de Ciências Sociais. "Tinha um grupo que começou a demonstrar interesse em fazer teatro" – relembra Décio de Almeida Prado –

> e do qual faziam parte o Lourival Gomes Machado, que era meu colega de ano, e eu... E pensamos até em... representarmos uma peça de Cocteau, a *Antígone* [...]. Ele foi eleito presidente do Centro Acadêmico e queríamos fazê-la através do Centro... Mas nós chegamos a traduzir a *Antígone*, de Cocteau, que é uma espécie de versão modernizada... Eu faria um dos papéis, o de Hermon; Lourival faria o papel de Creonte [...]. Tínhamos um interesse pelo teatro, mas era uma coisa ainda muito vaga[9].

---

8 Maria Thereza Vargas, "O Encanto de um Grupo Amador", em João Roberto Faria, Vilma Arêas e Flávio Aguiar (orgs.), *Décio de Almeida Prado: um Homem de Teatro*, São Paulo, Edusp, 1997, p. 75. Sobre o GUT, consultar particularmente Miriam Lifchitz Moreira Leite, "GUT: o Ritmo Vivaz", em *idem*, pp. 159 e ss., e Jacó Guinsburg e Nanci Fernandes, "A Iniciação de um Crítico", em *idem*, pp. 129 e ss.

9 *Apud* Jacó Guinsburg e Nanci Fernandes, "A Iniciação de um Crítico", em João Roberto Faria, Vilma Arêas e Flávio Aguiar (orgs.), p. 146.

Desde a fundação, em 1943, até 1948, quando encerra suas atividades no palco do TBC, apresentando a peça O *Baile dos Ladrões*, de Jean Anouilh[10], o Grupo Universitário de Teatro teve diversos estudantes e jovens intelectuais gravitando à sua volta, alguns possuidores de autênticas vocações teatrais, outros interessados apenas em participar da convivência alegre e intelectualmente estimulante proporcionada pelos ensaios ou leituras das peças. Muitos colegas de faculdade de Décio de Almeida Prado e Lourival Gomes Machado acabaram tomando parte de uma forma ou de outra das atividades do GUT, entre eles Gilda de Moraes Rocha, prima de Mário de Andrade, que se tornou esposa de Antonio Candido; o próprio Antonio Candido, que, confessando na época não ter vocação para ator, se dedicou a realizar traduções para o grupo e, algumas vezes, a atuar como "ponto" juntamente com Ruy Coelho; Paulo Emílio Salles Gomes, que, mesmo já manifestando paixão pelo cinema, cedeu várias vezes sua casa, na rua Veiga Filho, para que se fizessem lá leituras de peças, como aquela de Álvares de Azevedo, *Macário*, que Lourival Gomes Machado pretendia fazer o grupo encenar; Maria de Lourdes dos Santos Machado, assistente do professor Fernando de Azevedo, que cuidou do guarda-roupa do primeiro espetáculo; e Ruth de Almeida Prado, esposa de Décio, responsável pela produção dos figurinos e pela administração financeira dos espetáculos[11]. "Havia nessa periferia" – conta Décio de Almeida Prado – "pessoas que se destacariam nas mais diversas profissões: romancistas (Lygia Fagundes, ainda sem o Telles), físicos (Jean Meyer), sociólogos (Maria Isaura Pereira de Queiroz), jornalistas (Ruy Mesquita e Oliveiros da Silva Ferreira), um ministro da Educação (Paulo de Tarso Santos) e tantos professores e bacharéis em direito que não seria possível enumerá-los"[12].

Esses jovens intelectuais ligados ao teatro universitário não deixaram de ser alvo, algumas vezes, da crítica fustigante e bem-humorada de Oswald de Andrade. Nesse tempo, já filiado ao Partido Comunista, o grande escritor e poeta fundador do movimento modernista em São Paulo fazia questão de revelar que deixara de ser o "palhaço" da aristocracia paulista ou o *enfant terrible* da burguesia[13]. Particularmente em *O Rei da Vela* – peça teatral escrita em 1933 e encenada pela primeira vez somente em 1967, pelo Teatro Oficina de São Paulo –, ele havia marcado posição como artista e intelectual, colocando-se como um adepto da revolução proletária e denunciando de modo irreverente os valores morais da família burguesa, sua perversão sexual e seu apego ao dinheiro. Em 1943, "hesitando entre o anarquismo e o comunismo, entre a indisciplina natural de seu temperamento e a nova disciplina imposta pelo stalinismo"[14], ele não poupou críticas aos jovens intelectuais da Faculdade de Filosofia, amantes do teatro e das artes, chamando-os

---

10 Ver Capítulo Primeiro, Primeiro Quadro: "A Inauguração do Teatro Brasileiro de Comédia", p. 45.
11 Miriam Lifchitz Moreira Leite, "GUT: o Ritmo Vivaz", pp. 164 e ss.
12 Décio de Almeida Prado, *Peças, Pessoas, Personagens: o Teatro Brasileiro de Procópio Ferreira a Cacilda Becker*, São Paulo, Companhia das Letras, 1993, p. 160. (Paulo de Tarso Santos, a quem se refere Décio de Almeida Prado, foi ministro da Educação no governo João Goulart.)
13 *Idem*, p. 27.
14 *Idem*, pp. 27-28.

de *chato-boys*. Para Oswald de Andrade, eles formavam um grupo que, diferentemente da geração dos modernistas de 22, chegou "voando pesado como Santa Rita Durão, normativo e gravibundo como se descendesse de Bulhão Pato"[15]. Essas críticas, que ele dirigia principalmente a Antonio Candido, não o impediram de elogiar o Grupo Universitário de Teatro quando da apresentação de seu espetáculo de estreia, no Theatro Municipal, no ano de 1943. Nesta ocasião, com direção de Décio de Almeida Prado, o GUT levou à cena três pequenas peças de um ato, uma intitulada *Pequenos Serviços em Casa de Casal*, do jovem autor principiante Mário Neme, jornalista de *O Estado de S. Paulo*, e duas outras, de Gil Vicente e Martins Pena, *Auto da Barca do Inferno* e *Os Irmãos das Almas* respectivamente. A respeito deste espetáculo, Oswald de Andrade fez o seguinte comentário:

> Os *chato-boys* estão de parabéns. Eles acharam o seu refúgio brilhante, a sua paixão vocacional talvez. Funcionários tristes da sociologia, quem havia de esperar [...] aquela justeza grandiosa que souberam imprimir ao *Auto da Barca* de Gil Vicente. [...] Os srs. Décio de Almeida Prado, Lourival Gomes Machado e Clóvis Graciano, secundados pela pequena *troupe* universitária, ficam credores de nossa admiração por terem realizado diante do público um dos melhores espetáculos que São Paulo já viu[16].

Em 1941, fugindo da guerra e da perseguição dos nazistas, o prestigiado ator e diretor francês de origem judaica Louis Jouvet estabelece-se no Brasil, juntamente com toda a sua companhia teatral. Sob o patrocínio do governo brasileiro e da embaixada francesa, Louis Jouvet e seu elenco de grandes atores e atrizes fizeram diversas apresentações teatrais em língua francesa nas cidades de São Paulo e Rio de Janeiro, revelando aos amadores brasileiros o que havia de mais moderno na dramaturgia europeia, especialmente francesa. "O impacto foi tremendo" – conta Alfredo Mesquita.

> Tínhamos pela primeira vez diante dos olhos ofuscados o que havia de mais perfeito, completo, requintado em matéria de teatro no mundo, isto é, na França, mantenedora, naquela época, do primeiro lugar em matéria de teatro. Lembro-me da tremenda emoção que senti na noite de estreia em São Paulo, ao abrir-se o pano sobre o cenário já então célebre de Christian Bérard para *A Escola de Mulheres*, de Molière... Que maravilha! Que nó na garganta! [...] O contraste entre a companhia de Jouvet e o nosso misérrimo teatro nacional era acachapante... Era preciso reagir, fazer qualquer coisa para reanimar ou, antes, criar um verdadeiro teatro brasileiro[17].

Em 1942, Alfredo Mesquita abre a Livraria Jaraguá. "Fundamos" – diz ele –,

15 Oswald de Andrade, *Ponta de Lança*, 3. ed., Rio de Janeiro, Civilização Brasileira, 1972, Obras Completas, volume v, p. 45.
16 *Idem*, p. 65.
17 Alfredo Mesquita, "Origens do Teatro Paulista", revista *Dionysos*, n. 25, Teatro Brasileiro de Comédia, MEC/Funarte/SNT, setembro de 1980, pp. 36-37.

eu e meu saudoso amigo Roberto Meira, a Livraria Jaraguá – rua
Marconi, 54 – nos moldes das livrarias inglesas, com uma sala de chá
aos fundos e que se tornou ponto de encontro de artistas e intelectuais
– sem falar das grã-finas – não só de paulistas, mas de todo o Brasil
– e, mesmo, de estrangeiros, quando de passagem por nossa capital[18].
[…] Dentre os frequentadores mais habituais, havia Mário de Andrade,
Oswald de Andrade, Sérgio Milliet, Aldemir Martins, Rebolo, Volpi,
Clóvis Graciano, Souza Lima, Camus, quando esteve em São Paulo, e
mais Carlos Lacerda, Vinícius de Moraes, Tristão de Athayde, Portinari,
Pancetti, Paulo Mendes Campos; todos esses passaram e conversaram
lá na livraria[19].

Além de diversos artistas e intelectuais, lá costumavam reunir-se também
os moços e moças ligados ao teatro amador e o pequeno grupo de diletos
amigos da Faculdade de Filosofia, formado por Antonio Candido, Lourival
Gomes Machado, Paulo Emílio Salles Gomes e Décio de Almeida Prado.
Em 1941, por iniciativa do próprio Alfredo Mesquita, esses jovens intelectuais criaram a revista *Clima*, na qual puderam publicar seus primeiros
escritos, passando cada um deles a dedicar-se cada vez mais às atividades de
crítica, estudos e pesquisas no campo artístico e cultural[20]. Como é sabido,
Antonio Candido tomou o caminho da literatura; Lourival, o das artes
plásticas; Paulo Emílio, o do cinema; e Décio, o do teatro. Em 1945, com
27 anos de idade, Antonio Candido publicaria seu livro de estreia, *Brigada
Ligeira*, uma coletânea de artigos literários publicados anteriormente no
jornal *Folha da Manhã*. Décio de Almeida Prado, por sua vez, começaria
a exercer, em 1946, com 29 anos de idade, a função de crítico teatral do
jornal *O Estado de S. Paulo*. Em 1947, Lourival Gomes Machado lançaria
também seu primeiro livro, *Retrato da Arte Moderna no Brasil*. Quanto
a Paulo Emílio Salles Gomes, que fora o criador do Clube de Cinema da
Faculdade de Filosofia, em 1940, seu primeiro livro, um estudo sobre a
vida e a obra do cineasta francês Jean Vigo, seria publicado em língua francesa pela Éditions du Seuil, em Paris, em 1957, depois de ele ter passado
vários anos na França, de 1946 a 1954, envolvido em estudos e pesquisas cinematográficas[21].

Foi na Livraria Jaraguá que Alfredo Mesquita fundou, em 1942, o Grupo
de Teatro Experimental – GTE. Reunindo ex-colegas da Faculdade de Direito

---

18 *Idem*, p. 35.
19 Alfredo Mesquita, *Depoimentos II*, Rio de Janeiro, MEC/Funarte/SNT, 1977, p. 25.
20 A revista *Clima* circulou de maio de 1941 a novembro de 1944. Sobre o "grupo de *Clima*",
    consultar Heloisa Pontes, "Crítico em Formação: Décio de Almeida Prado e a Revista *Clima*",
    em João Roberto Faria, Vilma Arêas e Flávio Aguiar, *Décio de Almeida Prado: um Homem de
    Teatro*, pp. 113-128. (Este estudo de Heloisa Pontes é, como ela própria diz, uma versão con-
    densada de sua tese de doutorado, *Destinos Mistos: o Grupo Clima no Sistema Cultural Paulista
    (1940-1968)*, apresentada na FFLCH da USP, em 1996.)
21 Um breve perfil de Paulo Emílio Salles Gomes é traçado por Ismail Xavier em seu texto
    "Paulo Emílio e o Estudo do Cinema", *Estudos Avançados*, USP, IEA, vol. 8, n. 22, pp. 297-300,
    set.–dez. 1994.

e alguns atores principiantes que atuaram em seus espetáculos amadores no Theatro Municipal, entre eles Abílio Pereira de Almeida e Marina Freire Franco[22], Alfredo Mesquita criou o GTE, associado inicialmente ao grupo amador English Players, dirigido por sua amiga Pussy Smallbones, filha do cônsul inglês em São Paulo[23]. Conforme ele conta, "o GTE durou seis anos, de 1942 a 1948, levando à cena uma série de espetáculos clássicos, vanguardeiros e peças de novos autores nacionais, sendo justamente esse o nosso programa, a nossa finalidade, o nosso ideal: elevar o nível das representações e montagens, do repertório, até então humílimo, do teatro profissional brasileiro"[24]. Nesse período, o GTE encenou autores clássicos da dramaturgia mundial (Musset, Molière, Shakespeare, Aristófanes), autores estrangeiros modernos (Lenormand, Sutton Vane e Tennessee Williams)[25] e quatro peças de novos autores teatrais nacionais: *Heffemann*, de autoria do próprio Alfredo Mesquita, apresentando nos principais papéis Jean Meyer, futuro físico nuclear, e Lígia Fagundes Telles, futura escritora e romancista; *Pif-paf* e *A Mulher do Próximo*, de Abílio Pereira de Almeida; e *A Bailarina Solta no Mundo*, de Carlos Lacerda, jovem jornalista do Rio de Janeiro, que já havia escrito outra peça, *Amapá*, encenada pelo GUT[26]. Dentre as peças de escritores estrangeiros modernos encenadas por Alfredo Mesquita, a que mais sucesso obteve foi *À Margem da Vida* (*The Glass Menagerie*), do então jovem dramaturgo norte-americano Tennessee Williams, que marcou a estreia da atriz Nydia Lícia no teatro amador[27].

De seu lado, o English Players, formado basicamente por atores amadores ingleses, incluía também em seu elenco alguns estudantes brasileiros da Sociedade de Cultura Inglesa, como Haydée Bittencourt, jovem paulistana apaixonada pelo teatro e pela língua e literatura inglesas, participante de diversos grupos teatrais amadores na década de 1940, inclusive do GUT, de Décio de Almeida Prado. Segundo ela, desde 1940, os ingleses vinham desenvolvendo intensa atividade teatral amadora em São Paulo. Constituíram um importante grupo teatral, a Sociedade de Artistas Amadores de São Paulo ou Amateur's Society, que realizou espetáculos sempre em língua

---

22 Ver Capítulo Segundo, "Os Amadores Paulistas das Elites", p. 113.
23 Alfredo Mesquita, "Origens do Teatro Paulista", p. 35.
24 *Idem*, p. 36.
25 A peça de Lenormand foi *A Sombra do Mal*, apresentada em setembro de 1943, no Theatro Municipal, em tradução de Esther Mesquita, irmã de Alfredo Mesquita. No elenco, ao lado de Abílio Pereira de Almeida, Carlos Vergueiro, Marina Freire e outros, figurava Rodolfo Nanni, que, em 1951, baseando-se na obra de Monteiro Lobato, iria realizar o filme *O Saci*, em cuja produção teve participação a Livraria Brasiliense, de Caio Prado Jr. Sobre o elenco desses primeiros espetáculos do GTE, consultar Maria Lúcia Pereira, "Antecedentes e História Cotidiana do TBC", revista *Dionysos*, n. 25, pp. 69 e ss.
26 *Idem*, p. 39. Carlos Lacerda, nessa época, mantinha forte ligação com a jovem intelectualidade da Universidade de São Paulo e com os jornalistas e intelectuais da redação do jornal *O Estado de S. Paulo*. Em 1945, participou da fundação da UDN, partido nacional de oposição a Getúlio Vargas, que tinha em Júlio de Mesquita Filho um dos seus principais líderes. Nos anos 1950 e 1960, Carlos Lacerda viria a ter intensa participação na vida política do país, envolvendo-se nos acontecimentos que precipitaram o suicídio de Getúlio Vargas, em 1954, e participando também da articulação do golpe militar de 31 de março de 1964.
27 Ver Capítulo Primeiro, Primeiro Quadro: "A Inauguração do Teatro Brasileiro de Comédia", p. 45.

inglesa, utilizando atores da coletividade inglesa paulistana, geralmente comerciários ou funcionários de firmas inglesas instaladas em São Paulo. Alguns desses ingleses amantes do teatro, especialmente Pussy Smallbones e Ronald H. Eagling, que trabalhava na companhia inglesa Lever, haviam sido atores na Inglaterra antes de virem para o Brasil. Ao lado do GUT e do GTE, a Amateur's Society foi um dos grupos amadores que estiveram presentes no início das atividades do TBC, em 1948[28].

Embora quase nunca mencionado, havia também nessa época um outro grupo teatral amador universitário, formado provavelmente por estudantes da Faculdade de Ciências Econômicas. O *Jornal das Artes*, em matéria intitulada "Teatro Universitário do Centro Acadêmico Horácio Berlinck", assinala a fundação, em 1945, deste grupo de amadores dirigido por Osmar Rodrigues Cruz[29]. Depois de realizar, em 1945 e 1946, alguns espetáculos baseados em textos de Joracy Camargo (*Maria Cachucha*), Oduvaldo Vianna (*Feitiço*) e Paulo Magalhães (*Feia*), este grupo amador universitário participa, na condição de elenco de apoio, da memorável apresentação em São Paulo, em 1947, do grupo Os Comediantes, já profissionalizado e dirigido por Miroel Silveira, que trouxe do Rio de Janeiro os espetáculos *Desejo*, de Eugene O'Neill, *Vestido de Noiva*, de Nelson Rodrigues, *Rainha Morta*, de Henry de Montherlant, e *Era uma Vez um Preso*, de Jean Anouilh[30]. No ano seguinte, em 1948, depois de realizar no Theatro Municipal a encenação da peça *Os Espectros*, do dramaturgo norueguês Henrik Ibsen, o grupo participa também da famosa montagem de *Hamlet*, de Shakespeare, apresentada em São Paulo pelo Teatro do Estudante, de Paschoal Carlos Magno, que trazia o ator Sérgio Cardoso no principal papel.

Em 1947, mais um grupo teatral amador forma-se na capital paulista, em torno de Paulo Autran, então um jovem advogado recém-formado no largo de São Francisco, e de Madalena Nicol, jovem e excelente cantora, amiga de Abílio Pereira de Almeida, Carlos Vergueiro e Alfredo Mesquita, frequentadora das reuniões artístico-culturais que aconteciam na residência de Débora e Franco Zampari, o fundador do TBC[31]. Nessa época, com 25 anos de idade, indeciso entre seguir a carreira advocatícia ou deixar-se levar por sua paixão pelo teatro, Paulo Autran procura Tatiana Belinky, amiga de Gilberta, sua irmã mais velha, desde os tempos em que as duas eram adolescentes. Filha de imigrantes judeus originários da Rússia, o pai técnico industrial e a mãe dentista, Tatiana Belinky veio com a família para o Brasil em 1929, fixando-se em São Paulo, onde guardaria para sempre as lembranças de sua infância feliz vivida na rua dos Navios, na cidade de

---

28 Haydée Bittencourt, entrevista concedida à pesquisa em 15 de agosto de 1999. Em um dos programas do TBC do ano de 1953, é apresentado todo o repertório das peças encenadas pela Sociedade de Artistas Amadores de São Paulo desde 1940 (Arquivo Haydée Bittencourt).

29 *Jornal das Artes*, número II, São Paulo, fevereiro de 1949 (Arquivo Ruy Affonso). Nas décadas seguintes, Osmar Rodrigues Cruz iria tornar-se um dos importantes diretores de teatro de São Paulo, responsável durante muito tempo pelo Grupo Teatral do Serviço Social da Indústria – Sesi.

30 Maria Lúcia Pereira, "Antecedentes e História Cotidiana do TBC", revista *Dionysos*, n. 25, "Teatro Brasileiro de Comédia", p. 72.

31 Ver Capítulo Primeiro, Primeiro Quadro: "A Inauguração do Teatro Brasileiro de Comédia", p. 45.

Riga, na Letônia[32]. No início dos anos 1940, casou-se com Júlio Gouveia, médico psiquiatra formado na Universidade de São Paulo. "Algum tempo depois que nos casamos" – diz Tatiana Belinky –

o Júlio começou a pensar em teatro para crianças, que ele via como uma atividade educativa, construtiva, formadora, capaz de desenvolver na criança e no adolescente certos conceitos, certas atitudes mentais e emocionais, base para a formação, na idade adulta, de uma atitude ética diante da vida, de uma compreensão justa dos valores humanos. [...] Tanto o Júlio quanto eu gostávamos muito dos livros do Monteiro Lobato, um grande escritor, cativante, rico em ensinamentos, que sabia respeitar a inteligência da criança, sua sensibilidade e capacidade de imaginação. O Júlio costumava escrever, de vez em quando, comentários sobre literatura infantil que eram publicados em algumas revistas. Pois não é que um dia, nós morávamos na rua Itacolomi, toca a campainha, eu vou abrir a porta e dou de cara com o Monteiro Lobato, aquele homem com aquelas duas sobrancelhas grossas, perguntando se era ali que morava o Júlio Gouveia. Ele queria conhecer o médico que tinha feito um comentário sobre um de seus livros. Foi assim que nos conhecemos, para alegria minha e do Júlio[33].

O casal Júlio Gouveia e Tatiana Belinky, em 1950 (Arquivo Tatiana Belinky).

Em 1947, ao ser procurada por Paulo Autran, que pedia informações sobre professores de interpretação teatral em São Paulo, Tatiana Belinky indica-lhe um curso de teatro que começara a funcionar no Instituto Cultural Brasil-Rússia. "A professora era uma mocinha, uma atriz húngara, que deu

---

32 Tatiana Belinky, *Transplante de Menina: da Rua dos Navios à Rua Jaguaribe*, Rio de Janeiro, Agir, 1989.
33 Tatiana Belinky, entrevista concedida à pesquisa em 31 de julho de 1998.

três ou quatro aulas, mal sabia português. Deu umas aulas de improvisação e ficou entusiasmada: disse que eu tinha talento e que poderia fazer teatro" – conta Paulo Autran[34]. Ele e Madalena Nicol, que participava também do curso como aluna, resolvem criar então um grupo teatral amador, o Grupo de Artistas Amadores, que estreia no Theatro Municipal com a peça *Esquina Perigosa* (*Dangerous Corner*), de J. B. Priestley, traduzida pela própria Madalena Nicol. Pouco mais de um ano depois, em dezembro de 1948, os dois iriam apresentar esta mesma peça no TBC, que acabava de ser inaugurado, quando em seu palco desfilavam apenas os grupos teatrais amadores. Antes do TBC transformar-se em uma companhia de teatro profissional, Madalena Nicol realizaria lá, em 1949, alguns outros espetáculos amadores[35]. Quanto a Paulo Autran, tentando novamente formar seu próprio grupo amador, ele sobe mais uma vez ao palco do TBC, neste ano de 1949, com a peça *A Noite de 16 de Janeiro*, de Ayn Rand, autora teatral de origem russa, naturalizada norte-americana, um espetáculo dirigido pelo inglês Ronald H. Eagling, da Amateur's Society[36]. Para realizar esse espetáculo, Paulo Autran reuniu vários atores amadores e lançou alguns principiantes, entre eles o estudante Clóvis Garcia, que viria a ser importante escritor, jornalista, crítico teatral e professor de teatro da USP; Renato Consorte, então estudante da Faculdade de Direito, que se tornaria um dos grandes atores do teatro, do cinema e da televisão no país; e o médico Júlio Gouveia, marido de Tatiana Belinky, que já havia decidido dedicar-se ao teatro, particularmente ao teatro infantil, e que procurava nesse momento adquirir experiência de palco, como ator.

Para o casal Júlio Gouveia e Tatiana Belinky, o ano 1949 é o da organização da Sociedade de Amadores do Teatro de Arte para Crianças, uma sociedade cultural, formada por seus familiares e alguns amigos, cuja finalidade era fazer exclusivamente teatro infantil e juvenil, apresentando espetáculos de valor estético e educativo, sem interesses comerciais, dirigidos às crianças e aos adolescentes[37]. Desde algum tempo, a casa em que os dois moravam vinha sendo local de reunião de profissionais liberais, muitos deles médicos, a maior parte imbuída de ideais socialistas ou simpatizante do Partido Comunista. Era um grupo que costumava reunir-se, infalivelmente, uma vez por semana, em animados e amistosos encontros, para ouvir música erudita e discutir questões políticas e culturais. As ponderações mais apreciáveis a respeito dos compositores de música clássica e dos grandes chefes de orquestra vinham, geralmente, do médico neurologista Antonio Branco Lefevre, que teve Monteiro Lobato sob seus cuidados nos dois últimos

---

34 Depoimento, em Alberto Guzik, *Paulo Autran: um Homem no Palco*, São Paulo, Boitempo Editorial, 1998, p. 42.
35 Maria Lúcia Pereira, "Fichas Técnicas do TBC", revista *Dionysos*, n. 25, "Teatro Brasileiro de Comédia", pp. 199 e ss.
36 Alberto Guzik, *Paulo Autran: um Homem no Palco*, pp. 46-49.
37 Estes objetivos da Sociedade de Amadores do Teatro de Arte para Crianças estão expressos no programa da peça *Peter Pan*, apresentada no Teatro Municipal de São Paulo, em 1950, com direção de Júlio Gouveia (Arquivo Tatiana Belinky).

anos de vida do grande escritor, que viria a falecer em 4 de julho de 1948[38]. Ligado ao Partido Comunista, Antonio Branco Lefevre tinha sido, em 1941, um dos participantes do grupo da revista *Clima*, responsável pelos escritos sobre música, ao lado dos quatro amigos da Faculdade de Filosofia: Antonio Candido, Lourival Gomes Machado, Paulo Emílio Salles Gomes e Décio de Almeida Prado. Juntamente com seus colegas médicos, entre eles David Rosenberg, José Rosemberg e Plínio Ribeiro Cardoso – entusiasta do pensamento marxista, possuidor de excelente coleção de discos, que organizava também reuniões em sua casa –, ele era um dos frequentadores assíduos dos encontros semanais na casa de Júlio Gouveia e Tatiana Belinky. Quando esse casal começa a realizar espetáculos de teatro infantil em cinemas de bairro, clubes e no Theatro Municipal, seriam principalmente os meninos Ricardo e André Gouveia, seus filhos, e Sérgio Rosemberg, Antonio Sílvio Lefevre, Lídia e Lia Rosenberg, filhos de seus amigos, que representariam no palco as personagens infantis das peças, contos e histórias para crianças.

No ano de 1950, Júlio Gouveia é indicado por Décio de Almeida Prado para assumir a direção do grupo de teatro dos comerciários, que acabara de ser criado no Serviço Social do Comércio – Sesc. O primeiro diretor deste grupo amador foi o próprio Décio de Almeida Prado, logo depois que o GUT teve suas atividades encerradas, em 1948[39]. No teatro dos comerciários, Júlio Gouveia dirige a peça O *Calcanhar de Aquiles* (*Aventuras da Família Lero-lero*), do comediógrafo cearense Raymundo Magalhães Júnior, tendo como assistente de direção sua amiga Haydée Bittencourt, atriz amadora e estudiosa do teatro inglês, que se tornou, anos depois, professora da Escola de Arte Dramática, de Alfredo Mesquita, e também professora de teatro na Universidade de Minas Gerais, após ter feito estudos teatrais na Inglaterra. Segundo ela, Júlio Gouveia foi a primeira pessoa em São Paulo a estudar e a introduzir o método de interpretação para atores de Constantin Stanislávski, tão em voga na época na famosa escola de formação de atores de Nova York, Actor's Studio[40]. No grupo teatral do Sesc, ele vai trabalhar com vários atores amadores, alguns dos quais tiveram, depois, importante carreira no teatro e na televisão, como foi o caso de Ítalo Rossi, companheiro de Fernanda Montenegro, Fernando Torres e Sérgio Brito em muitas aventuras teatrais; Roberto Koln, amigo eterno de Haydée Bittencourt e igualmente estudioso de teatro, que liderou, anos mais tarde, o movimento teatral na cidade de Londrina, no Paraná; David Garófalo – conhecido como David Neto – e Maria Cecília de Carvalho, que se casaram e passaram a integrar o elenco de atores da PRF-3 TV Tupi-Difusora, ele formando famosa dupla cômica com Walter Stuart, o inesquecível comediante e criador dos programas circenses da televisão; Paulo Basco, que participou durante anos dos programas de teleteatro infantojuvenil, criados na PRF-3 TV Tupi-Difusora por Júlio

38 Carmen Lúcia de Azevedo, Márcia Camargos e Vladimir Sacchetta, *Monteiro Lobato: Furacão na Botocúndia*, São Paulo, Editora Senac sp, 1997, p. 351.
39 Tatiana Belinky, entrevista concedida à pesquisa em 31 de julho de 1998.
40 Haydée Bittencourt, entrevista citada.

Gouveia e Tatiana Belinky; e, por fim, Lúcia Lambertini, atriz excepcional, descendente de uma grande família de atores imigrantes vindos da Itália[41].

Neste mesmo ano de 1950, a Sociedade de Amadores do Teatro de Arte para Crianças já estava plenamente constituída. Foi quando apresentou no Theatro Municipal a peça *Peter Pan*, de autoria de Júlio Gouveia, uma adaptação em três atos da história de James Matthew Barrie, trazendo Haydée Bittencourt no principal papel. No elenco, além de Clóvis Garcia, figuravam também Eny Autran Garcia Ribeiro, uma outra irmã de Paulo Autran; Wilma Bueno de Camargo, ex-bibliotecária da Sociedade de Cultura Inglesa, amiga de Haydée Bittencourt; Raymundo Victor Duprat, que fundaria, cinco anos depois, em 1955, ao lado de Oduvaldo Vianna Filho e Gianfrancesco Guarnieri, o Teatro Paulista do Estudante – TPE, ligado à União da Juventude Comunista[42]; e os meninos Sérgio Rosemberg, hoje renomado médico neurologista, e Alberto Guzik, hoje importante escritor e jornalista. Na diretoria desta sociedade amadora, cujo nome foi logo mudado para Teatro Escola de São Paulo – TESP, além de Júlio Gouveia e Tatiana Belinky, encontravam-se alguns de seus amigos, como Adelina Cerqueira Leite, Ester Mindlin Guimarães, Margarita Schulmann Lins e Silva, Evaristo Garcia Ribeiro, Haydée Bittencourt, Eny Autran Garcia Ribeiro, Wilma Bueno de Camargo e Jacques Pasternak, que ocupava o cargo de presidente. O presidente de honra não era outro senão Ruggero Jacobbi, diretor teatral italiano que, um ano antes, em 1949, viera compor o quadro de diretores e cenógrafos estrangeiros contratados pelo TBC.

No início do ano de 1949, com efeito, poucos meses depois de inaugurado, o TBC transforma-se numa companhia de teatro profissional[43]. Franco Zampari contrata primeiramente o diretor teatral italiano Adolfo Celi, que se encontrava na época em temporada na Argentina, criando a seguir um elenco fixo de atores, diretores e cenógrafos. O primeiro espetáculo profissional do TBC, dirigido por Adolfo Celi, em 1949, foi a montagem da peça *Time of Your Life*, de William Saroyan, que em português teve o título de *Nick Bar... Álcool, Brinquedos, Ambições*. A Adolfo Celi vieram juntar-se Luciano Salce, Flamínio Bollini Cerri, Ruggero Jacobbi e Ziembinski, jovens diretores estrangeiros "desencantados com as sombrias perspectivas europeias do após-guerra"[44]. Além destes, foram contratados também os cenógrafos italianos Aldo Calvo e Bassano Vaccarini, participantes do grupo desde os primeiros espetáculos, vindo a seguir Túlio Costa, Mauro Francini e, um pouco mais tarde, Gianni Ratto, que se radicaria no Brasil, tornando-se um dos importantes diretores teatrais do país. Em 1956, Alberto D'Aversa foi um dos últimos diretores estrangeiros a integrar-se ao TBC. Formado em Filosofia e Letras pela Universidade de Milão e diplomado

---

41 Ver Capítulo Segundo, "A Arte do Espetáculo Amador: São Paulo", p. 103.

42 Deocélia Vianna, *Companheiros de Viagem*, São Paulo, Brasiliense, 1984, p. 113.

43 Sobre o TBC, sua história e seus espetáculos, consultar, notadamente, Alberto Guzik, *TBC: Crônica de um Sonho*, São Paulo, Perspectiva, 1986; e revista *Dionysos*, n. 25, "Teatro Brasileiro de Comédia", *op. cit.*

44 Sábato Magaldi, *Panorama do Teatro Brasileiro*, 2. ed., Rio de Janeiro, MEC/Funarte/SNT, 1975, p. 195.

em estudos teatrais pela Academia de Arte Dramática de Roma, ele foi inicialmente contratado por Alfredo Mesquita para lecionar na Escola de Arte Dramática, por indicação de seu amigo Adolfo Celi[45].

Ruggero Jacobbi permanece pouco tempo no TBC. Sua saída, em meados de 1950, parece ter sido motivada pela retirada de cartaz da peça que ele havia dirigido, *A Ronda dos Malandros*, de John Gay, considerada por Franco Zampari um tanto quanto subversiva[46]. Juntamente com Madalena Nicol, ele constitui então uma companhia teatral, envolvendo-se ao mesmo tempo em diversas atividades artísticas e culturais: palestras e conferências, direção teatral e trabalhos no cinema junto à recém-fundada companhia cinematográfica Maristela, de Mário Audrá[47]. Data desta época sua participação no Teatro Escola de São Paulo – TESP, ao lado de Júlio Gouveia e Tatiana Belinky, e seu envolvimento com a televisão, principalmente com a TV Paulista, canal 5, que iniciou suas transmissões em São Paulo, em caráter experimental, no decorrer do ano de 1951. Mesmo afastado do TBC, ele mantinha fortes laços de amizade não só com os atores e atrizes do teatro paulista, mas também com os do teatro carioca, pois havia trabalhado no Rio de Janeiro alguns anos antes de ser contratado por Franco Zampari. Segundo Luiz Galon, veterano diretor de teleteatro da TV Tupi-Difusora, foi ele quem trouxe inicialmente os atores do teatro para a televisão, isto no começo da década de 1950[48]. Por sua vez, Antonino Seabra, outro diretor de teleteatro dos primeiros anos da televisão, conta que foi com Ruggero Jacobbi que acertou sua vinda do Rio de Janeiro para São Paulo, em 1951, para trabalhar na TV Paulista, canal 5. Ele tinha, então, dezoito anos de idade e já trabalhava como operador de som e sonoplasta na Rádio Guanabara, além de realizar pequenos trabalhos como desenhista de revistas em quadrinhos na Rio Gráfica Editora, pertencente a Roberto Marinho, futuro dono da Rede Globo de Televisão. "Um dia" – diz Antonino Seabra –

> o Alfredo Souto de Almeida, da Rádio Guanabara, recebe a visita de Ruggero Jacobbi, um italiano que estava em São Paulo e que foi ao Rio de Janeiro contratar pessoas para a TV Paulista. […] O Alfredo Souto disse para ele: "Eu tenho um menino aí que é um bom sonoplasta, está se desenvolvendo muito bem". Marcaram então um encontro entre eu e o Ruggero, em Copacabana. […] No hotel, ele desceu, camisa grudada no peito, e disse: "Desculpe a demora, eu passei a noite nas boates. Estou contratando artistas aqui no Rio". […] Ele me ofereceu seis mil, cinco vezes mais do que eu ganhava. […] Aí desembarco em São Paulo, bem carioca, usando camisa de *náilon*, com a mala cheia de camisas de *náilon*. E fazia um frio lazarento. No aeroporto, tomei

45   Alberto Guzik, *TBC: Crônica de um Sonho*, pp. 153-154.
46   *Idem*, pp. 39-40.
47   Sobre as atividades de Ruggero Jacobbi no cinema paulista, consultar Mário Audrá Júnior, *Cinematográfica Maristela: Memórias de um Produtor*, São Paulo, Silver Hawk, 1997.
48   Luiz Galon, entrevista concedida à pesquisa em 17 de julho de 1998.

um táxi e fui para a TV Paulista, na avenida Rebouças esquina com a rua da Consolação, procurar o Ruggero[49].

Na década de 1950, fazendo palestras e conferências, publicando artigos em jornais e revistas, dirigindo teatro, cinema e televisão, Ruggero Jacobbi aproxima-se cada vez mais dos jovens estudantes universitários e secundaristas, apaixonados pelo teatro, pertencentes à União da Juventude Comunista. Em abril de 1955, lá está ele ao lado de Oduvaldo Vianna Filho, Gianfrancesco Guarnieri, Vera Gertel, Diorandy Vianna, Raymundo Duprat e Pedro Paulo de Uzeda Moreira, presidindo a reunião da fundação do Teatro Paulista de Estudante – TPE. Conforme consta da ata desta reunião, ele "frisou-se honrado em presidir a fundação do TPE. Finalizando sua oração, declarou que estava certo do sucesso total do grupo, acreditando-o em ótimas mãos"[50]. Um ano depois, em fevereiro de 1956, os jovens atores do TPE, acolhidos pelo diretor teatral José Renato Pécora, integram-se ao Teatro de Arena, participando da montagem da peça *Escola de Maridos*, de Molière. Logo a seguir, junta-se ao grupo o engenheiro químico Augusto Boal, recém-chegado dos Estados Unidos, onde fora estudar, tendo lá decidido dedicar-se aos estudos teatrais.

Fundado em 1953 por José Renato Pécora, aluno da primeira turma da Escola de Arte Dramática, o Teatro de Arena já ocupava nessa época o pequeno edifício de dois andares, no centro da cidade, na rua Teodoro Baima, em frente à Igreja da Consolação, onde permanece até hoje. Nos seus primeiros anos de atividade, apresentou espetáculos em vários locais, inclusive no Museu de Arte Moderna, na rua Sete de Abril, criado por Ciccillo Matarazzo e Yolanda Penteado. E não deixou de ter, durante muito tempo, o TBC e a EAD como seus principais centros de referência, até pelo menos 1958, ano da montagem da peça *Eles Não Usam Black-tie*, de Gianfrancesco Guarnieri, momento em que ocorre uma reviravolta estética no grupo, iniciando-se então a fase da afirmação de uma dramaturgia nacional. Até esta data, o Teatro de Arena apresentou um repertório que, de uma maneira geral, seguia a tendência inaugurada pelo TBC, com a alternância de textos famosos da dramaturgia moderna europeia e norte-americana, alguns de sucesso garantido, já testados no exterior, e outros mais elaborados artisticamente[51]. Os espetáculos eram geralmente dirigidos pelo próprio José Renato Pécora, mas alguns deles tiveram outros diretores, entre eles Alfredo Mesquita. Participavam do elenco ex-estudantes da EAD, atores amadores e mesmo alguns jovens artistas que começavam a destacar-se na televisão, como, por exemplo, Bárbara Fázio, esposa de Walter George Durst; Edi Cerri, jovem atriz que iniciou carreira no Teatro Escola de São Paulo – TESP,

---

49   Antonino Seabra, depoimento à Associação Paulista dos Pioneiros da Televisão – Appite (14 de outubro de 1998).

50   *Apud* Deocélia Vianna, *Companheiros de Viagem*, p. 113.

51   Maria Thereza Vargas, "O Registro dos Fatos", revista *Dionysos*, n. 24, "Especial: Teatro de Arena", Rio de Janeiro, MEC/Funarte/SNT, out. 1978, pp. 7-29; Sábato Magaldi, *Um Palco Brasileiro: o Arena de São Paulo*, São Paulo, Brasiliense, 1984.

de Júlio Gouveia e Tatiana Belinky; o casal Eva Wilma e John Herbert, que fazia sucesso na PRF-3 TV Tupi-Difusora, os dois formando o par romântico do teleteatro *Alô Doçura*, de autoria de Cassiano Gabus Mendes, baseado nas histórias de rádio de seu pai, Octavio Gabus Mendes; e Riva Nimitz e José Serber, atores saídos do grupo teatral amador judeu, do bairro do Bom Retiro[52].

Desde meados dos anos 1940, Júlio Gouveia e Tatiana Belinky acompanhavam as intensas atividades artísticas e culturais desenvolvidas pela comunidade judaica no bairro do Bom Retiro. Nas décadas de 1920 e 1930, concentraram-se neste bairro os imigrantes judeus vindos principalmente das pequenas aldeias da Polônia e das antigas regiões da Moldávia, Transilvânia e Bessarábia, ao sul da Rússia, integradas hoje, em sua maior parte, nos territórios da Romênia e da Ucrânia[53]. Estes imigrantes formavam uma população composta basicamente de camponeses e pequenos artesãos – carpinteiros, sapateiros, alfaiates, açougueiros, padeiros etc. –, herdeiros de forte tradição cultural popular em língua iídiche, de que dão testemunho, particularmente, as peças O *Violinista no Telhado*, de Sholem Aleichem, e *O Dibuk*, de Sholem An-Ski, já incorporadas ao patrimônio teatral brasileiro[54].

Durante a década de 1930, ganha força em São Paulo um movimento teatral desencadeado por imigrantes judeus. Peças teatrais em língua iídiche começam, então, a ser frequentemente apresentadas, contando com a participação de imigrantes que haviam sido atores profissionais em seus países de origem. Nessa época, destacou-se no bairro do Bom Retiro o casal de atores Mile e Rosa Cipkus, ele descendente de uma antiga família de artistas itinerantes que costumava apresentar espetáculos teatrais, de aldeia em aldeia, viajando pelas pobres e longínquas regiões do sul da Rússia. Por volta de 1920, esta família encontrava-se em Varsóvia, na Polônia e, pouco tempo depois, uma parte dela imigraria para o Brasil e outra, para a Argentina. Quando faleceu, jovem ainda, no ano de 1939, Mile Cipkus havia participado em São Paulo de 28 espetáculos teatrais falados em iídiche. Sua mulher, Rosa Cipkus, continuaria a carreira teatral até os setenta anos de idade, sempre ligada ao teatro iídiche[55].

Boris Cipkus (ou Cipis), nascido em São Paulo, filho deste casal de atores, tornou-se importante ator amador e destacado participante das atividades artísticas e culturais amadoras que animaram o Bom Retiro, nas

---

52 Sobre as peças apresentadas nessa época no Teatro de Arena e seus respectivos elencos, consultar Maria Thereza Vargas, "Os Registros dos Fatos", *op. cit.*

53 Lenina Pomeranz, entrevista concedida em 17 de fevereiro de 1999.

54 Jacó Guinsburg, *Aventuras de uma Língua Errante*, São Paulo, Perspectiva, 1996; e "As Aventuras de um Teatro Errante", *Revista Shalom Cultura*, São Paulo, Editora Shalom, julho 1981.

55 Esther Priszkulnik, *O Teatro Iídiche em São Paulo*, tese de mestrado apresentada ao Departamento de Línguas Orientais da FFLCH da USP, São Paulo, 1997, volume I (Apresentação). Este trabalho traz o registro, em fichas técnicas, de todos os espetáculos apresentados pela coletividade judaica em São Paulo. Em seu volume II (páginas não numeradas), as fichas técnicas 580 e 582 assinalam a presença do escritor e crítico literário Anatol Rosenfeld, atuando como ator, em dois espetáculos amadores realizados, em 1956 e 1957, na Congregação Israelita Paulista – CIP.

décadas de 1940 e 1950, envolvendo grande parte da nova geração do bairro, os filhos dos primeiros imigrantes. Foi todo um importante trabalho cultural e educativo desenvolvido pelo Centro Cultura e Progresso – CCP, uma associação cultural comunitária, inicialmente chamada de Iuguent Club (Clube da Juventude), nascida no Bom Retiro no final dos anos 1920 e começo dos anos 1930. Conforme observa Esther Priszkulnik, foram principalmente os judeus identificados com o pensamento progressista e com as causas populares que passaram a promover mais intensamente as atividades artísticas e culturais, a organizar bibliotecas, a criar grupos de música coral, a realizar palestras, conferências e reuniões de confraternização, abertas a toda a comunidade, em que se valorizavam as tradições artísticas e literárias da cultura iídiche[56]. Isso ocorreu, sobretudo, depois da deflagração da Segunda Guerra Mundial, quando a coletividade judaica não deixou de sentir-se ameaçada por certo sentimento antissemita manifestado pelo governo de Getúlio Vargas, no período ditatorial do Estado Novo. "Os meus pais eram antinazistas, obviamente, como qualquer judeu, e participavam do esforço antiguerra, ajudando como podiam" – afirma a economista Lenina Pomeranz.

> Mas nem todos os que participavam das atividades do Centro Cultura e Progresso eram socialistas ou comunistas. Eu acho que tinha alguma coisa a ver com as origens das pessoas. Era o pessoal mais pobre que tinha vindo para cá. A cultura e a educação sempre foram valores muito altos para esses imigrantes do Bom Retiro que tinham vindo das regiões pobres da Europa Oriental. E tem uma outra coisa: de uma maneira geral, os judeus têm um espírito comunitário muito desenvolvido. Mesmo o pessoal mais reacionário, você vai ver, trabalha de maneira muito comunitária[57].

Segundo um dos antigos membros do Centro Cultura e Progresso, o escritor Jacó Guinsburg, depois de ter passado por várias fases, inclusive pela cisão entre comunistas e trotskistas, essa associação vai apresentar "duas faces", por volta de 1943. Nessa época,

> ela não era apenas um clube da comunidade judaica. Era uma frente legal do Partido Comunista. Havia uma fração do PCB extremamente atuante dentro do CCP. Muita coisa do PCB foi feita por gente, por militante do CCP. Por exemplo, o jornal *Nossa Voz*, órgão da coletividade judaica do Bom Retiro, era um jornal do PCB. Sei muito bem disso, porque eu era militante do Partido [...]. Em determinadas épocas, o CCP tinha uma posição extremamente radical, de combate político, dentro da própria coletividade. Desafiava tradições, apresentava teatro em épocas que a tradição religiosa considerava como sagradas[58].

56 *Idem*, volume I.
57 Lenina Pomeranz, entrevista citada.
58 Jacó Guinsburg, entrevista concedida à pesquisa em 1º de março de 2000.

Em 1953, é fundada a Casa do Povo, nome pelo qual se tornou conhecido o Instituto Cultural Israelita Brasileiro – ICIB, entidade de ação social e comunitária, cuja sede, na rua Três Rios, foi construída com o apoio financeiro de vários representantes da coletividade judaica[59]. Na criação da Casa do Povo, tiveram participação decisiva os militantes do CCP e sua diretoria, da qual fazia parte, em 1948, Jacó Guinsburg, responsável pelo Departamento da Juventude. Por isso, ao ser inaugurada, a Casa do Povo assumiu todas as atividades antes desenvolvidas pelo CCP: teatro, música, biblioteca, música coral, palestras, conferências, encontros sociais e de confraternização da juventude etc.[60]. "O objetivo maior da Casa do Povo era construir um teatro que funcionasse não apenas para os imigrantes judeus, mas que fosse aberto para toda a comunidade, para o bairro, para a cidade" – conta Jacó Guinsburg[61]. Segundo ele, a ideia era criar um grupo permanente de teatro, como o Yiddish Folks Theater – YFT, da Argentina, grupo teatral progressista, onde Alberto D'Aversa trabalhou, dirigindo Bertolt Brecht, antes de vir para o Brasil, contratado pelo TBC. Em 1959, um ano antes de a Casa do Povo entregar à cidade de São Paulo o Teatro de Arte Israelita Brasileiro – TAIB, Alberto D'Aversa estaria lá, dirigindo a peça *Histórias para Serem Contadas*, de Oswaldo Dragun. Inaugurado em 1960, o TAIB tornou-se, então, ao lado do Teatro de Arena e do Teatro Oficina, um dos principais centros teatrais e culturais da capital paulista, irradiadores dos ideais artísticos e políticos de toda uma nova geração de estudantes universitários, artistas e intelectuais.

A comunidade judaica do bairro do Bom Retiro, da mesma forma que os imigrantes italianos, espanhóis e portugueses das primeiras décadas do século, pôde contar também com algumas associações de ajuda mútua e de apoio ao imigrante recém-chegado, entre elas a Organização Feminina Israelita de Assistência Social – Ofidas, criada em 1940, resultado da fusão de outras instituições assistenciais[62]. Na Ofidas – que anos depois, fundindo-se com outras associações, se transformou na atual União Brasileiro-Israelita do Bem-Estar Social, Unibes –, teve atuação destacada Elisa Kauffman, pernambucana de nascimento, filha de imigrantes judeus saídos, eles também, de alguma região da antiga Bessarábia. Era casada com Francisco Abramovitch, com quem teve duas filhas, a médica Irene Abramovitch e a pedagoga e escritora de livros infantis Fanny Abramovitch. "A Elisa era uma figura líder da comunidade judaica do Bom Retiro" – diz a economista Lenina Pomeranz, que a conheceu em seus tempos de juventude.

59   Francisco Abramovitch, entrevista concedida à pesquisa em 10 de fevereiro de 1999.
60   Jacó Guinsburg, entrevista citada.
61   *Idem*.
62   Henrique Veltman, *A História dos Judeus em São Paulo*, Rio de Janeiro, Editora Expressão e Cultura, 1996, p. 107.

Ela tinha uma personalidade muito marcante e tinha uma atividade comunitária imensa na Ofidas. Era muito querida por todas as pessoas que frequentavam a Ofidas. As pessoas gostavam muito dela. [...] A Elisa era a mãe de todos no Bom Retiro. Era uma mulher extremamente inteligente e muito carinhosa. Quem a conheceu mais de perto sempre teve muita admiração por ela[63].

Elisa Kauffman, em 1955
(Arquivo Tatiana Belinky).

Por sua vez, a filha, Fanny Abramovitch, conta o seguinte:

> Minha mãe criou, na Ofidas, um curso profissionalizante para as mocinhas que estudavam, que queriam ter uma profissão, que iam geralmente virar secretárias. Não era apenas um trabalho assistencialista, tinha também um conteúdo político, pois ela era uma comunista convicta. Mais tarde, em 1947, ela foi, em São Paulo, a primeira mulher candidata a vereadora pelo Partido Comunista. Foi eleita. Até alguns anos atrás, podia-se ler em algum canto, em algum muro da rua Silva Pinto, no Bom Retiro, "Vote em Elisa Kauffman, a candidata de Prestes!" Foi eleita, mas logo depois foi cassada. E, na legenda de aluguel que ela tinha – pois o Partido Comunista estava na ilegalidade –, seu primeiro suplente subiu para vereador. Ele era, nada mais nada menos, que o sr. Jânio da Silva Quadros[64].

63 Lenina Pomerantz, entrevista citada.
64 Fanny Abramovitch, entrevista concedida à pesquisa em 24 de julho de 1998.

Elisa Kauffman (à esquerda) e suas filhas Irene (ao centro) e Fanny, em 1957 (Arquivo Tatiana Belinky).

Fanny Abramovitch conta também que sua mãe, militante e dirigente do Partido Comunista, foi diretora, por volta de 1950, da famosa Escola Israelita Brasileira Sholem Aleichem, um dos mais avançados centros educacionais de São Paulo, sobretudo durante os anos 1950 e 1960. "O Sholem" – diz ela –

> era uma pequena escola judaica, progressista, de esquerda, aberta também às crianças brasileiras. Tinha só o pré-primário e o primário. O ginásio só começou depois da morte de minha mãe, que aconteceu em 1963. Começou a funcionar na rua Bandeirantes, no Bom Retiro, depois veio para a rua Três Rios, para o prédio que, mais tarde, se transformou na Casa do Povo, Instituto Cultural Israelita Brasileiro, o ICIB. Era considerada, na época, uma das melhores escolas de São Paulo. Lá se ensinava o iídiche, não o hebraico; ensinava-se que a pátria era o Brasil, não Israel, e se comemoravam, ao mesmo tempo, Tiradentes e Moisés. Nas mãos de minha mãe, a escola tornou-se um centro de ensino de vanguarda, no sentido político e, principalmente, pedagógico, dada a qualidade do ensino. De certa forma, o Sholem foi precursor de outras escolas-modelo criadas depois, como o Centro Experimental da Lapa e o Colégio de Aplicação da USP. Toda a esquerda queria mandar os filhos para lá. Iam também crianças que não eram judias, mas aprendiam o iídiche e recebiam uma formação cultural bastante rica e de esquerda[65].

65 *Idem.*

Nessa época, Elisa Kauffman continuava seu trabalho na Ofidas e, ao mesmo tempo, dirigia o Clube I. L. Peretz, uma associação recreativa que promovia uma série de atividades culturais para crianças e adolescentes, geralmente aos sábados, incluindo passeios, audições de música, mesas-redondas, palestras e conferências. Segundo Fanny Abramovitch, os jovens mais ativos e talentosos, que apresentavam maior capacidade de liderança, eram logo convidados para entrar na União da Juventude Comunista[66].

Desde os tempos de juventude, Elisa Kauffman teve uma grande amiga na vida, Tatiana Belinky. "Ela era baixinha" – diz Tatiana Belinky –,

> da minha altura, mais magrinha, ruiva, bonitinha, entusiasmada, era uma pessoa especial. Foi muito minha amiga e eu fui muito amiga dela. Éramos muito ligadas, muito juntas. Eu e o Júlio éramos apenas simpatizantes do Partido. Nunca fomos militantes. Aliás, nem queríamos ser. O que nos interessava era o trabalho cultural, a literatura, o teatro para crianças. E o trabalho cultural da Elisa, na Casa do Povo, era muito importante, rico e estimulante. Estávamos sempre juntas, ou na minha casa ou na casa dela. Era comigo que ela desabafava, falava dos problemas políticos – ela era da direção do Partido – e de problemas pessoais. E era com ela que eu também desabafava. Ela lia muito. Tinha paixão por literatura. E eu também. Foi minha grande amiga, a irmã que não tive, até ela morrer, até hoje[67].

Elisa Kauffman morreu de câncer, em 1963. "Ela foi então velada na presença de muitas pessoas, de muitos amigos" – conta Fanny Abramovitch.

> Já se sabia que no enterro haveria discursos, várias pessoas iriam falar, inclusive o Luiz Carlos Prestes e o Carlos Mariguela, que deveriam falar pelo Partido. Mas minha mãe, antes de morrer, quis que quem falasse fosse o Maurício Segall, mais jovem do que ela, e seu grande amigo, que tinha sido recrutado por ela para o Partido Comunista. [...] Depois da morte de minha mãe, durante uns seis ou oito anos, não me lembro mais durante quanto tempo, eu sempre levava flores para a Tatiana Belinky no dia das mães[68].

Em dezembro de 1951, Júlio Gouveia e Tatiana Belinky começam a apresentar seu teatro infantil na PRF-3 TV Tupi-Difusora. Desde essa data, até mais ou menos 1963, eles lá permaneceram realizando programas de teleteatro infantojuvenil. Através desses programas, um número grande de atores amadores judeus do Centro Cultura e Progresso e, depois, da Casa do Povo, iniciou carreira artística na televisão, destacando-se entre eles José Mandel, Rafael Golombeck, Elias Gleiser, Marcos Rosembaum, Felipe Wagner, Júlio Lerner e o inesquecível e generoso José Serber, excelente ator e amigo

---

66 *Idem.*
67 Tatiana Belinky, entrevista concedida à pesquisa em 14 de julho de 1998.
68 Fanny Abramovitch, entrevista citada.

fraternal de todos, sempre imbuído de profundos sentimentos de solidariedade e de justiça social. Ele pagou caro, anos depois, sua militância no Partido Comunista, quando, na prisão, foi vítima de tortura que lhe afetou a saúde, a qual nunca mais recuperou, acabando por ter morte prematura.

Na década de 1950, os programas de teleteatro, ao lado dos programas e shows musicais, constituíram a base da programação artística das emissoras de televisão. Na PRF-3 TV Tupi-Difusora, particularmente, havia uma enorme quantidade de programas de teleteatro, ocupando lugar de destaque os programas *TV de Vanguarda*, *TV de Comédia* e *Grande Teatro Tupi*, levados ao ar à noite, geralmente aos domingos e às segundas-feiras. Eram grandes espetáculos teleteatrais, divididos em atos, como no teatro, que contavam com a participação dos atores formados no rádio ou na própria televisão e, também, de atores vindos do teatro amador e dos grupos teatrais profissionais. Durante a semana, havia também os teleteatros mais curtos, como o programa O *Contador de Histórias*, que apresentava uma história completa a cada sete dias, ou o *Teatro de Romances e Aventuras*, baseado em adaptações de obras literárias, apresentado em capítulos semanais. A toda essa programação teleteatral, acrescentavam-se os inúmeros programas de teleteatro infantojuvenil realizados pelo Teatro Escola de São Paulo – TESP, de Júlio Gouveia e Tatiana Belinky[69].

Na semana do terceiro aniversário da PRF-3 TV Tupi-Difusora, em setembro de 1953, os jornais *Diário de São Paulo* e *Diário da Noite* lançam um suplemento especial, com cerca de vinte páginas, trazendo na capa a fotografia da menina Sônia Maria Dorce, a "estrelinha" da televisão. Nesta publicação, um balanço dos três primeiros anos da emissora é feito pela direção dos Diários e Emissoras Associados. Sobre os programas de teleteatro infantojuvenil, que detinham, na época, os maiores índices de audiência, Júlio Gouveia é chamado a manifestar-se: "A PRF-3 TV é a pioneira do teatro para crianças na América Latina" – escreve ele.

---

69 A respeito dos programas de teleteatro realizados nessa época pela PRF-3 TV Tupi-Difusora e, também, pela TV Record e pela TV Paulista, consultar Flávio Luiz Porto e Silva, O *Teleteatro Paulista nas Décadas de 50 e 60*, Secretaria Municipal de Cultura, Idart, 1981. Baseado em rigorosa pesquisa, esse trabalho, tão pouco divulgado, é o que de melhor existe em matéria de documentação histórica sobre a programação artística e teatral das emissoras de televisão de São Paulo, nos seus primeiros tempos, na década de 1950.

Júlio Gouveia, em 1956, diante da estante de livros no estúdio da TV Tupi-Difusora, onde todos os domingos, às dez horas da manhã, abria um grande livro intitulado *"Era uma Vez..."* e contava as histórias do programa *Teatro da Juventude*. No final do programa, ele encerrava dizendo: "Mas isto já é uma outra história que fica para uma outra vez. Entrou por uma porta, saiu pela outra, quem quiser que conte outra". Aí, então, fechava o livro e o recolocava na estante (Foto: Raymundo Mattos. Arquivo David José).

Lúcia Lambertini, em 1956, no papel de Emília, a boneca de pano do *Sítio do Picapau Amarelo*, de Monteiro Lobato (Foto: Raymundo Mattos. Arquivo David José).

O espetáculo da cultura

Edi Cerri e David José, em 1956, nos papéis de Narizinho e Pedrinho, no *Sítio do Picapau Amarelo* (Foto: Raymundo Mattos. Arquivo David José).

Mas não é somente a pioneira. É também a recordista. Pois, desde o Natal de 1951, data do primeiro teatro para crianças na TV, com a peça Os *Três Ursos*, de Tatiana Belinky, foram apresentadas na Tupi exatamente 245 peças para crianças, em três programas semanais, o *Fábulas Animadas* (às quintas-feiras, sete horas da noite), o *Era uma Vez...* (*Teatro da Juventude*, aos domingos, às dez horas da manhã) e a teatralização das histórias infantis de Monteiro Lobato, o *Sítio do Picapau Amarelo*. Foram 245 peças, em apenas dezenove meses! Isto é tanto mais fantástico, quando nos lembramos de que um desses programas, o *Fábulas Animadas*, foi mantido no ar, pela direção da emissora, durante dez meses, sem patrocinador. E o *Sítio do Picapau Amarelo*, o programa de vinte minutos mais caro que a Tupi mantém no ar, esteve também sem patrocinador durante sete semanas[70].

---

70 *O Diário de São Paulo*, suplemento comemorativo do terceiro aniversário da TV Tupi-Difusora, 18 set. 1953 (Arquivo Edi Cerri).

Cena do *Sítio do Picapau Amarelo* (1957).
Lúcia Lambertini (Emília), Hernê Lebon
(Visconde de Sabugosa) e, atrás, David José
(Pedrinho) e Edi Cerri (Narizinho). (Foto:
Raymundo Mattos. Arquivo David José).

Cena do *Sítio do Picapau Amarelo* (1957).
Da esquerda para a direita: Edi Cerri
(Narizinho), Lúcia Lambertini (Emília), Hernê
Lebon (no papel do Macaco) e David José
(Pedrinho). (Foto: Raymundo Mattos. Arquivo
David José).

Algumas das meninas atrizes do Teatro Escola de São Paulo – TESP, de Júlio Gouveia e Tatiana Belinky. Ao centro, Verinha Darcy, uma das estrelinhas dos programas *Fábulas Animadas* e *Teatro da Juventude*. À esquerda, Nonô Pacheco, sobrinha de Lúcia Lambertini; e, à direita, a atual escritora Maria Adelaide Amaral, que interpretou a personagem Becky, a namoradinha de Tom Sawyer, em *As Aventuras de Tom Sawyer*, de Mark Twain, apresentadas em capítulos semanais no programa *Teatro da Juventude*, nos anos de 1954, 1956 e 1958 (Foto: Raymundo Mattos. Arquivo David José).

Cena do *Teatro da Juventude*, em 1956. Da esquerda para a direita, David José, Júlio Gouveia e os atores amadores da Casa do Povo, José Serber (ao centro), Felipe Wagner e Ênio Gonçalves. (Foto: Raymundo Mattos. Arquivo David José).

Durante os anos 1950, na PRF-3 TV Tupi-Difusora, os programas de Júlio Gouveia e Tatiana Belinky, sempre com altos índices de audiência, acabam sendo apresentados quatro vezes por semana, às terças, quartas e quintas--feiras, às sete horas da noite, e aos domingos, às dez horas da manhã[71]. Dentre eles, o *Sítio do Picapau Amarelo* foi o que maior sucesso alcançou. Ficou em cartaz durante cerca de dez anos e, desde o início, em 1952, teve a atriz Lúcia Lambertini no papel de Emília, a boneca de pano criada por Monteiro Lobato. A personagem Narizinho, interpretada no começo pela menina Lídia Rosenberg, filha do médico David Rosenberg – hoje conhecida psicóloga e professora da Pontifícia Universidade Católica de São Paulo –, ganhou sua intérprete definitiva, a partir de 1953, que foi a menina Edi Cerri, então com apenas treze anos de idade, cujo talento e beleza ficaram para sempre na lembrança das crianças e dos jovens de toda uma geração. Atriz encantadora e dotada de profunda sensibilidade, ela recebeu elogios do público e da crítica por sua interpretação da personagem Anne Frank, em 1959, quando substituiu a atriz Dália Palma na peça *O Diário de Anne Frank*, de Goodrich e Hackett, dirigida por Antunes Filho no Teatro de Cultura Artística de São Paulo. Pouco tempo antes, em 1956, no Teatro de Arena, ela havia participado da montagem da peça *Dias Felizes*, de Claude André Puget, dirigida por José Renato Pécora, ao lado de Gianfrancesco Guarnieri, Oduvaldo Vianna Filho, Vera Gertel, Méa Marques e Sérgio Rosa. A personagem Pedrinho – inicialmente representada por Antonio Sílvio Lefevre, filho do médico Antonio Branco Lefevre, por Sérgio Rosemberg, filho do médico José Rosemberg, e pelo menino Julinho Simões – teve como seu principal intérprete, desde 1955 até 1959, o então ator infantojuvenil David José, este historiador. A negra Benedita da Silva, que não era atriz, mas que tinha sido empregada da família de Monteiro Lobato, desempenhou sempre, com alegria, o papel de tia Anastácia. A atriz Suzi Arruda, cunhada do médico Plínio Ribeiro Cardoso, foi a insuperável intérprete de vovó Benta, às vezes substituída por Leonor Pacheco, irmã de Lúcia Lambertini. O sabugo de milho, Visconde de Sabugosa, teve também seu intérprete inigualável, o ator gaúcho Hernê Lebon.

---

71 Interessado em telenovela e na questão da indústria cultural, o historiador Renato Ortiz apresenta quadros estatísticos das novelas de TV produzidas em São Paulo na década de 1950, no início da televisão. Ele inclui na categoria de telenovela inúmeros programas de teleteatro, inclusive os espetáculos de teatro infantojuvenil de Júlio Gouveia e Tatiana Belinky. Nos seus quadros estatísticos, tais espetáculos são apresentados como telenovelas, indicados como "adaptações infantis". Renato Ortiz, "A Evolução Histórica da Telenovela", em Renato Ortiz, Silvia Helena Simões Borelli e José Mário Ortiz Ramos, *Telenovela, História e Produção*, 2. ed., São Paulo, Brasiliense, 1991.

Os atores amadores da Casa do Povo, Marcos Rosembaum (em pé) e Rafael Golombeck, em 1957, no *Teatro da Juventude*. (Foto: Raymundo Mattos. Arquivo David José).

Elias Gleizer, o "Tonelada", como era chamado pelo pessoal da Casa do Povo, em cena no *Teatro da Juventude*, em 1957, ao lado de Henrique Martins (Heinz Schlesinger), ator pioneiro do elenco da TV Tupi-Difusora (Foto: Raimundo Mattos. Arquivo David José).

Fanny Abramovitch no *Teatro da Juventude*, em 1958. (Foto: Raymundo Mattos. Arquivo David José).

Júlio Lerner, jovem ator amador da Casa do Povo, no *Teatro da Juventude*, em 1959. (Foto: Raymundo Mattos. Arquivo David José).

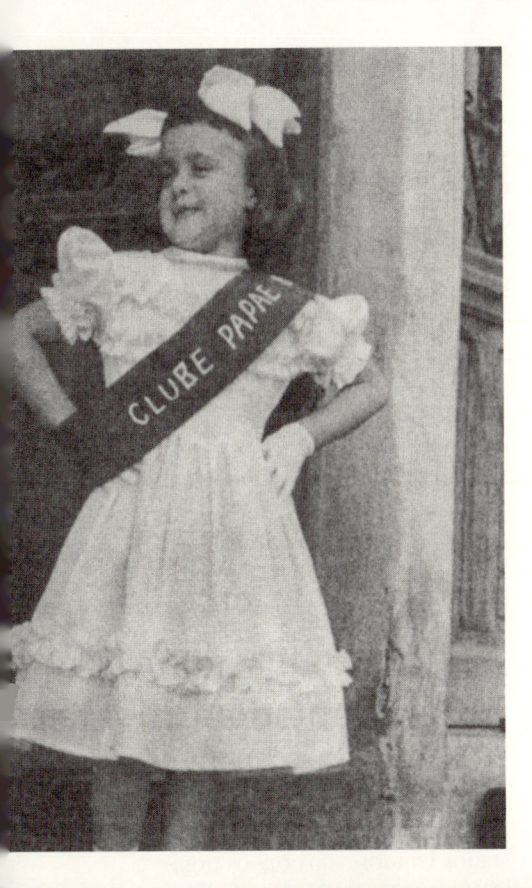

Sônia Maria Dorce, a "estrelinha" da TV Tupi-Difusora, no programa *Clube Papai Noel*, em 1951. (Arquivo Appite)

Adriano Stuart, em 1953, na peça *O Pequeno Maestro*, apresentada no teleteatro *TV de Vanguarda* da PRF-3 TV Tupi-Difusora. Filho do ator e comediante Walter Stuart, ele foi um dos importantes atores infantojuvenis da televisão nas décadas de 1950 e 1960. Além de diretor de programas de TV, foi um dos mais brilhantes atores do cinema nacional. (Arquivo Appite).

As iniciativas artísticas e culturais no pós-guerra

Imediatamente após 1945, as antigas lideranças intelectuais, artísticas e culturais de São Paulo, historicamente envolvidas no círculo de relações de algumas famílias tradicionais paulistas, como os Prado, os Mesquita e os Penteado, parecem ter acreditado firmemente que chegara a hora de fazer valerem seus ideais liberais e democráticos, pelos quais haviam lutado no Movimento Constitucionalista de 1932, armas em punho, contra Getúlio Vargas. Terminada a guerra e chegado ao fim o governo ditatorial do Estado Novo, essas antigas lideranças, guardando ainda vínculos históricos com o Partido Democrático Paulista, têm novamente à sua disposição a redação de *O Estado de S. Paulo*, no instante em que esse jornal retorna às mãos da família Mesquita, após ter passado cinco anos sob intervenção governamental. Nessa época, não apenas a ideia de democracia ganha força na sociedade brasileira. Recobra vida também o sentimento, já algumas vezes manifestado e colocado em prática por essas lideranças intelectuais e culturais, de que o cultivo dos valores humanos e espirituais, da arte, da educação e da cultura é uma necessidade que se impõe para a construção no país de uma ordem social democrática. E os ventos vindos então do estrangeiro sopravam a favor.

No plano internacional, paralelamente à transformação da Rússia em União das Repúblicas Socialistas Soviéticas – URSS, bloco de países socialistas liderados por ela no leste europeu, ocorre nesse momento o estabelecimento de uma nova ordem político-econômica mundial, confirmando-se os acordos mantidos entre os países aliados que impuseram a derrota à Alemanha nazista[72]. Sob a liderança dos Estados Unidos, são criados organismos internacionais – principalmente a Organização das Nações Unidas (ONU), a Organização das Nações Unidas para a Educação, a Ciência e a Cultura (Unesco), o Fundo Monetário Internacional (FMI) e a Organização Mundial do Comércio (OMC) – e são realizados investimentos maciços de capitais na Europa Central para a reconstrução das cidades e das economias arrasadas pela guerra (Plano Marshall)[73]. Ao mesmo tempo, revelados ao mundo os crimes de guerra nazistas, a perseguição ao povo judeu e as atrocidades cometidas nos campos de concentração, ocorre uma verdadeira exaltação em escala mundial dos valores humanos e das liberdades individuais calcados nos princípios liberais da democracia ocidental. Temas referentes à liberdade, à dignidade humana, à educação e ao cultivo dos valores espirituais para a formação do cidadão livre e da democracia ganham expressão acentuada em todo o mundo, difundindo-se principalmente nos

---

72 Sobre as negociações diplomáticas entre Stalin, Roosevelt e Churchill para a instauração de uma nova ordem político-econômica internacional, consultar particularmente Eric J. Hobsbawm, *A Era dos Extremos: o Breve Século xx, 1914-1991*, 2. ed., São Paulo, Companhia das Letras, 1995; e Pedro S. Malan, "Relações Econômicas Internacionais do Brasil (1945-1964)", em *História Geral da Civilização Brasileira*, 3. ed., Rio de Janeiro, Bertrand Brasil, 1995, tomo III, *O Brasil Republicano*, 4. volume, *Economia e Cultura (1930-1964)*, livro primeiro.

73 *Idem, ibidem.*

países da Europa Ocidental e da América Latina, situados na órbita política e econômica dos Estados Unidos. Este país é apresentado então como o modelo da democracia e sai da guerra como uma das superpotências mundiais, em oposição à outra superpotência, a Rússia, país da ditadura do proletariado, do comunismo.

No dia 16 de novembro de 1945, apenas 23 dias após a entrada em vigor da Carta das Nações Unidas, representantes governamentais de 44 países, entre eles o representante do Brasil, reúnem-se numa conferência em Londres para a criação da Unesco. Em documento assinado conjuntamente, eles reafirmam o ideal democrático ocidental e proclamam a educação e a cultura como "deveres sagrados" das nações "para que se atinjam a justiça, a liberdade e a paz". Num de seus trechos, pode-se ler:

> Os governos dos Estados participantes da presente Convenção, em nome de seus povos, declaram:
> • que as guerras nascem no espírito dos homens e é no espírito dos homens que devem ser erguidas as defesas da paz [...];
> • que a grande e terrível guerra que acaba de terminar se tornou possível pela negação do ideal democrático de dignidade, de igualdade e de respeito à pessoa humana e pela vontade de colocar em seu lugar, explorando a ignorância e o preconceito, o dogma da desigualdade das raças e dos homens;
> • que, pelo fato de a dignidade do homem exigir a difusão da cultura e da educação de todos para que se atinjam a justiça, a liberdade e a paz, há, para todas as nações, deveres sagrados a serem cumpridos num espírito de mútua assistência;
> • que uma paz fundada apenas em acordos econômicos e políticos de governos não poderia proporcionar a adesão unânime, durável e sincera dos povos e que, consequentemente, essa paz deve ser estabelecida sobre o fundamento da solidariedade intelectual e moral da humanidade[74].

Em São Paulo, às antigas lideranças intelectuais e culturais de pensamento liberal-democrático, vieram juntar-se as novas gerações de estudantes e professores universitários, de artistas e de intelectuais. Formadas de modo geral na oposição à ditadura do Estado Novo, estas novas gerações sofreram de alguma forma a influência das correntes de pensamento marxista difundidas, em grande medida, a partir da forte presença e atuação do Partido Comunista nos meios culturais e, especialmente, junto à juventude[75]. Pouco a pouco, após o ingresso na universidade, setores consideráveis das classes médias passam a integrar o grande círculo de relações das elites intelectuais e culturais paulistas, participando de uma série de iniciativas de valorização

---

74 "Convention créant une Organisation des Nations Unies pour l'éducation, la science et la culture. Adoptée à Londres le 16 novembre 1945", em Amadou-Mahtar M'Bow (org.), *L'Unesco à la veille de son 40ᵉ anniversaire*, Paris, Unesco, 1985, annexe I, p. 213.

75 Antonio Albino Canelas Rubim, "Marxismo, Cultura e Intelectuais no Brasil", em João Quartim de Moraes, *História do Marxismo no Brasil*, volume III, São Paulo, Editora da Unicamp, 1998.

da arte e da cultura que, nessa época, começaram a ser colocadas em prática, sobretudo por particulares, especialmente por alguns descendentes das famílias tradicionais paulistas, como Alfredo Mesquita, Caio Prado Júnior e os irmãos Sílvio e Armando Álvares Penteado, entre outros, e por determinados empresários e industriais, com destaque para Franco Zampari, Ciccillo Matarazzo e Assis Chateaubriand. Foram iniciativas que se apoiaram de algum modo na ideia de que, para o aprimoramento das instituições democráticas e construção de um novo país, tornava-se necessário dotar a cidade de instrumentos, estruturas e equipamentos destinados à educação e à formação artística e cultural da população.

No âmbito governamental, algumas tentativas foram feitas neste sentido, conforme assinala o *Jornal das Artes*, em fevereiro de 1949[76]. Mas quase nunca deram resultados, como a iniciativa do professor e educador da USP, Fernando de Azevedo, em 1947. Nessa época, ao ser nomeado pelo governador recém-eleito, Adhemar de Barros, para o cargo de secretário da Educação e Saúde, ele interessou-se pela questão do ensino artístico. Criou uma comissão de teatro formada por Décio de Almeida Prado, que já havia iniciado suas atividades de crítico teatral em *O Estado de S. Paulo*, Vicente Ancona Lopes, José Barros Pinto, Miroel Silveira, crítico e diretor teatral, Joracy Camargo, dramaturgo, e pelo diretor teatral da Amateur's Society, Ronald H. Eagling. Reunindo-se semanalmente durante alguns meses, esta comissão elabora o projeto de criação da Fundação de Teatro do Estado de São Paulo e da Academia Paulista de Teatro, definindo igualmente os princípios diretores do ensino da arte teatral, musical e coreográfica. Em julho de 1947, o projeto encontrava-se já nas mãos do governador que, segundo o jornal, não quis colocá-lo em prática[77].

Caio Prado Júnior, por sua vez, além de suas importantes atividades como pesquisador, escritor e historiador, foi também um dos que não deixaram de se preocupar com a formação cultural e educacional na cidade de São Paulo. No mesmo ano de 1947, logo depois de ter sido eleito deputado estadual pelo Partido Comunista, ao qual era filiado, teve uma atuação destacada na Assembleia Legislativa, antes de o partido ser colocado na ilegalidade. Ao lado do físico Mário Schenberg, eleito também deputado pelo PCB e autor da lei que instituiu o curso noturno nas universidades[78], ele atuou de modo decisivo para que o Estado assumisse o compromisso de destinar meio por cento do seu orçamento para ser utilizado exclusivamente na pesquisa científica. Foi com base neste dispositivo legal que se criaria mais tarde, na década de 1960, a Fundação de Amparo à Pesquisa do Estado de São Paulo – Fapesp. E, desde 1943, Caio Prado Júnior vinha atuando como editor de livros, contando com a colaboração de amigos e de alguns

76   *Jornal das Artes*, n. II, fevereiro de 1949 (Arquivo Ruy Affonso).
77   *Idem.*
78   "O Mundo de Mário Schenberg", publicação da Casa das Rosas, Secretaria da Cultura do Estado de São Paulo, 1998. (Como foi assinalado, o suplente de Mário Schenberg na Assembleia Legislativa era o radialista e dramaturgo Oduvaldo Vianna.)

escritores e intelectuais, entre eles Monteiro Lobato, que se tornaria seu sócio na Livraria Brasiliense, em 1946, pouco antes de falecer[79].

Em 1950, Maria Helena Prado, na época sua esposa e também militante do PCB, estava envolvida em intensas atividades políticas, tendo como suas fiéis companheiras Deocélia Vianna, escritora de radionovelas e mulher de Oduvaldo Vianna, e a atriz e comediante Maria Vidal. Ambas pertenciam à pequena base do PCB que existia no meio radiofônico, principalmente nas rádios Tupi e Difusora, da qual faziam parte, como militantes ou simpatizantes, Oduvaldo Vianna, Walter George Durst, Túlio de Lemos, José Castelar, Heloisa Castelar, Lima Duarte, Dionísio Azevedo, o adolescente Walter Avancini e Carlos Giachieri, saído do TBC, diretor cenotécnico da televisão recém-inaugurada[80]. Maria Helena Prado era, então, presidente da Federação das Mulheres, entidade ligada à Fédération Internationalle des Femmes, presidida pela ex-combatente da Resistência Francesa, Marie Claude Vaillant Couturier. Em São Paulo, a Federação congregava mulheres do meio operário, possuindo uma série de núcleos espalhados por vários bairros da capital[81].

Foi nessa época, em 1950, que Caio Prado Júnior envolveu-se com o cinema. Através de um de seus sócios, Artur Neves, a Livraria Brasiliense lança-se na produção do filme *O Saci*, baseado na obra *O Sítio do Picapau Amarelo*, de Monteiro Lobato, dirigido por Rodolfo Nanni, o mesmo jovem que, poucos anos antes, havia subido ao palco como ator amador do Grupo Experimental de Teatro – GTE, de Alfredo Mesquita, e que tinha acabado de chegar da França, depois de um estágio no famoso Institut des Hautes Études Cinématographiques – Idhec, de Paris. Reunindo muitos jovens militantes ou simpatizantes do PCB, Rodolfo Nanni organiza uma equipe de filmagem em que figuravam, entre outros, o cinegrafista Ruy Santos; a jovem Liba Fridmann, do Centro Cultura e Progresso, do bairro do Bom Retiro, que se tornaria destacada jornalista[82]; o futuro escritor e autor de telenovelas Bráulio Pedroso; o jornalista e crítico de cinema Alex Viany; e o então estudante de Direito Nelson Pereira dos Santos, que viria a tornar--se um dos mais importantes cineastas do país, aquele que lançou as bases do movimento brasileiro do Cinema Novo, desencadeado no fim dos anos 1950. Ele conta que quis participar do filme *O Saci* "porque era uma história de Monteiro Lobato, que tinha posições de esquerda, lutava pelo petróleo etc. Depois, porque era uma forma de procurar um encontro com a cultura brasileira: a temática rural, a descrição do caipira, da vida num sítio bem

---

79 Carmen Lúcia de Azevedo, Márcia Camargos e Vladimir Sacchetta, *Monteiro Lobato, Furacão na Botocúndia*, São Paulo, Editora Senac-SP, 1997, p. 341.
80 Bárbara Fazio, entrevista concedida à pesquisa em 21 de agosto de 1999; e Deocélia Vianna, *Companheiros de Viagem*, pp. 88-89 e 101-104.
81 Deocélia Vianna, *Companheiros de Viagem*, p. 88.
82 Liba Fridmann, então militante da Juventude Comunista, participou das filmagens como continuísta. Ela conta que tanto a editora Brasiliense como o PCB participaram da produção deste filme, só lançado em 1953, depois de uma série de confusões que causaram o rompimento entre Caio Prado Júnior e Artur Neves. (Entrevista concedida à pesquisa em 6 de fevereiro de 1999.)

brasileiro"[83]. Pouco antes, na Faculdade de Direito, Nelson Pereira dos Santos havia participado ativamente da política estudantil, dos congressos universitários, da campanha do petróleo. Conforme ele diz, "começou a se formar então em São Paulo, naquela época, um grupo bastante grande de jovens ferrenhamente de esquerda que, de repente, descobriram que o cinema era importante como forma de atuação cultural, e que fizeram do cinema a sua meta"[84].

Em 1947, Sílvio e Armando Alvares Penteado, irmãos de Antonieta Prado, mãe de Caio Prado Júnior, envolvem-se em iniciativas culturais e educacionais. Atuando junto à Escola Politécnica e incentivando a criação da Faculdade de Arquitetura e Urbanismo – FAU, eles fazem doação à Universidade de São Paulo da antiga residência da família, a Vila Penteado, no bairro de Higienópolis, para que se instalassem lá os novos cursos de arquitetura. Neste mesmo ano, no bairro do Pacaembu, é criada a Fundação Armando Álvares Penteado, cujos primeiros espaços, enquanto se construía o edifício-sede, foram cedidos a particulares para a instalação de uma escola de música e para a organização de cursos de desenho[85].

Quanto à família Mesquita, ela organiza nessa época a criação da Rádio Eldorado, com o objetivo precípuo de divulgar seus ideais liberais-democráticos e manter no ar uma programação cultural de alto nível, conforme já citado[86]. Ao mesmo tempo, o filho caçula, Alfredo Mesquita, vê-se cada vez mais envolvido com seu trabalho no teatro amador, e Ester Mesquita, uma de suas irmãs, começa a imprimir vigor às atividades musicais da antiga Sociedade de Cultura Artística de São Paulo. Por seu lado, Paulo Duarte, que "fez sempre parte da *entourage* de Júlio de Mesquita Filho"[87], havia criado pouco antes, em 1945, o Instituto de Pré-História e o Instituto Paulista de Oceanografia, órgãos do governo do Estado que, mais tarde, em 1962, seriam integrados à USP. Em 1950, ele lançaria a famosa revista *Anhembi*, que marcou época em São Paulo, contando com a colaboração de um número grande de intelectuais da antiga e da nova geração. Poucos anos depois, em 1956, o jornal *O Estado de S. Paulo* criaria o seu Suplemento Literário, a partir de um projeto elaborado por Antonio Candido, a pedido de Júlio de Mesquita Filho. Tratava-se de uma publicação semanal, encartada no jornal, dedicada exclusivamente a ensaios críticos e estudos sobre literatura, poesia, música, cinema, teatro e artes plásticas. Desde o início, por indicação do próprio Antonio Candido, a direção do Suplemento Literário

83 Nelson Pereira dos Santos, "Depoimento", em Maria Rita Galvão, *Burguesia e Cinema: o Caso Vera Cruz*, Rio de Janeiro, Civilização Brasileira, 1981, p. 207.
84 *Idem*, p. 203.
85 *Fundação Armando Álvares Penteado – Faap*, São Paulo, DBA, 1997, p. 37 (texto de Ignácio Loyola Brandão).
86 João Lara Mesquita, entrevista concedida à TV Comunitária, TV a cabo, em outubro de 1999.
87 Erasmo Garcia Mendes, "Paulo Duarte", *Estudos Avançados*, "60 Anos de USP", p. 190. Sobre as relações de Paulo Duarte com a família Mesquita; sua atuação, nas décadas de 1920 e 1930, como jornalista de *O Estado de S. Paulo* e como diretor de redação do *Diário Nacional*, órgão oficial do Partido Democrata Paulista; sua participação no Movimento Constitucionalista de 32; seu exílio em Portugal e na França, ao lado, entre outros, de Francisco Mesquita e Júlio de Mesquita Filho, consultar Paulo Duarte, *Memórias*, volume I, São Paulo, Hucitec, 1975.

foi confiada a Décio de Almeida Prado, que lá permaneceu até 1967, publicando textos de diversos autores, de artistas, de críticos, historiadores e estudiosos de arte, e de importantes intelectuais estrangeiros que se integravam já à vida cultural nacional, como Otto Maria Carpeaux e Anatol Rosenfeld. Não obstante possuir o jornal *O Estado de S. Paulo* uma linha política bem definida, contrária ao pensamento marxista que se afirmava então no mundo artístico e intelectual do país, o seu Suplemento Literário, como escreve Marilene Weinhardt, "não se alinhava a esta ou àquela ideologia, mas muitos dos que estavam ligados a ele eram de esquerda"[88].

O empresário e jornalista Assis Chateaubriand, dono dos Diários e Emissoras Associados, criador da "Cidade do Rádio" nos altos do bairro do Sumaré, decide também participar do movimento de valorização da arte e da cultura desencadeado em São Paulo no pós-guerra. Desde a década de 1920, sempre ligado por profundos laços de amizade a Yolanda Penteado, ele transitava com certa desenvoltura nos meios políticos, empresariais e financeiros de São Paulo. Na verdade, foi nesta cidade que ele conseguiu reunir capitais junto aos ricos empresários de origem italiana, como, por exemplo, o velho conde Francisco Matarazzo ou José Martinelli. Foi também aí que ele realizou muitos dos seus grandes negócios, com o aval de empresários descendentes de famílias tradicionais, entre eles Sílvio Álvares Penteado[89]. Suas relações com as elites políticas, culturais e intelectuais paulistas haviam-se estreitado, sobretudo por ocasião da Revolução Constitucionalista de 32, a favor da qual tomou partido, tendo sido preso depois em virtude disto. Nessa época, ele esteve muito unido a estas elites, tendo inclusive participado da fundação da Escola de Sociologia e Política, no ano de 1933. Como era muito bem relacionado no meio empresarial e conhecido como um grande "cavador de dinheiro", foi chamado por Roberto Simonsen e José de Alcântara Machado para captar recursos que ajudassem a viabilizar a instalação do novo centro de estudos. "Quando foi chamado, Chateaubriand pôs sua alavanca para funcionar" – conta Fernando Moraes.

> Em menos de um mês, tinha tomado mais de cem contos, divididos em cotas doadas pelos condes Sílvio Penteado e Modesto Leal, por Samuel Ribeiro e Guilherme Guinle. [...] Para convencer o conde Modesto Leal [...] a doar vinte contos, ele teve de pedir a Virgílio de Melo Franco que explicasse ao miliardário lusitano o que significava a palavra *sociologia* e teve de inventar, por sua própria conta, uma sinuosa história sobre a importância da sociologia na luta contra o comunismo. Os jornalistas Cásper Líbero, Otaviano Alves de Lima e Júlio de Mesquita Filho (respectivamente em nome da *Gazeta*, da *Folha da Manhã* e do *Estado*) entraram com mais quinze contos. Quando a

88 Marilene Weinhardt, "O Suplemento Literário de *O Estado de S. Paulo* (1956-1967)", em João Roberto Faria, Vilma Arêas e Flávio Aguiar (orgs.), *Décio de Almeida Prado: Um Homem de Teatro*, p. 199.
89 Fernando Moraes, *Chatô, o Rei do Brasil*, São Paulo, Companhia das Letras, 1994, especialmente pp. 310 e 364.

escola foi fundada, em maio de 1933, embora Chateaubriand fosse um de seus grandes animadores e fizesse parte de seu primeiro conselho, de seu bolso mesmo só tinham saído minguados cinco contos de réis[90].

No dia 2 de outubro de 1947, Assis Chateaubriand inaugura o Museu de Arte de São Paulo – Masp, no edifício Guilherme Guinle, então em fase de construção, na rua Sete de Abril, sede dos Diários Associados. Organizado e dirigido por Pietro Maria Bardi, o Masp teve seus espaços projetados por sua mulher, a arquiteta Lina Bo Bardi. Desde o início, a intenção de Pietro Maria Bardi era transformar o local num verdadeiro centro cultural com características didáticas, em que a população, principalmente a juventude, pudesse adquirir conhecimentos gerais sobre as diversas modalidades do trabalho artístico, não apenas sobre as artes plásticas[91]. Cursos regulares e conferências sobre os mais diversos temas foram logo organizados, contando com a participação de inúmeros artistas e especialistas. O primeiro curso foi o de gravura, iniciado pelo gravador curitibano Poty Lazzaroti e, depois, conduzido por Renina Katz. A seguir, vieram os seguintes cursos: desenho, confiado ao artista italiano Roberto Sambonet, que vivia em São Paulo; pintura, ministrado por Gastone Novelli e, depois, por Waldemar da Costa; e escultura, a cargo do polonês August Zamoyski. Sob a orientação de Lina Bo Bardi, foi organizado também um curso de desenho industrial, abrangendo várias especialidades e técnicas artísticas, entre elas fotografia, artes gráficas e arquitetura, que teve Carlos Bratke, Gregori Warchavchik, Lasar Segall, Jacob Ruchti e Leopold Haar entre seus principais professores. Para os cursos de fotografia, o museu montou um laboratório completo sob a orientação de Thomas Farkas. Quanto aos cursos de cinema, eles tiveram vários colaboradores, entre eles Marcos Margullies, Plínio Garcia Sanchez e Tito Batini. Mas seu ponto alto, segundo Pietro Maria Bardi, foram os seminários do cineasta Alberto Cavalcanti, em 1949, quando chegou da Europa, sendo logo contratado por Franco Zampari para dirigir a Companhia Cinematográfica Vera Cruz[92].

"Em fins de 1949" – conta Alberto Cavalcanti –

fui convidado pelo sr. Assis Chateaubriand para fazer uma série de conferências no Museu de Arte de São Paulo, aqui chegando em 4 de setembro. Como tinha vivido na Europa durante 36 anos, só tendo feito nesse tempo uma viagem de três meses ao Rio, resolvi aceitar. Quase no fim de minha estada, fui apresentado aos senhores Franco Zampari, Adolfo Celi e Ruggero Jacobbi, pelo sr. Francisco Matarazzo Sobrinho. Aqueles senhores (todos os três completamente alheios ao cinema, sob o ponto de vista industrial) convidaram-me para visitar,

---

90   *Idem*, p. 323.
91   Pietro Maria Bardi, *A História do Masp*, São Paulo, Instituto Quadrante, 1992, p. 13.
92   *Idem*, p. 16.

em São Bernardo do Campo, os terrenos pertencentes ao último, onde planejavam construir a futura Companhia Cinematográfica Vera Cruz[93].

De fato, logo após terem inaugurado o TBC, em 1948, Ciccillo Matarazzo e, principalmente, Franco Zampari decidem investir no cinema, construindo portentosos estúdios, uma verdadeira cidade cinematográfica, no município de São Bernardo do Campo. Nascia assim a famosa Companhia Vera Cruz, cuja direção foi entregue a Alberto Cavalcanti. Sob sua orientação, foram contratados vários técnicos estrangeiros, principalmente da Inglaterra, onde ele havia tido destacada atuação, firmando-se como um dos importantes cineastas da escola inglesa de documentaristas. "O fato de um homem como o Cavalcanti estar à testa da Vera Cruz" – diz Alex Viany –

> [...] não nos animou nem um pouco, apesar de ele ter participado ativamente do movimento do documentarismo inglês. Nós achávamos que o Cavalcanti era simplesmente um estrangeiro, tinha passado tempo demais fora daqui para poder ter sensibilidade com relação aos problemas brasileiros; conhecia o Brasil tanto, ou tão pouco, quanto Adolfo Celi ou Tom Payne, ou todos os outros estrangeiros de que ele se rodeou[94].

A equipe artística era composta basicamente pelos diretores teatrais italianos do TBC e por seu elenco de atores e atrizes. Conforme conta o antigo cineasta mineiro Geraldo Santos Pereira, que fora também, juntamente com Rodolfo Nanni, estudante da escola de cinema Idhec, em Paris,

> [...] o TBC tinha um grande elenco, pago a peso de ouro, e frequentemente ocioso. Então procurava-se aproveitar os atores nos filmes da Vera Cruz. Começaram a ser feitos contratos unificados para peças e filmes, em geral era assim. Depois, adotaram outro sistema, contratavam só para a Vera Cruz ou só para o TBC. Alguns dos astros ganhavam ainda, além do salário mensal, um cachê por cada filme que fizessem: Cacilda Becker, Maria Della Costa, Célia Biar, Marina Freire, Paulo Autran, Sérgio Cardoso, Ziembinski, Waldemar Wey, Ruy Affonso – porque eram contratados do TBC. Ou vice-versa, como a Tônia Carrero[95].

Por volta de 1954, atolada em dívidas e sem poder mais valer-se de empréstimos bancários, a Companhia Cinematográfica Vera Cruz entra em falência, após ter realizado uma série de filmes importantes, que alcançaram sucesso no Brasil e no exterior, principalmente *Tico-tico no Fubá*, dirigido por Adolfo Celi, *O Cangaceiro*, dirigido por Lima Barreto, e *Sinhá Moça*,

---

93   Alberto Cavalcanti, "Depoimento", em Maria Rita Galvão, *Burguesia e Cinema: o Caso Vera Cruz*, p. 96.
94   Alex Viany, "Depoimento", em Maria Rita Galvão, *Burguesia e Cinema: o Caso Vera Cruz*, pp. 198-199.
95   Geraldo Santos Pereira, "Depoimento", *idem*, p. 147.

dirigido por Tom Payne, jovem cineasta trazido da Inglaterra. O principal credor da Vera Cruz, além do Banco do Brasil, era o Banco do Estado de São Paulo, que assumiu então o seu controle acionário, nomeando Abílio Pereira de Almeida para o cargo de diretor-geral da empresa[96]. Nessa época, Alberto Cavalcanti não se encontrava mais lá. "Cavalcanti não contribuiu em nada para a derrocada da Vera Cruz. Muito ao contrário" – afirma seu amigo inglês, Tom Payne. "Se é que nós vamos pensar nos gastos, foi depois da sua saída que começaram os grandes gastos e que a situação financeira da companhia se agravou"[97]. Yolanda Penteado, mulher de Ciccillo Matarazzo, já havia advertido Cavalcanti, tempos antes, em 1950, sobre as dificuldades financeiras que a Vera Cruz poderia vir a enfrentar. Foi quando ele foi visi-tá-la no Empyreo, a fazenda que ela possuía perto da cidade de Leme, no interior do Estado. Ela conta que uma tarde, caminhando os dois em volta do lago, aconselhou-o a não aceitar o convite de Franco Zampari. "Mas por quê"? – perguntou ele. "Porque" – ela respondeu –,

embora o Franco tenha sido bem-sucedido no TBC, para fazer cinema, pelo pouco que eu entendo, é preciso bem mais dinheiro e boa direção financeira. O Franco não tem ideia alguma de finanças. Quando trabalhava na metalúrgica, foi um engenheiro formidável, ajudou muito o Ciccillo a fazer sua fortuna. Mas lá o homem de finanças era o senhor Lopes, que a Vera Cruz não vai ter. Além do mais, nenhum dos diretores entende de cinema. O próprio Adolfo Celi fez só umas peças de teatro. Isso pode acabar mal[98].

Naquela época, ela já sabia das dificuldades que seu grande amigo Assis Chateaubriand havia enfrentado ao fundar, em 1948, os Estúdios Cinematográficos Tupi. Estava também a par dos problemas que ele tivera para lançar o filme *Quase no Céu*, realizado com os artistas das rádios Tupi e Difusora, já que os donos das salas de cinema preferiam exibir os filmes das empresas distribuidoras estrangeiras, principalmente norte-americanas, pois assim, vinculados a elas, ganhavam muito mais dinheiro.

Para Yolanda Penteado, a má gestão financeira da Vera Cruz, que acabou provocando o seu fim, foi acompanhada de um "clima de vedetismo e estrelismo" que dominou a empresa durante todo o tempo. Era como se todos estivessem não em São Bernardo do Campo, mas em Hollywood[99]. Revelador deste clima é o depoimento de Anselmo Duarte, um de seus principais atores, que ganharia a Palma de Ouro no festival de cinema de Cannes, na França, em 1963, dirigindo o filme *O Pagador de Promessas*, baseado em peça teatral de Dias Gomes. "A ideia era imitar Hollywood em tudo" – diz ele.

Exatamente por isso eu fui contratado. Hollywood tinha o seu *star system*, era preciso formar o nosso. Eu era o grande astro popular. [...]

96 Sobre esta questão, ver Abílio Pereira de Almeida, "Depoimento", *idem*, pp. 166 e ss.
97 Tom Payne, "Depoimento", *idem*, p. 154.
98 Yolanda Penteado, *Tudo em Cor-de-rosa*, Rio de Janeiro, Nova Fronteira, 1976, p. 249.
99 *Idem, ibidem.*

Fui contratado com o maior salário da Vera Cruz, um altíssimo salário – cinquenta contos, quando na Atlântida (no Rio de Janeiro) eu ganhava treze – e mais um carro, chofer, um apartamento permanente no Hotel Lord, em São Paulo, para os meus fins de semana... [...] Zampari era bem-intencionado, mas ingênuo em certas coisas. Ele procurava imitar Hollywood, então se apegava a certas superficialidades que... Tudo na Vera Cruz, qualquer coisa, se festejava com um jantar, por vezes grandes jantares nos estúdios. Ele convidava a alta sociedade de São Paulo, e os acionistas todos também, naturalmente, e em todas estas oportunidades fazia o desfile dos artistas contratados – Eliane Lage, Tônia Carrero, Alberto Ruschel, eu, Marisa Prado, Ruth de Souza, todos os outros. Fazia a apresentação de cada um – era o desfile – e nós éramos recebidos com aplausos pelos convidados. Zampari sempre reservava para o final a atração mais importante: o Duque, o Rin-Tin-Tin da Vera Cruz, um cão amestrado que atendia às 68 vozes de comando do seu dono, o Martinelli. E ali começava o show do grande banquete. O Martinelli dava as ordens: "Morto!", "Vivo!", "Corre!", "Cumprimenta!", "Dá um viva pro Getúlio!", "Tem comunista aí!" – e o cachorro rosnava... Esse show era muito aplaudido. O Duque tinha um salário astronômico, ganhava mais do que a Ruth de Souza...[100]

Débora Prado Zampari, mulher de Franco Zampari, reconhece as deficiências de seu marido como administrador, ao recordar-se das dificuldades financeiras por que passaram naquele período:

O Franco não entendia de cinema e eu acho que de administração também não muito. Ele era de gastar, nunca foi tacanho; muito mão-aberta para ser um bom administrador. [...] Desde o início começamos a pôr dinheiro nosso no negócio. O Franco queria que tudo fosse o melhor possível e não poupava esforços; se faltava alguma coisa importante e não havia dinheiro para comprar, ele arranjava do seu bolso; isto durante o tempo todo, no TBC e na Vera Cruz... [...] E desse modo começou a bola de neve: empréstimos, dívidas, juros altíssimos, novos empréstimos para pagar dívidas e tocar a produção, as construções, pagar os empregados... Era tal a despesa que fomos nos afundando progressivamente. [...] Éramos só nós dois, não tivemos filhos. [...] Então começamos a vender coisas: títulos, propriedades, tudo o que tínhamos. E a Vera Cruz comendo, comendo, comendo... Acabou a nossa tranquilidade, a nossa vida social, acabou tudo. Eu fechei a (casa da) rua Guadalupe, já não recebíamos mais como antes, a casa aberta aos amigos. Não tivemos nunca mais possibilidade para isso. [...] Quando tudo acabou, o Franco tentou ainda um pouco continuar com o TBC. Mas não tinha mais de onde tirar dinheiro. Era um homem

100 Anselmo Duarte, "Depoimento", em Maria Rita Galvão, *Burguesia e Cinema: o Caso Vera Cruz*, pp. 133-134.

pobre. E assim acabou tudo. [...] A Vera Cruz foi um sorvedouro [...] que consumiu tudo que era nosso, inclusive a saúde e a vitalidade de meu marido. Ele nunca conseguiu se recuperar do golpe, morreu amargurado, pobre e só[101].

Ciccillo Matarazzo tomou as devidas precauções para não se deixar envolver financeiramente com a Vera Cruz. Na verdade, sua participação no empreendimento limitou-se quase que exclusivamente à cessão do grande terreno que possuía em São Bernardo do Campo, onde foram construídos os estúdios. Em outubro de 1948, quando participavam da fundação do TBC, Ciccillo Matarazzo e Yolanda Penteado não tinham outra preocupação senão a inauguração do Museu de Arte Moderna – MAM, que aconteceria dali a cinco meses no edifício dos Diários Associados, na rua Sete de Abril, onde já estava instalado o Masp. A ideia da criação em São Paulo de um museu dedicado exclusivamente à arte contemporânea já vinha sendo desenvolvida, desde o final do ano de 1946, por um grupo de pessoas mobilizadas pelo então diretor da Biblioteca Municipal, Sérgio Milliet. Ele estava em contato com Nelson Rockefeller, amigo de Assis Chateaubriand e presidente do Museu de Arte Moderna de Nova York, que lhe fizera a promessa de fazer doações de obras de arte moderna, caso fosse organizado em São Paulo um museu de arte contemporânea nos moldes do museu nova-iorquino[102]. Sérgio Milliet, como já foi visto, vinha tendo grande participação na vida artística e cultural paulista desde a década de 1920. Naquela época, sem perder de vista os acontecimentos artísticos e culturais que ocorriam na França, ele era um dos mais destacados animadores do movimento modernista de São Paulo. Ao lado de Olívia Guedes Penteado, Paulo Prado, Oswald de Andrade e Tarsila do Amaral, podia ser visto algumas vezes na capital parisiense, circulando entre poetas, pintores e intelectuais. Agora, na euforia cultural paulista da década de 1940, e ligado sempre à redação do jornal *O Estado de S. Paulo*, ele está novamente envolvido numa série de atividades relacionadas à arte e à cultura. No final de 1944, é um dos organizadores da seção paulista da Associação Brasileira de Escritores, da qual foi presidente. Nesta iniciativa, estavam com ele seus amigos da "esquerda democrática", os socialistas Antonio Candido e Sérgio Buarque de Holanda, e mais os colegas de jornal e escritores Luís Martins e Mário Neme. Logo depois, em 1946, enquanto pensava na criação de um museu de arte contemporânea em São Paulo, ele participa ativamente da organização do segundo congresso da seção paulista da Associação Brasileira de Escritores. Produz então um documento, juntamente com Antonio Candido, Lourival Gomes Machado e Sérgio Buarque de Holanda, que marca pela primeira vez uma posição de independência dos escritores e intelectuais paulistas em relação

101 Débora Prado Zampari, "Depoimento", *idem*, pp. 220-224.
102 Aracy Amaral, "A História de uma Coleção", em *Museu de Arte Contemporânea da USP: Perfil de um Acervo*, São Paulo, Techint Engenharia S/A, 1988, pp. 13–14.

às proposições estéticas do chamado realismo socialista, propagadas pelo Partido Comunista[103].

No dia 9 de março de 1949, Ciccillo Matarazzo e Yolanda Penteado inauguram o MAM numa concorrida cerimônia, que contou com a presença do governador Adhemar de Barros, do prefeito Asdrúbal da Cunha e de diversos representantes da alta sociedade paulistana[104]. Encontravam-se lá, também, vários intelectuais ligados a *O Estado de S. Paulo* e à Faculdade de Filosofia e toda a elite artística de São Paulo, formada por conhecidos pintores, escultores, escritores, músicos e pelos artistas principais do TBC. Madalena Nicol, por exemplo, não só estava presente, como era uma das participantes do recital de música erudita organizado especialmente para a festa do lançamento do museu. Acompanhada por uma orquestra de câmara formada por quinze instrumentistas e regida pelo maestro e compositor H. J. Koellreutter, ela apresentou-se cantando árias de música dodecafônica. Participou também do recital a pianista Anna Stella Schic, recém-chegada de uma *tournée* pela Europa[105].

Antes da inauguração do museu, Ciccillo Matarazzo e Yolanda Penteado haviam estabelecido relações com o crítico belga Léon Degand, um dos incentivadores do movimento de pintura abstrata na França, que teve importante participação na organização e escolha do acervo inaugural do MAM[106]. Todavia, eles não deixaram de levar igualmente em consideração as intenções de Nelson Rockefeller, formuladas em cartas dirigidas a Sérgio Milliet, de ter o Museu de Arte de Nova York presente de alguma forma em São Paulo, no momento em que a cidade reunisse condições para criar um centro de divulgação da arte contemporânea. Ciccillo e Yolanda retomam então os contatos com Nelson Rockefeller e, ao inaugurarem o novo museu, imprimem-lhe certas características de funcionamento e estilo de organização de acordo com o modelo nova-iorquino[107]. Assim, no MAM, grande importância foi atribuída desde o início não só à realização de exposições, mas também à publicação de catálogos e folhetos, à projeção de filmes e à promoção de palestras, cursos, conferências e audições musicais, de tal sorte que, possuindo também uma filmoteca e um bar, o museu tornou-se logo um importante centro de referência artística e cultural na cidade, ponto de encontro de artistas, intelectuais e de toda uma nova geração de estudantes universitários, amantes do teatro e do cinema.

As projeções de filmes, seguidas sempre de debates, passam a constituir uma das principais atrações do museu. Reuniam um numeroso público, uma "gente pitoresca", formando "um mundo disparatado", como escreve o

---

103 Antonio Candido, "A Visão Política de Sérgio Buarque de Holanda", em Antonio Candido (org.), *Sérgio Buarque de Holanda e o Brasil*, São Paulo, Editora Fundação Perseu Abramo, 1998, pp. 82-83

104 *Jornal das Artes*, n. III, junho de 1949, reportagem especial sobre a inauguração do MAM (Arquivo Ruy Affonso).

105 *Idem, ibidem*.

106 Aracy Amaral, "A História de uma Coleção", p. 15.

107 *Idem*, pp. 14-15; e Maria Rita Galvão, *Burguesia e Cinema: o Caso Vera Cruz*, pp. 35-36.

irmão de Paulo Duarte, Benedito Duarte, que era então um jovem jornalista amante de cinema.

> Artistas, pintores, escultores, atores e técnicos de teatro e de cinema, estudantes da universidade... [...] Essa gente, às vezes de fala carregada de sotaque italiano ou francês, se movimentava pelas galerias, pelos salões de exposição, ou se juntava, até abarrotá-lo, no pequeno bar. [...] Como a moda de então eram aquelas mal-interpretadas teorias de Sartre, e como Saint Honoré, com suas *caves* e sua gente malcheirosa, cabeluda e mal-ajambrada, influenciava grandemente a mocidade do pós-guerra, tinha-se a impressão não raro de acotovelar um desses tipos que a si próprios se consideravam "existencialistas" [...].Também os grã-finos se reuniam no bar e adjacências do museu: *cocktails* em homenagem a alguma figura da alta sociedade em partida para a Europa [...] ou que, por esta ou aquela razão, fazia jus ao *whisky* do museu[108].

Pietro Maria Bardi, diretor do Masp, acompanhava tudo e não se preocupava muito com aquela agitação toda em torno do MAM, instalado ali, ao seu lado, no mesmo edifício dos Diários Associados. O que o incomodava eram os rumores, disseminados nos meios artísticos e intelectuais, de que no Masp havia algumas obras falsas. "Os jornais de São Paulo nada noticiavam sobre as atividades do Masp e ainda faziam muitas insinuações negativas à minha pessoa" – declara ele. "Além disso, faziam confusão com o outro museu [...] instalado no mesmo edifício, com o aval do Chatô, o Museu de Arte Moderna de São Paulo. Este possuía um bar e foi logo batizado por Flávio Motta, meu assistente na época, de 'museu do bar' para diferenciá-lo do 'museu do Bardi'"[109].

Nessa época, Lourival Gomes Machado desdobrava-se entre uma série de atividades acadêmicas, artísticas e culturais. Na Faculdade de Filosofia, além de suas ligações com o Grupo Universitário de Teatro – GUT, de Décio de Almeida Prado, tinha acabado de participar do famoso debate a respeito das classes sociais, que colocou em lados opostos Emílio Willems e Florestan Fernandes[110]. Segundo o professor Oliveiros S. Ferreira – então estudante de Ciências Sociais, jornalista e ator amador do GUT –, "a querela entre cultura e classes sociais" acabou dividindo intelectualmente as Ciências Sociais na USP, por volta de 1948. "Quando irrompeu" – diz ele –

> pareciam pontos de vista opondo Willems e Florestan Fernandes, o primeiro solidamente apoiado na antropologia cultural dos clássicos, afirmando o primado da cultura; o segundo rompendo caminhos para imprimir nas ciências sociais a nova visão da sociedade que decorria do importante papel que as classes sociais desempenham na sociedade e na história. A polêmica parecia teórica, quando explodiu [...]; na

---

108 Benedito Junqueira Duarte, *apud* Maria Rita Galvão, *op. cit*, p. 38.
109 Pietro Maria Bardi, *A História do Masp*, p. 15.
110 Sobre este debate, consultar Mariza Corrêa, "A Antropologia no Brasil (1960-1980)", em Sergio Miceli (org.), *História das Ciências Sociais no Brasil*, vol. 2, São Paulo, Editora Sumaré/Fapesp, 1995, pp. 55 e ss.

realidade, foi a tomada de posição pró ou contra o marxismo que entrava timidamente na faculdade […]. Que tudo tinha o ar de teoria, provara […] o artigo de Lourival Gomes Machado, tentando estabelecer a especificidade do social e do político que se apreendia da leitura do *Manifesto Comunista*[111].

O acervo de filmes do MAM tinha pertencido ao Clube de Cinema de São Paulo, que Lourival Gomes Machado e seus amigos Almeida Salles, Benedito Duarte, Múrcio Porfírio Ferreira e Rubem Biáfora, entre outros, haviam fundado, em 1946, retomando as atividades do antigo Clube de Cinema da Faculdade de Filosofia, criado por Paulo Emílio Salles Gomes em 1940[112]. Antes de inaugurar o museu, Ciccillo Matarazzo doou-lhes projetores novos e conseguiu uma sala, no Clube Pinheiros, para as apresentações dos filmes. Quando o MAM entra em funcionamento, em março de 1949, lá está Lourival Gomes Machado, não apenas animando os debates após as sessões de cinema, mas também realizando um filme documentário, juntamente com Benedito Duarte, o registro cinematográfico, a cores, de uma exposição retrospectiva da obra de Tarsila do Amaral[113]. E, pouco tempo depois, em agosto de 1949, ele assume a direção artística do museu, em substituição a Léon Degand. Exerce esta função até o mês de setembro de 1951, quando se demite, indo para seu lugar Sérgio Milliet. Contudo, mesmo discordando muitas vezes de certos propósitos artísticos de Ciccillo Matarazzo, Lourival Gomes Machado permanece ligado ao MAM durante praticamente toda a década de 1950, ora assumindo sua direção artística, ora participando de seu conselho administrativo ou de seu conselho consultivo. Ao lado de Sérgio Milliet e de alguns outros importantes intelectuais paulistas, entre os quais o historiador Sérgio Buarque de Holanda, ele foi, nos anos 1950, uma "personalidade-chave", um dos principais responsáveis pela organização das Bienais de Artes Plásticas que, em torno do MAM e por iniciativa de Ciccillo Matarazzo e Yolanda Penteado, começaram a ser realizadas em São Paulo a partir de 1951[114].

111 Oliveiros S. Ferreira, "Maria Antônia Começou na Praça", em Maria Cecília Loschiavo dos Santos, *Maria Antônia: uma Rua na Contramão*, São Paulo, Nobel, 1988, pp. 23-24.
112 Maria Rita Galvão, *Burguesia e Cinema: o Caso Vera Cruz*, p. 34.
113 *Idem*, p. 38.
114 Aracy Amaral, "A História de uma Coleção", pp. 25-28. Em 1963, o acervo do MAM é doado à Universidade de São Paulo, servindo de base para a criação de seu Museu de Arte Contemporânea – MAC. A respeito das Bienais de Artes Plásticas realizadas em São Paulo, consultar Leonor Amarante, *As Bienais de São Paulo, 1951 a 1987*, São Paulo, Projeto, 1989.

Conclusão

Os dois acontecimentos tomados como ponto de partida deste estudo – a inauguração do TBC e o nascimento da PRF-3 TV Tupi-Difusora – foram apresentados inicialmente como dois quadros separados, duas cenas isoladas, dois momentos ou flagrantes do processo artístico-cultural que se desenrolava na cidade de São Paulo no final dos anos 1940 e início dos 1950. Agora, após a composição de um amplo painel do espetáculo artístico-cultural paulista na primeira metade do século XX, eles recuperam sua significação histórica e podem ser vistos como dois acontecimentos correlacionados, entrelaçados e, ambos, integrados no processo histórico de formação da cultura brasileira no século XX, particularmente da cultura paulista.

Ao contrário de apresentar-se como uma obra conclusiva, este estudo deixa aberto o caminho para uma série de novas pesquisas históricas sobre a formação artística e cultural de São Paulo. Entre essas pesquisas pode-se incluir, por exemplo, a questão do papel cultural desempenhado pelos músicos estrangeiros que atuaram nas décadas de 1940 e 1950 nas emissoras de rádio paulistas. Realmente, através da pesquisa realizada, pôde-se constatar a importância da contribuição cultural dos músicos estrangeiros, sobretudo dos italianos, para a formação musical brasileira. Nas rádios Tupi e Difusora, em particular, ao lado de maestros brasileiros que iniciavam a carreira, entre eles Luiz Arruda Paes e Elcio Alvarez, destacaram-se nos anos 1940 e 1950 o maestro francês Georges Henry, o maestro argentino Hector Lagna-Fieta, e os maestros italianos Leonel Morburgo, Spartaco Rossi, Aldo Petriolli, Italo Izzo, Armando Belardi e Raphael Pugliesi. Um outro importante maestro italiano, Eduardo de Guarnieri, que chegou a ser regente da Orquestra Sinfônica do Estado de São Paulo, foi muitas vezes reger a Grande Orquestra Tupi nas rádios Tupi e Difusora. Ele era casado com Elza de Guarnieri, que se dedicava também à música, como harpista. Do casal, nasceu Gianfrancesco Guarnieri, o excelente ator que deu vida ao Teatro de Arena de São Paulo e um dos mais importantes dramaturgos brasileiros da segunda metade do século XX.

O próprio TBC e as companhias teatrais que, a partir dele, se formaram em São Paulo nos anos 1950 e 1960, são também temas abertos a novas pesquisas históricas sobre a formação artística e cultural de São Paulo. De fato, a quase totalidade das companhias teatrais que marcaram a história do teatro brasileiro na segunda metade do século XX em São Paulo e, em certa medida, também no Rio de Janeiro, saiu diretamente do TBC ou foi formada por artistas que com ele possuíam algum vínculo. Já no ano de 1950, Madalena Nicol e Ruggero Jacobbi são os primeiros a formar um grupo teatral próprio. Pouco tempo depois, Sérgio Cardoso e Nydia Lícia deixam também o TBC e formam sua companhia. Recém-casados, os dois alugam um velho edifício situado na rua Conselheiro Ramalho, local onde funcionara, tempos antes, o Cine Teatro Espéria. Lá, a poucos quarteirões de distância do TBC, fundam o Teatro Bela Vista, que existiu por mais de dez anos, onde muitos atores e atrizes, como Carlos Zara, Tarcísio Meira, Berta Zemel e Rita Cléos, atuaram nos primeiros tempos de suas carreiras. Em 1954, Maria Della Costa, que havia igualmente passado pelo TBC, inaugura o seu teatro, juntamente com o ator e empresário Sandro Polônio. Em 1955, deixam o TBC Tônia Carrero, Adolfo Celi e Paulo Autran, fundando sua própria companhia. Em 1957, é a vez de Cacilda Becker formar sua companhia teatral. Com ela, saem também do TBC Ziembinski, Walmor Chagas e Cleyde Yáconis. Em 1958, Fernanda Montenegro, Fernando Torres, Ítalo Rossi, Sérgio Brito e Gianni Ratto fundam a companhia Teatro dos Sete, depois de terem realizado, desde 1955, memoráveis espetáculos no Teatro Maria Della Costa e no TBC. No Rio de Janeiro, em 1960, Tereza Rachel torna-se uma das primeiras atrizes do teatro nacional, depois de um ano de atividades em São Paulo junto ao elenco do TBC. Por fim, o próprio Teatro de Arena de São Paulo tem não apenas seu nascimento relacionado com o TBC e com a Escola de Arte Dramática, como também receberá a influência de professores e alunos da EAD durante seus primeiros cinco anos de existência.

Outro tema que se abre à pesquisa histórica é o da telenovela, um dos produtos mais característicos da indústria cultural que se organizou no Brasil a partir dos anos 1960. A PRF-3 TV Tupi-Difusora, na década de 1950, centrada principalmente na realização de programas de teleteatro e de shows musicais – com destaque tanto para a música popular quanto para a música erudita –, lançou as bases da produção artística da televisão brasileira, no que foi acompanhada em certa medida pela TV Paulista, canal 5, pela TV Record, canal 7 e, no Rio de Janeiro, pela TV Tupi, dos Diários e Emissoras Associados. Inaugurada em 1951, a TV Tupi do Rio de Janeiro iniciou logo a produção de teleteatros, contando com a participação de vários artistas saídos do teatro, entre eles Chianca de Garcia, Olavo de Barros e Jacy Campos, sem esquecer de Fernanda Montenegro, que, naquela época, iniciava sua carreira teatral. Alguns anos depois, em 1956, a exemplo da TV Tupi-Difusora de São Paulo, a TV Tupi do Rio lançou o seu *Grande Teatro Tupi*, um espetáculo teleteatral semanal, que apresentava sempre grandes obras da dramaturgia nacional e internacional, geralmente em adaptações de Manoel Carlos, com direção de Sérgio Brito, Fernando Torres e Flávio Rangel, e possuía um elenco fixo de atores que contava com a participação das atrizes Fernanda Montenegro, Natália Thimberg e Zilca Salaberry.

Na década de 1950, em São Paulo, as poucas telenovelas realizadas na PRF-3 TV Tupi-Difusora e, também, na TV Paulista e na TV Record não tinham grande importância na programação das emissoras, se comparadas aos inúmeros programas de teleteatro e de shows musicais, que constituíam na época os principais atrativos para o público telespectador. Eram telenovelas curtas, apresentadas em apenas dois capítulos semanais, geralmente com a duração de quinze minutos cada um, e dificilmente podem ser comparadas com as telenovelas realizadas hoje. Nem mesmo podem ser comparadas com os grandes dramalhões mexicanos, venezuelanos ou cubanos que, através das agências de publicidade responsáveis pelos interesses das empresas patrocinadoras norte-americanas, começaram a ser apresentados na TV brasileira na década de 1960, em adaptações realizadas por autores nacionais, entre eles Geraldo Vietri, Walter George Durst e Benedito Ruy Barbosa. Nos anos 1950, a PRF-3 TV Tupi-Difusora, com sua intensa programação de teleteatro, reunindo artistas saídos do teatro amador, do teatro profissional, do rádio e do cinema, foi o principal centro de formação de pessoal técnico, de produtores, de atores, diretores e escritores, que, mais tarde, nos anos 1960, ocupariam lugar de destaque na implantação da telenovela de longa duração, em capítulos diários, tal como é hoje conhecida.

O modelo de telenovela de longa duração, em capítulos diários, firmou-se no Brasil nos primeiros anos da década de 1960, na TV Excelsior de São Paulo, canal 9, emissora que cumpriu uma etapa importante na história da televisão brasileira, antes do surgimento e consolidação da Rede Globo de Televisão. Contando com a participação de profissionais do rádio e da televisão, entre eles Edson Leite, Alberto Saad, Álvaro Moya, Zaé Júnior, Waldemar de Moraes, Túlio de Lemos, Walter George Durst e Dionísio Azevedo, e também de alguns profissionais de televisão vindos da Argentina, a TV Excelsior de São Paulo foi a emissora que, nos seus quase dez anos de existência, na década de 1960, inaugurou um modelo de programação altamente profissional, com destaque para o jornalismo, para o teleteatro e para os programas musicais de auditório, o principal deles comandado pela atriz Bibi Ferreira. Criando novos padrões de produção, transmissão e veiculação de programas a partir de planejamento artístico, comercial e publicitário, a TV Excelsior de São Paulo lançou a telenovela de longa duração, em capítulos diários, que se tornou logo um dos principais produtos de mercado da TV brasileira e da indústria cultural que se organizou então no país.

Uma investigação histórica a respeito da TV Excelsior, que identificasse as personagens principais envolvidas na realização de seus programas (artistas, produtores, jornalistas, escritores e, inclusive, seus proprietários, entre eles o empresário Wallace Simonsen) e que verificasse as relações que, naquele momento em que se instalava a ditadura militar no país, essas personagens mantinham com as históricas lideranças artísticas e intelectuais paulistas, com os partidos políticos e com os movimentos sociais – uma tal pesquisa histórica poderia contribuir, sem dúvida, com novos e importantes elementos não só para uma melhor compreensão da telenovela enquanto produto da indústria cultural brasileira, como também para a compreensão do papel que a própria televisão, vinculada diretamente aos interesses do mercado, passou a desempenhar na formação artística e cultural do país.

Na elaboração desse grande painel do espetáculo artístico-cultural paulista, no qual figuram o TBC e a PRF-3 TV Tupi-Difusora, não se pretendeu dar explicações dos fatos históricos ou interpretá-los a partir de modelos teóricos, enquadrando-os em universos de definições conceituais. O procedimento adotado foi outro. Foi como se, situado diante de dois acontecimentos artísticos e culturais reconstituídos com base na pesquisa histórica, o historiador assumisse a posição estratégica de um observador que se coloca num ponto de vista por assim dizer estético, em que sua observação e seu interesse pela investigação são orientados muito mais pelo prazer de contemplá-los livremente, independentemente de conceitos, do que pela possibilidade sempre aberta de interpretá-los e explicá-los a partir de postulados teóricos. Na verdade, o que motivou a continuidade da investigação histórica e presidiu a composição deste painel foi uma espécie de emoção estética que as representações históricas da inauguração do TBC e do nascimento da PRF-3 TV Tupi-Difusora despertaram no historiador – vale reafirmar, uma espécie de sentimento de prazer em face de alguns aspectos de incontestável beleza humana percebidos no conjunto das ações e ideais das personagens participantes dos dois acontecimentos. Foi com uma tal predisposição de ânimo que se partiu para investigar a identidade dessas personagens, numa tentativa de encontrar as referências de suas ações e de seus ideais artísticos e culturais na história mesma da formação da cidade de São Paulo, desde o início dos anos 1900, em seu processo de urbanização, industrialização e modernização. Tomadas como pistas para a investigação histórica, as iniciativas e ações desses artistas e amantes da arte não deixaram de influir na seleção dos temas e dos fatos históricos apresentados e, também, na maneira pela qual eles aparecem combinados no painel.

Utilizando, pois, uma estratégia particular de reconstituição histórica, aberta às possibilidades de síntese que oferece a representação estética, este painel abarca um largo período de tempo e proporciona uma visão panorâmica, uma imagem de conjunto da história artística e cultural da cidade de São Paulo. Nessa imagem, seguindo o fio entrelaçado dos acontecimentos históricos, é possível vislumbrar uma certa unidade sutil em meio à fragmentação dos processos reais, em meio à diversidade de ideais e interesses dos indivíduos, grupos e classes sociais que atuaram no movimento histórico e lhe deram sentido. De fato, como pano de fundo do painel está o processo geral do movimento histórico, de que os fatos artísticos e culturais, objetos da investigação, são partes inseparáveis. Nesse processo geral, em que é revolvido o arcabouço político-social da Velha República, percebe-se em seu conjunto a transfiguração da paisagem da sociedade brasileira e, particularmente, da cidade de São Paulo, a qual é invadida por imigrantes vindos de todas as partes, tornando-se, passo a passo, o mais importante e moderno centro comercial, econômico, financeiro e industrial do país. Percebem-se, igualmente, aspectos da formação artística e cultural de São Paulo e o papel desempenhado por suas elites artísticas e intelectuais, que se foram constituindo desde o princípio do século em torno de algumas ricas famílias de poder político e econômico.

Mesmo sem possuir um caráter conclusivo, este estudo permite que a inauguração do TBC e o nascimento da PRF-3 TV Tupi-Difusora sejam vistos como eventos que se articulam a um determinado projeto cultural das antigas lideranças políticas e intelectuais de São Paulo. Sobretudo a partir da Revolução de 30 e do Movimento Constitucionalista de 32, essas lideranças começaram a mobilizar-se em torno da ideia da construção de uma nova sociedade no Brasil, na qual deveriam prevalecer os princípios liberais-democráticos em contraposição aos princípios autoritários e ditatoriais de Getúlio Vargas, que se confirmaram com a instauração do Estado Novo, em 1937.

Em 1945, as lideranças políticas e intelectuais paulistas formavam um amplo círculo de relações, em que se incluíam membros das antigas famílias tradicionais e, também, representantes das novas gerações de artistas e intelectuais oriundos das classes médias. Neste círculo, a ideia da construção de uma nova sociedade encontrava expressão através das duas principais correntes de pensamento político e social que, na época, marcavam fortemente os meios culturais e intelectuais paulistas: o pensamento marxista e o pensamento liberal-democrático. Entretanto, como o país atravessava um momento de entusiasmo e mobilização geral a favor da democracia, a possibilidade real da construção de uma nova sociedade vai unir artistas e intelectuais de tendência marxista e artistas e intelectuais de tendência liberal em torno de um projeto artístico-cultural voltado para a educação e formação da população.

A fundação do TBC e o nascimento da PRF-3 TV Tupi-Difusora são acontecimentos inscritos nesse projeto cultural, de caráter educativo e formativo, que tinha como ponto central a ideia da reconstrução democrática do país – uma ideia que, na época, mobilizou comunistas, liberais, trotskistas, stalinistas, democratas, nacionalistas, socialistas, progressistas etc. Naquele momento, todos valorizaram a arte e a cultura, encarando-as como instrumentos necessários à construção da nova sociedade brasileira. De alguma forma, todos participaram da criação do TBC, da PRF-3 TV Tupi-Difusora, do Masp, do MAM, das empresas de cinema Vera Cruz, Maristela e Multifilmes, das Bienais de Artes Plásticas, da Fundação Armando Álvares Penteado etc. Na verdade, estas realizações guardam a marca do espírito de uma época em que toda uma geração de artistas, de intelectuais e, também, de empresários amantes da arte não deixou de pensar no futuro do país e de querer participar da sua construção, conferindo ao trabalho artístico e cultural um significado ético que implicava a educação social e o desenvolvimento das faculdades intelectuais e artísticas da população. Este significado é um dos traços mais expressivos da produção artística e cultural paulista nas décadas de 1940 e 1950.

Conforme foi assinalado na introdução, um dos objetivos deste estudo era justamente determinar algum traço, aspecto ou característica da cultura paulista nesse período. Outro objetivo era tentar compreender o significado das mudanças ocorridas durante os últimos trinta ou quarenta anos nos padrões artísticos e culturais que regem a sociedade brasileira. Quanto a esta questão, há a evidência de que a principal transformação ocorrida nesses padrões foi precisamente a inexistência, hoje, de um sentido ético presidindo as atividades no campo da arte e da cultura. Aqui o qualificativo "ético" é empregado não na sua acepção latina, que se refere à conduta moral, mas na sua acepção clássica, tal como era utilizado por filósofos da antiga Grécia, com significação social, implicando a ideia de cidadania, de bem-comum, de formação da sociedade civil.

A questão dos atuais padrões artísticos e culturais está relacionada às profundas modificações ocorridas na sociedade brasileira na década de 1960, sobretudo as de natureza política e econômica. Naquela época, com efeito, processou-se no plano econômico uma recomposição da riqueza nacional, estabeleceu-se novo padrão de ajuste entre o capital industrial e o capital agrícola e formaram-se novos grupos de poder através de fusões de empresas e de capitais nos setores industrial e financeiro. No plano político, instalou-se a ditadura militar. Passando a viver então um novo estágio de desenvolvimento tecnológico e industrial, o país assiste à organização de sua indústria cultural e ao surgimento de uma geração de novos intelectuais, constituída de artistas, de agenciadores culturais profissionais, de divulgadores de obras de arte, de comunicadores sociais e de especialistas em cultura de massa, publicidade, propaganda e *marketing*. Associada ao crescimento vertiginoso da nova indústria cultural e adotando a objetividade, o imediatismo e o senso de oportunidade que prevalecem nas relações de mercado, esta nova geração de intelectuais irá influenciar não apenas a formação cultural da juventude, como praticamente toda a produção artística e cultural nacional.

No início da década de 1970, vinculada ao grupo norte-americano Time-Life, a Rede Globo de Televisão consolida-se como o principal centro de produção da nova indústria cultural, após o encerramento das atividades da TV Excelsior de São Paulo. Nessa época, desmoronava o império de Assis Chateaubriand, os Diários e Emissoras Associados, chegando ao fim sua PRF-3 TV Tupi-Difusora, que se transformaria pouco tempo depois no Sistema Brasileiro de Televisão – SBT, de Sílvio Santos. Chegava também ao fim a TV Record, de Paulo Machado de Carvalho, que se tornaria mais tarde a emissora de televisão da Igreja Universal do Reino de Deus, de Edir Macedo. A antiga TV Paulista, canal 5, já não mais existia, era uma das emissoras da Rede Globo, assim como não mais existiam o TBC de Franco Zampari e o MAM de Ciccillo Matarazzo e de Yolanda Penteado. Nesse momento, começava também a chegar ao fim a geração de artistas e intelectuais que, nas décadas de 1940 e 1950, lideraram o movimento cultural paulista.

Por último, resta abordar uma questão salientada logo no princípio, referente ao tema inicial deste estudo. Na verdade, pretendia-se investigar inicialmente a produção cultural paulista dos anos 1960, particularmente o movimento teatral em torno do Teatro de Arena. Naquela década, viveu-se em São Paulo e, de uma maneira geral, em todo o país um dos mais ricos e fecundos momentos de expressão da cultura brasileira no século XX. No teatro, no cinema, na música, nos diversos campos da arte e da cultura lá estava uma nova geração de estudantes, professores universitários, intelectuais, artistas, líderes políticos e jornalistas, todos progressistas, animados pelas mais diversas correntes do pensamento marxista, querendo desvelar as injustiças sociais do país e construir uma nova sociedade, uma sociedade socialista, através da arte. Após o presente estudo, talvez seja possível dizer que, nos anos 1960, em São Paulo, essa geração que atuou na universidade, no movimento estudantil, na UNE, no Tusp, no Tuca, no Taib, no Teatro de Arena e no Teatro Oficina foi a última geração de artistas e intelectuais a pensar na construção de seu país, a dar um sentido ético ao trabalho artístico e cultural, exatamente como havia feito nos anos 1940 e 1950 a geração anterior de artistas, intelectuais e jornalistas ligados à redação de *O Estado de S. Paulo*, à USP, ao TBC, à TV Paulista, ao ICIB, à PRF-3 TV, à Vera Cruz, à Maristela, à Multifilmes, ao Masp, à TV Record, ao MAM e à EAD. Foi talvez por terem sido criadas com esta virtude ética que as obras realizadas por essas duas gerações passaram a fazer parte da história da cultura brasileira no século XX.

Referências Bibliográficas

Fontes

Secretaria Municipal de Cultura, Departamento de Informação e Documentação Artísticas – Idart

Documentos de pesquisas sobre a história do rádio e a história da telenovela.

Associação Paulista dos Pioneiros da Televisão – Appite, atual Museu Brasileiro de Rádio e Televisão – MBRTV.

Depoimentos de artistas e profissionais do rádio e da televisão:

Adriano Stuart, em 17-3-1999; Antonino Seabra, em 14-10-1998; César Monteclaro, em 3-3-1999; Dias Gomes, em 27-11-1998; Enéas Machado de Assis, em 6-2-1998; Geraldo Casé, em 3-12-1998; Henrique Martins, em 13-3-1998; Homero Silva Filho, em 18-11-1998; João Jorge Saad, em 18-5--1998; Jorge Edo, em 12-2-1998; José Blota Júnior, em 10-4-1997; Laura Cardoso, em 6-2-1998; Lia de Aguiar, em 20-4-1999; Lima Duarte, em 06-3-1998; Lolita Rodrigues, em 25-3-1999; Luiz Galon, em 25-11-1998; Marcos Rey, em 10-7-1998; Mário Fanucchi, em 5-6-1998; Mário Lago, em 4-6-1999; Maurício Loureiro Gama, em 23-7-1997; Murillo Antunes Alves, em 23-7-1997; Santo Morales, em 17-4-1998; Sônia Maria Dorce, em 27-3-1998; Walter Avancini, em 28-11-1998; Yara Lins, em 30-1-1998; Zaé Júnior, em 20-3-1998.

Entrevistas Realizadas pelo Pesquisador

Bárbara Fázio, em 21-8-1999; Boris Cipis, em 9-3-1999; Fanny Abramovitch, em 24-7-1998; Francisco Abramovitch, em 10-2-1998; Geny Serber, em 7-7-1999; Haydée Bittencourt, em 15-8-1999; Jacó Guinsburg, em 1-3-2000; José Renato Pécora, em 20-8-1999; Lia de Aguiar, em 14-3--2000; Liba Fridmann, em 6-2-1999; Lenina Pomeranz, em 17-2-99; Luis Galon, em 16-7-1998; Margarita Schulmann, em 23-1-1999; Maurício Loureiro Gama, em 14-8-1999; Roberto Koln, em 15-8-1999; Ruy Affonso, em 6-3-2000; Silnei Siqueira, em 23-2-1999; Tatiana Belinky, em 31-7--1998; Vera Nunes, em 31-1-1999; Vida Alves, em 26-7-1998.

Bibliografia

Temas Gerais: Arte, História, Cultura e Sociedade

BOBBIO, Norberto. *Direita e Esquerda: Razões e Significados de uma Distinção Política*. São Paulo, Editora da Unesp, 1995.

BRADBURY, Malcon; MACFARLANE, James. *Modernismo: Guia Geral*. São Paulo, Companhia das Letras, 1989.

FEIJÓO, Jaime. "Reflexión Estética y Autonomía del Arte". *In*: SCHILLER, Friedrich. *Kallias. Cartas sobre la Educación Estética del Hombre*. Barcelona/Madri, Anthropos e Ministério de Educación y Ciencia, 1990.

FRANCASTEL, Pierre. *Art et Téchnique*. Paris, Gonthier, 1964.

__. *Études de Sociologie de l'Art*. Paris, Denoël/Gonthier, 1970.

GADAMER, Hans-Georg. *Vérité et Méthode*. Paris, Éditions du Seuil, 1996.

GOLDMANN, Lucien. *Sociologia do Romance*. Rio de Janeiro, Paz e Terra, 1967.

HABERMAS, J. *O Discurso Filosófico da Modernidade*. Lisboa, Dom Quixote, 1990.

HOBSBAWM, Eric J. *A Era dos Extremos: O Breve Século XX, 1914-1991*. 2. ed. São Paulo, Companhia das Letras, 1996.

__. *A Era dos Impérios (1875-1914)*. Rio de Janeiro, Paz e Terra, 1989.

JAEGUER, Werner. *Paideia: A Formação do Homem Grego*. São Paulo, Martins Fontes, 1979.

KANT, E. *Critique de la Faculté de Juger*. Traduction et introduction par Alexis Philonenko. Paris, J. Vrin, 1993.

__. *Observations sur le Sentiment du Beau et du Sublime*. Traduction, introduction et notes par Roger Kempf. Paris, J. Vrin, 1992.

LEFORT, Claude. *As Formas da História*. São Paulo, Brasiliense, 1979.

M'BOW, Amadou-Mahtar (org.). *L'Unesco à la veille de son 40ᵉ Anniversaire*. Paris, Unesco, 1985.

SARTRE, Jean-Paul. *Sartre no Brasil: a Conferência de Araraquara (Filosofia Marxista e Ideologia Existencialista)*. Rio de Janeiro/ São Paulo. Paz e Terra/ Unesp, 1986.

SCHORSKE, Carl E. *Viena Fin-de-Siècle: Política e Cultura*. São Paulo, Unicamp/ Companhia das Letras, 1990.

WEBER, Max. *A Ética Protestante e o Espírito do Capitalismo*. São Paulo, Pioneira, 1987.

YATES, Frances A. *Astrée: le Symbolisme Imperial au XVIe siècle*. Paris, Éditions Belin, 1989 (primeira edição: London, Routledge & Kegan Paul, 1974).

__. *Giordano Bruno e a Tradição Hermética*. São Paulo, Cultrix, 1987 (primeira edição: London, Routledge & Kegan Paul, 1964).

__. *Les Dernières Pièces de Shakespeare: Une Approche Nouvelle*. Paris, Éditions Belin, 1993 (primeira edição: London, Routledge & Kegan Paul, 1975).

__. *O Iluminismo Rosa-Cruz*. São Paulo, Cultrix/Pensamento, 1983 (primeira edição: London, Routledge & Kegan Paul, 1972).

__. *The Occult Philosophy in the Elizabethan Age*. London, Ark Paperbacks, 1983 (primeira edição: 1979).

__. *The Theatre of the World*. London, Routledge & Kegan Paul, 1969.

História e Cultura Brasileira

AMARAL, Aracy A. *Arte Para Quê? – A Preocupação Social na Arte Brasileira 1930-1970*. 2. ed. São Paulo, Nobel, 1987.

__. *Artes Plásticas na Semana de 22*. São Paulo, Edusp/Perspectiva, 1972.

__. *Blaise Cendras no Brasil e os Modernistas*. 2. ed. São Paulo, Editora 34/Fapesp, 1997.

__. *Museu de Arte Contemporânea da Universidade de São Paulo: Perfil de um Acervo*. São Paulo, Techint Engenharia, 1988.

AMARANTE, Leonor. *As Bienais de São Paulo: 1951 a 1987*. São Paulo, Projeto, 1989.

AMERICANO, Jorge. *São Paulo Nesse Tempo (1915-1935)*. São Paulo, Edições Melhoramentos, 1962.

ANCONA LOPES, Telê Porto. *Mário de Andrade: Ramais e Caminhos*. São Paulo, Livraria Duas Cidades, 1972.

ANDRADE, Oswald de. *Ponta de Lança*. 3. ed. Rio de Janeiro, Civilização Brasileira, 1972. *Obras Completas*, vol. 5.

BARDI, Pietro Maria. *História do Masp*. São Paulo, Empresa das Artes/Instituto Quadrante, 1992.

BECCARI, Vera d'Horta. *Lasar Segall e o Modernismo Paulista*. São Paulo, Brasiliense, 1984.

BRANDÃO, Gildo Marçal. *A Esquerda Positiva. As Duas Almas do Partido Comunista – 1920/1964*. São Paulo, Hucitec, 1997.

BUARQUE DE HOLANDA, Sérgio (dir.). *História Geral da Civilização Brasileira*. 3. ed. Rio de Janeiro, Bertrand Brasil, 1995. Tomo III: *O Brasil Republicano*, quarto volume, livro primeiro, *Economia e Cultura (1930-1964)*.

__. *Raízes do Brasil*. São Paulo, Companhia das Letras, 1996.

CANDIDO, Antonio. *Brigada Ligeira e Outros Escritos*. São Paulo, Editora da Unesp, 1992.

__. *Literatura e Sociedade*. São Paulo, Companhia Editora Nacional, 1965.

__. *Recortes*. São Paulo, Companhia das Letras, 1996.

__. (org.). *Sérgio Buarque de Holanda e o Brasil*. São Paulo, Editora Fundação Perseu Abramo, 1998.

CARDOSO, Fernando Henrique. "Dos Governos Militares a Prudente-Campos Sales". *In:* FAUSTO, Boris (dir.), *História Geral da Civilização Brasileira*. São Paulo, Difel, 1975. Tomo III, *O Brasil Republicano*, vol. 1: *Estrutura de Poder e Economia (1889-1930)*.

___. *Empresário Industrial e Desenvolvimento Econômico no Brasil*. São Paulo, Difel, 1964.

CARONE, Edgar. *A República Liberal*. São Paulo, Difel, 1985. 2 vols.

___. *A Segunda República (1930-1937)*. São Paulo, Difel, 1974.

___. *O Estado Novo (1937-1945)*. 5. ed. Rio de Janeiro, Bertrand do Brasil, 1988.

___. *O PCB (1922 a 1943)*. São Paulo, Difel, 1982.

CARVALHO, Maria Cristina Wolff de. *Ramos de Azevedo*. São Paulo, Edusp, 2000.

CHALMERS, Vera M. *3 Linhas e 4 Verdades: O Jornalismo de Oswald de Andrade*. São Paulo, Livraria Duas Cidades/Secretaria de Estado da Cultura, Ciência e Tecnologia, 1976.

CHAUI, Marilena. *Conformismo e Resistência: Aspectos da Cultura Popular no Brasil*. 6. ed. São Paulo, Brasiliense, 1994.

DEAN, Warren. *A Industrialização em São Paulo: 1880-1945*. São Paulo, Difel, 1971.

___. "São Paulo em 1900". *In: Vila Penteado*. São Paulo, FAU-USP, Secretaria de Estado da Cultura, Ciência e Tecnologia, 1976.

DUARTE, Paulo. *Memórias*, São Paulo, Hucitec, 1975, 2 vols.

FAUSTO, Boris. *História do Brasil*. 4. ed. São Paulo, Edusp/FDE, 1996.

___. (dir.). *História Geral da Civilização Brasileira*. São Paulo, Difel, 1975. Tomo III: *O Brasil Republicano*, vol. 1: *Estrutura de Poder e Economia (1889-1930)*.

FURTADO, Celso. *Dialética do Desenvolvimento*. Rio de Janeiro, Fundo de Cultura, 1964.

GAMA, Lúcia Helena. *Nos Bares da Vida: Produção Cultural e Sociabilidade em São Paulo, 1940-1950*. São Paulo, Senac, 1998.

GORENDER, Jacob. *Combate nas Trevas: A Esquerda Brasileira: Das Ilusões Perdidas à Luta Armada*. 4. ed. São Paulo, Ática, 1990.

HARDMAN, Francisco Foot. *Nem Pátria, Nem Patrão: Vida Operária e Cultura Anarquista no Brasil*. São Paulo, Brasiliense, 1983.

IANNI, Octávio; SINGER, Paul; COHN, G. & WEFFORT, Francisco. *Política e Revolução Social no Brasil*. Rio de Janeiro, Civilização Brasileira, 1965.

LUZ, Nícia Vilela. *A Luta pela Industrialização no Brasil*. São Paulo, Difel, 1961.

MARTINS, José de Souza. *Empresário e Empresa na Biografia do Conde Matarazzo*. Rio de Janeiro, UFRJ, Instituto de Ciências Sociais, 1967.

MESQUITA FILHO, Júlio de. *Política e Cultura*. São Paulo, Martins, 1969.

MICELI, Sergio (org.). *História das Ciências Sociais no Brasil*, São Paulo, Editora Sumaré/Fapesp, 1995, vol. 2.

___. *Intelectuais e Classe Dirigente no Brasil (1920-1945)*. São Paulo, Difel, 1979.

MORAES, Fernando. *Chatô, o Rei do Brasil*. São Paulo, Companhia das Letras, 1994.

MOTA, Carlos Guilherme. *Ideologia da Cultura Brasileira, 1933-1974*. 6. ed. São Paulo, Ática, 1990.

PENTEADO, Yolanda. *Tudo em Cor-de-rosa*. Rio de Janeiro, Nova Fronteira, 1976.

PINHEIRO, Paulo Sérgio. *Estratégias da Ilusão: A Revolução Mundial e o Brasil, 1922-1935*. São Paulo, Companhia das Letras, 1991.

PRADO JÚNIOR, Caio. "Divergências na Superfície". *Cadernos de Debates*, n. 1. São Paulo, Brasiliense, 1976.

PRADO, Antonio Arnoni (org.). *Libertários no Brasil: Memória, Lutas, Cultura*. São Paulo, Brasiliense, 1987.

QUARTIM DE MORAES, João (org.). *História do Marxismo no Brasil*. Campinas, Editora da Unicamp, 1998. Vol. III: *Teorias. Interpretações*.

RODRIGUES, Edgar. *Nacionalismo & Cultura Social*. Rio de Janeiro, Laemmert, 1972.

RODRIGUES, Leôncio Martins. *Conflito Industrial e Sindicalismo no Brasil*. São Paulo, Difel, 1966.

ROUQUIÉ, Alain; LAMOUNIER, B. & SCHAVARZER, J. *Como Nascem as Democracias*. São Paulo, Brasiliense, 1985.

SANTOS, Maria Cecília Loschiavo dos (org.). *Maria Antônia: Uma Rua na Contramão*. São Paulo, Nobel, 1988.

SCHWARCZ, Lilia Moritz. *O Espetáculo das Raças*. São Paulo, Companhia das Letras, 1993.

SCHWARZ, Roberto. *O Pai de Família e Outros Estudos*. Rio de Janeiro, Paz e Terra, 1978.

___. *Que Horas São?* São Paulo, Companhia das Letras, 1989.

SEVCENKO, Nicolau. *Orfeu Extático na Metrópole: São Paulo, Sociedade e Cultura nos Frementes Anos 20*. São Paulo, Companhia das Letras, 1992.

SILVA, Hélio. *1933: a Crise do Tenentismo*. Rio de Janeiro, Civilização Brasileira, 1968.

SKIDMORE, Thomas. *Brasil: de Getúlio Vargas a Castelo Branco (1930-1964)*. 4. ed. Rio de Janeiro, Paz e Terra, 1975.

SOUZA, Maria do Carmo C. de. *Estado e Partidos Políticos no Brasil (1930-1964)*. São Paulo, Alfa-Ômega, 1983.

TELLES JUNIOR, Goffredo. *A Folha Dobrada: Lembranças de um Estudante*. Rio de Janeiro, Nova Fronteira, 1999.

VELTMAN, Henrique. *A História dos Judeus em São Paulo*. Rio de Janeiro, Editora Expressão e Cultura, 1996.

WEFFORT, Francisco. *Por que Democracia?* 2. ed. São Paulo, Brasiliense, 1984.

Teatro, Cinema, Rádio e Televisão

ALMEIDA, Fernando Azevedo de. *O Franciscano Ciccilo*. São Paulo, Pioneira, 1976.

ARRUDA CAMPOS, Cláudia de. *Zumbi, Tiradentes (e Outras Histórias Contadas pelo Teatro de Arena de São Paulo)*. São Paulo, Perspectiva/Edusp, 1988.

ASSAF, Alice Gonzaga. *50 Anos de Cinédia*. Rio de Janeiro, Record, 1987.

AUDRÁ JÚNIOR, Mário. *Cinematográfica Maristela: Memórias de um Produtor*. São Paulo, Silver Hawk, 1997.

AUGUSTO, Sérgio. *Este Mundo É um Pandeiro: A Chanchada de Getúlio a JK*. São Paulo, Companhia das Letras, 1989.

AZEVEDO, Carmen L. de; CAMARGOS, Márcia & SACCHETTA, Vladimir. *Monteiro Lobato, Furacão na Botocúndia*. São Paulo, Senac, 1997.

BELINKY, Tatiana. *Transplante de Menina: Da Rua dos Navios à Rua Jaguaribe*. Rio de Janeiro, Agir, 1989.

COSTA, Iná Camargo. *A Hora do Teatro Épico no Brasil*. Rio de Janeiro, Paz e Terra, 1996.

___. *Sinta o Drama*. Petrópolis (RJ), Vozes, 1998.

FANUCCHI, Mário. *Nossa Próxima Atração: O Interprograma no Canal 3*. São Paulo, Edusp, 1996.

FARIA, João R.; ARÊAS, Vilma & AGUIAR, Flávio. *Décio de Almeida Prado: Um Homem de Teatro*. São Paulo, Edusp, 1997.

FEDERICO, Maria Elvira Bonavita. *História da Comunicação: Rádio e TV no Brasil*. Petrópolis (RJ), Vozes, 1982.

FERNANDES, Nanci & VARGAS, Maria Thereza. *Uma Atriz: Cacilda Becker*. São Paulo, Perspectiva, 1984.

GALVÃO, Maria Rita E. *Burguesia e Cinema: O Caso Vera Cruz*. Rio de Janeiro, Civilização Brasileira, 1981.

___. *Crônica do Cinema Paulistano*. São Paulo, Ática, 1975.

GALVÃO, Maria Rita; SOUZA, Carlos Roberto de. "Cinema Brasileiro: 1930-1964". *In: História Geral da Civilização Brasileira*. 3. ed. Rio de Janeiro, Bertrand Brasil, 1995. Tomo III: *O Brasil Republicano*, quarto volume, livro primeiro, *Economia e Cultura (1930-1964)*.

GOLDFEDER, Miriam. *Por Trás das Ondas da Rádio Nacional*. Rio de Janeiro, Paz e Terra, 1980.

GOLDFEDER, Sônia. *Teatro de Arena e Teatro Oficina: O Político e o Revolucionário*. Dissertação de mestrado, IFCH/Unicamp, 1977.

GOMES, Paulo Emílio Salles. *Humberto Mauro. Cataguases. Cinearte*. São Paulo, Perspectiva/Edusp, 1974.

GUINSBURG, Jacó. *Aventuras de uma Língua Errante*. São Paulo, Perspectiva, 1996.

___. "As Aventuras de um Teatro Errante". *Revista Shalom Cultura*, São Paulo, Editora Shalom, jul. 1981.

GUZIK, Alberto. *Paulo Autran: Um Homem no Palco*. São Paulo, Boitempo Editorial, 1998.

___. *TBC: Crônica de um Sonho*. São Paulo, Perspectiva, 1986.

HENRY, Georges. *Um Músico… Sete Vidas*. São Paulo, Editora Letras & Letras, 1998.

LAGO, Mário. *Bagaço de Beira de Estrada*. Rio de Janeiro, Civilização Brasileira, 1977.

LIMA, Mariangela Alves de & VARGAS, Maria Thereza. "Teatro Operário em São Paulo". *In:* PRADO, Antonio Arnoni (org.). *Libertários no Brasil: Memória, Lutas, Cultura*. São Paulo, Brasiliense, 1987.

MAGALDI, Sábato. *Panorama do Teatro Brasileiro*. 2. ed. Rio de Janeiro, MEC/Funarte/SNT, 1976 (1. ed.: São Paulo, Difel, 1962).

___. *Um Palco Brasileiro: O Arena de São Paulo*. São Paulo, Brasiliense, 1984.

ORTIZ, Renato; BORELLI, Silvia H. S. & RAMOS, José M. O. *Telenovela, História e Produção*. 2. ed. São Paulo, Brasiliense, 1991.

PEREIRA, Victor Hugo Adler. *A Musa Carrancuda: Teatro e Poder no Estado Novo*. Rio de Janeiro, Fundação Getúlio Vargas, 1998.

PRADO, Décio de Almeida. *História Concisa do Teatro Brasileiro: 1570-1908*. São Paulo, Edusp, 1999.

___. *O Teatro Brasileiro Moderno*. São Paulo, Perspectiva/Edusp, 1988.

___. *Peças, Pessoas, Personagens*. São Paulo, Companhia das Letras, 1993.

___. *Procópio Ferreira*. São Paulo, Brasiliense, 1984.

___. *Teatro em Progresso: Crítica Teatral (1954-1964)*. São Paulo, Martins, 1964.

PRISZKULNIK, Esther. *O Teatro Iídiche em São Paulo*. Dissertação de mestrado apresentada ao Departamento de Línguas Orientais da FFLCH da USP, São Paulo, 1997, 2 vols.

ROCHA, Vera Lúcia & VILA, Nanci Valença Hernandes. *Cronologia do Rádio Paulistano: Anos 20 e 30*. São Paulo, Centro Cultural São Paulo, Divisão de Pesquisa, 1993.

SAROLDI, Luiz C. & MOREIRA, Sônia V. *Rádio Nacional: O Brasil em Sintonia*. Rio de Janeiro, Martins Fontes/Funarte, 1984.

SILVA, Armando Sérgio da. *Uma Oficina de Atores: a Escola de Arte Dramática de Alfredo Mesquita*. São Paulo, Edusp, 1988.

SILVA, Flávio Luiz Porto e. *O Teleteatro Paulista nas Décadas de 50 e 60*. São Paulo, Secretaria Municipal de Cultura, Idart, 1981.

TOTA, Antonio Pedro. *A Locomotiva no Ar: Rádio e Modernidade em São Paulo, 1924-1934*. São Paulo, PW Editores/Secretaria de Estado da Cultura, 1990.

VENEZIANO, Neyde. *O Teatro de Revista no Brasil*. Campinas, Editora Unicamp/Pontes, 1991.

VIANNA, Deocélia. *Companheiros de Viagem*. São Paulo, Brasiliense, 1984.

VIANY, Alex. *Introdução ao Cinema Brasileiro*. Rio de Janeiro, Revan, 1993.

Revistas, Periódicos e Publicações Especiais

Arte em Revista, n. 6. São Paulo, Kairós, 1981.

Briefing, n. 25, "Pequena História da TV", setembro 1980.

Civilização Brasileira, Caderno Especial 2, "Teatro e Realidade Brasileira". Rio de Janeiro, Civilização Brasileira, 1968.

Civilização Brasileira, n. 3. Rio de Janeiro, Civilização Brasileira, 1965.

Cadernos de Debates n. 1. São Paulo, Brasiliense, 1976.

Depoimentos II. Rio de Janeiro, Funarte/SNT, 1977.

Dionysos, n. 24, "Especial: Teatro de Arena", MEC/Funarte/SNT, outubro 1978.

Dionysos, n. 25, "Teatro Brasileiro de Comédias", MEC/Funarte, setembro 1980.

Dionysos, n. 29, "Escola de Arte Dramática". Rio de Janeiro, Minc/Fundacen, 1989.

Estudos Avançados, "60 Anos de USP", IEA, USP, São Paulo, Edusp, vol. 8, n. 22, setembro/dezembro 1994.

Filme Cultura, n. 35/36. Rio de Janeiro, Embrafilme, 1980.

Fundação Álvares Penteado – Faap. São Paulo, DBA, 1997.

HΥΠΝΟΣ, n. 3, "Ethos, Ética". São Paulo, Educ/Palas Athena, 1997.

Jornal das Artes (números I, II e III), São Paulo, janeiro, fevereiro e junho de 1949.

O Mundo de Mário Schenberg. São Paulo, Casa das Rosas, Governo do Estado de São Paulo, 1996.

O Estado de S. Paulo, "As Lutas de um Liberal", Caderno Cultura, 11 de julho de 1999.

Remate de Males, "Oswald de Andrade", IEL/Unicamp, junho 1986.

Sérgio Buarque de Holanda: Vida e Obra. São Paulo, Secretaria de Estado da Cultura e Instituto de Estudos Brasileiros da USP, 1988.

Setepalcos, "Teatro Brasileiro", Coimbra, Cena Lusófona, setembro 1998.

Vila Penteado. São Paulo, FAU-USP, Secretaria de Estado da Cultura, Ciência e Tecnologia, 1976.

Índice Onomástico

Forster, Walter 55, 75, 151-152, 165, 166n, 172-173
Fóscolo, Avelino 109
França Júnior 101
Francastel, Pierre 15, 28-29
Francini, Mauro 192
Franco, Afonso Arinos de Mello 119, 165
Franco, Antonieta Prado de Mello 120
Franco, Evita 168n
Franco, Francisco 153
Franco, Lacerda 90, 92
Franco, Marília 63n
Franco, Virgílio de Melo 215
Freire, Marina 48n, 57n, 122, 187, 217
Freire, Roberto 20
Freyre, Gilberto 21, 37, 119, 181
Fridmann, Liba 213
Fróes, Leopoldo 97
Frost, Robert 14
Furtado, Marina 120

Gaeta, Arnaldo 162
Gagé, Jean 39n
Galli-Curci 116
Galon, Luiz 11, 64, 162, 193
Galon, Renato 162
Galvão, Benedito 145
Galvão, Maria Rita Eliezer 111-112
Galvão, Patrícia, Pagu 159
Gama, Lúcia Helena, 160
Gama, Maurício Loureiro 15, 68n, 152, 155-161
Garcez, Lucas Nogueira 67, 68
Garcia, Chianca 226
Garcia, Clóvis 190, 192
Garrido, Alda 117
Gay, John 193
Gertel, Vera 193, 206
Ghiaroni, José 165
Ghiachieri, Carlos 213
Giannastasio, Santiago 114
Gigli, Benjamino 116
Giraudoux, Jean 93
Giuliodori, Branca 114
Gleiser, Elias 200, 207
Gnatalli, Radamés 169
Gobbis, Vittorio 125
Góes, Fernando 159, 161
Goethe, Johann Wolfgang von 30
Goldfeder, Sônia 22
Goldmann, Annie 15
Goldmann, Lucien 15, 29
Golombeck, Rafael 200, 207
Gomes, Carlos 116, 118, 131, 144
Gomes, Dias 147, 152, 169-170, 173, 218
Gomes, João Florêncio Salles 159
Gomes, Paulo Emílio Salles 123, 159, 161, 184, 186, 191, 223
Gonçalves, Ênio 205
Gonzaga, Ademar 143, 168, 170
Gonzaga, Chiquinha 102
Gonzaga, Tomás Antônio 17
Gonzalves, Eduardo de Traqui 114

Goodrich 206
Goodwin, Al 165
Gori, Pietro 109
Gouveia, André 191
Gouveia, Júlio 15, 16, 189-193, 195, 200-202, 205-206
Gouveia, Ricardo 191
Graciano, Clóvis 122, 185-186
Gracindo, Paulo 166n
Grammatica, Emma 116
Grasso 116
Greene, Graham 14
Guarnieri, Camargo 125-126
Guarnieri, Eduardo de 225
Guarnieri, Elza de 225
Guarnieri, Gianfrancesco 14, 16, 19, 69n, 192, 194, 206, 225
Guerra, Rui 20
Guimarães, Carmelinda 22
Guimarães, Ester Mindlin 192
Guimarães, Jorge Gomes 145
Guinle, Guilherme 144, 215
Guinsburg, Jacó 12, 150n, 196-197
Gurgel, Amaral 165
Guzik, Alberto 51, 192

Haar, Leopold 216
Hackett 206
Hauser, Arnold 29
Hay, Irene 90
Hecht, Ben 172
Henry, Georges 76, 225
Herbert, John 195
Hillmann, Sonia 63n
Hiroito, imperador do Japão 34
Hirszman, Leon 20
Hitler, Adolf 34, 153
Hobsbawm, Eric J. 33-34
Holanda, Sérgio Buarque de 21, 37, 40, 47n, 119, 119n, 144, 157, 160-161, 220, 223
d'Horta, Arnaldo Pedroso 161
Hoshino, Paulo 12
Huguenet 116

Ianni, Octavio 11
Ibsen, Henrik 188
Ignácio, Pereira 83
Império, Flávio 19, 20
Inocêncio, Manoel 63n
Izzo, Italo 225

Jacobbi, Ruggero 192-194, 216, 225
Janacopoulos, Vera 113
Jardim, Celeste 57n
João v de Portugal 120
João vi de Portugal 97n
Jones, Sidney 118
Jones Jr., Leonardo 140
Journet 116
Jouvet, Louis 48n, 185
Júnior, Zaé 227

Katz, Renina 216

Kauffman, Elisa 197-200
Kipling, Rudyard 16
Klabin, Jenny 124n
Klabin, Luiza 115
Klabin, Maurício 83-84
Klabin, Mina, 124n
Klabin, Nessel 84
Klabin, Samuel 126
Klingelhoefer 120
Koellreutter, H. J. 221
Koln, Roberto 12, 191
Kurkjian, Jorge 63n, 64

Lacerda, Benedito 143
Lacerda, Carlos 154-155, 186-187
Ladeira, César 136, 139, 152
Lafer, Assman, 115
Lafer, Horácio 115
Lafer, Jacob 115
Lafer, Selmen 84
Lage, Besanzoni 116
Lage, Eliane 219
Lagna-Fieta, Hector 225
Lago, Mário 169-170, 173
Lambertini, Achille 112
Lambertini, Argentina 112
Lambertini, Dora 112
Lambertini, Emma 112
Lambertini, Georgio 112
Lambertini, Henrique 112
Lambertini, Ida 112
Lambertini, Lúcia 112n, 192, 202, 204, 206
Lambertini, Luís 112
Lambertini, Luísa 112
Lambertini, Paulo 112
Lambertini, Rafael 112
Lambertini, Rafaele 112
Lambertini, Vitória 111-112
Lambertini, Vitorio 112
Larragoiti, Antonio Sanchez 68
Lazzaroto, Poty 216
Leal, Arlindo 105
Leal, Modesto 215
Lebon, Hernê 204, 206
Lecocq, Charles 99, 100
Lefevre, Antonio Branco 190-191, 206
Lefevre, Antonio Sílvio 191, 206
Léger, Fernand 93
Leite, Adelina Cerqueira 192
Leite, Antonio 61, 162
Leite, Edson 227
Leite, Luísa Barreto 181
Leite, Miriam Lifchitz Moreira 48
Leme, José Roberto Dias 163
Lemos, Túlio de 15, 169-170, 173, 213, 227
Lenin, Vladimir 36
Lenormand, Marie-Anne 187
Leonard, Émile 39n
Lerner, Júlio 200, 208
Lessa, Orígenes 136
Lévi-Strauss, Claude 39n
Lhote, André 93
Líbero, Cásper 215

Lima, Dermival Costa 69-71, 73-74, 171, 177
Lima, João de Souza 114, 115
Lima, Jorge Alves de 135
Lima, Mariangela Alves 22
Lima, Modeto T. de 114
Lima, Otaviano Alves de 215
Lima, Pedro 143, 170
Lima, Souza 122, 144, 186
Lins, Álvaro 181
Lins, Osman 16
Lins, Yara 75, 151
Lins e Silva, Margarita Schulmann 192
Lips, Nestório 164
Lisboa, Rosalina Coelho 68-70, 75, 113
Liszt, Franz 115
Lobato, Monteiro 14, 16, 113n, 141-142, 161, 168, 187, 189, 191, 202-203, 206, 213
Lobo, Fernando 163
Lopes, Raimundo 165-166
Lopes, Vicente Ancona 212
Loureiro, Paulo Rolim 67, 68-69
Luís xv de França 121-122
Luiz, Sílvio 136
Luiz, Washinton 120

Macedo, Álvaro Liberato de 135
Macedo, Edir 230
Macedo, Joaquim Manuel de 97
Macedo, Manoel Corrêa de 141
Macedo, Renato 136, 141, 152
Macedo Neto 63n
Machado, Alexandre Ribeiro Marcondes 105
Machado, Aníbal 160
Machado, Antonio de Alcântara 125-126, 136
Machado, Barreto 63n
Machado, Cristiano 68n
Machado, José de Alcântara 215
Machado, Lourival Gomes 48, 160-161, 183-186, 191, 220, 222-223
Machado, Maria de Lourdes dos Santos 184
Machado, Onaldo 120
Machado, Ruy Affonso 48
Madrigano, Francisco 113
Mafra Filho 181
Magaldi, Sábato 22, 100, 123
Magalhães, Fábio 11
Magalhães, Gonçalves de 97
Magalhães, Luiz Eduardo Cerqueira 12
Magalhães, Maria Antonia 12
Magalhães, Paulo 188
Magalhães Júnior, Raymundo 191
Magno, Paschoal Carlos 181-182, 188
Maio, Vito de 102n
Malfatti, Anita 94, 125
Mandel, José 200
Mankiewicz, Herman 172
Marchis, Giandomenico de 58
Margullies, Marcos 216
Maria Leopoldina da Áustria 122
Marighella, Carlos 200
Marinho, Roberto 154, 193
Marques, Corifeu de Azevedo 65, 151
Marques, Lia 63n

Rangel, Flávio 226
Rapoport, Leão 12
Rapoport, Riva 12
Rasimi, *Mme*. 103
Ratto, Gianni 192, 226
Ravache, Irene 16
Real, Marcia 175
Rebolo, Francisco 186
Rego, José Lins do 181
Reis Júnior 94
Réjane 116
Rey, Marcos 147
Rheingantz, Adolfo 51, 58
Rheingantz, Maria José, Majô 51, 58
Ribas, Emílio 159
Ribeiro, Eny Autran Garcia 192
Ribeiro, Evaristo Garcia 192
Ribeiro, Ivani 55, 152, 165, 173
Ribeiro, Samuel 215
Ribeiro, Severiano 177
Ribeiro Filho 62, 152, 173
Ristore, Adelaide 104
Rocha, Geraldo 96
Rocha, Glauber 20
Rocha, Vera Lúcia 132, 171
Rockefeller, Nelson 72, 220-221
Rodrigues, Edgar 106, 110
Rodrigues, José Wasth 122, 124
Rodrigues, Leôncio Martins 108
Rodrigues, Lolita 63n, 65-66, 74
Rodrigues, Nelson 181, 188
Romain, Jules 93
Rosa, Noel 139, 143
Rosa, Sérgio 206
Roosevelt, Franklin D. 34
Rosembaum, Marcos 200, 207
Rosemberg, José 191, 206
Rosemberg, Sérgio 191-192, 206
Rosenberg, David 191, 206
Rosenberg, Lia 191
Rosenberg, Lídia 191, 206
Rosenfeld, Anatol 14, 195n, 215
Rossi, Alice 125
Rossi, Breno 147, 150
Rossi, Gilberto 113, 150n
Rossi, Ítalo 191, 226
Rossi, Spartaco 63n, 75, 225
Roulien, Raul 55
Rubim, Antonio Albino Canelas 21, 24
Ruchti, Jacob 216
Rudge, Antonieta 113, 125, 144
Ruffo, Titta 116
Ruschel, Alberto 219

Saad, Alberto 227
Saad, João Jorge 145-146
Saccone, Ermete 116
Saião, Bidu 116
Saint-Saëns, Camile 115
Salaberry, Zilca 226
Salazar, António de Oliveira 153
Salce, Luciano 192
Sales, Campos 82
Salgado, Plínio 124, 146n, 153

Salles, Almeida 223
Sambonet, Roberto 216
Sampaio, Moreira 99, 101
Sanches, Helenita 65, 75
Sanchez, Plínio Garcia 216
Sangirardi Jr. 164
Santa Rita Durão 185
Santa Rosa, Tomás 181
Santana, Irineu 12
Santana, Wânia 19
Santi, Antonio de 63n
Santiago, Itajiba 140
Santos, Carmem 171
Santos, Gabriel Ribeiro dos 133
Santos, João Caetano dos 97n
Santos, Luiz Quirino dos 153
Santos, Nelson Pereira dos 20, 213-214
Santos, Paulo de Tarso 184
Santos, Ruy 213
Santos, Sílvio 230
Santos, Walter Ribeiro dos 162
Santucci, Dulce 165
Sarnoff, David 68, 75
Saroyan, William 192
Sartre, Jean-Paul 222
Scarpa, Nicolau 84n
Schenberg, Mário 173, 212
Schic, Anna Stella 221
Schipa, Tito 117
Schwarz, Roberto 20n, 21
Scicione, Annibale 105
Scuvero, Sagramor de 163-164
Seabra, Antonino 193
Segall, Jenny Klabin 94, 124n, 125-126
Segall, Lasar 94-95, 124-127, 181, 216
Segall, Maurício 127, 200
Segreto, Alfonso 102
Segreto, Gaetano 102
Segreto, Giovani 102
Segreto, Pascoal 102
Serber, José 195, 200, 205
Serebrenic, Jaime 12
Serra. Joaquim 100
Serva, Alice 113
Serva, Vitória 113
Setúbal, Paulo 122, 165
Sevcenko, Nicolau 31
Shakespeare, William 27-28, 165, 181,
    187-188
Shapman, George 28
Sienkiewicz, Henryk 55
Silva, Arlindo 176
Silva, Benedita da 206
Silva, Cardoso da 165
Silva, Eusébio Lobo da 12
Silva, Gilberto 161
Silva, Homero 15, 61-62, 63n, 66, 75, 152,
    155, 161-163, 164n, 173
Silva, Jorge Eloi Domingues da 161
Silva, José Lessa Mattos, 14-17, 19, 203-206
Silva, Orlando 139
Silva, Vital Fernandes da 141
Silva Júnior, Caio da 51
Silveira, Miroel 188, 212

Silvestre, Jota 165
Simão, Azis 15
Simões, Julinho 206
Simone, Miriam 75
Simonsen, Roberto 37, 215
Simonsen, Wallace 227
Simplício 75
Singerman, Paulina 168n
Singermann, Berta 113
Siqueira, Silnei 20
Smallbones, Pussy 187-188
Smith, Frank 125
Solitrenick, Isaac 84
Soreval, Hélio do 169
Souza, Edgard de 132
Souza, José Guedes de 89n
Souza, Maria do Carmo Campeio de 20n
Souza, Ruth de 219
Spenser, Edmund 27-28
Spera, Carlos 155-156, 158
Stalin 34n, 36
Stanislávski, Constantin 191
Strauss, Johann 117
Stuart, Adriano 209
Stuart, Walter 191, 209
Suassuna, Ariano 182
Supervielle 93

Tabacow 84
Tarenghi, Marek Weber, 118
Tartaglione, Nicola 113
Tartari, Achille 113
Tasca, Walter 73-74
Taunay, Afonso de 96
Taylor, Benny 165
Telles, Carolina da Silva 94, 120
Telles, Francisco da Silva 125
Telles, Goffredo da Silva 93, 113n, 120
Telles, Lygia Fagundes 184, 187
Telles Júnior, Goffredo 90, 94, 96
Thimberg, Natália 226
Thiollier, René 93, 120
Tico-Tico v. Moraes, José Carlos de
Tiradentes 15-17, 19, 199
Tojeiro, Gastão 147
Tolstói, Liev 165
Torloni, Christiane 57n
Torres, Fernando 191, 226
Tota, Antonio Pedro 131
Trismegistus, Hermes 26
Trost, Henrich 84
Truman, Harry S. 34
Tsukumo, Vivaldo H. 12
Tuma, Nicolau 136, 150, 152, 164
Tupinambá, Marcelo 63n, 74
Twain, Mark 205
Tzara, Tristan 126

Uchoa, Sílvia 120
Ullmann, Chinita 122, 124-127
Upton, Frederick 83

Vaccarini, Bassano 192
Valadares, Benedito 146n

Vale, José de Freitas 114
Valente, Assis 143
Vampré, Danton 105
Vampré, Otávio Augusto 165
Vane, Sutton 187
Vargas, Getúlio 23, 33, 38, 68n, 124, 136, 140,
    146, 150, 153, 160, 187n, 196, 210, 219, 228
Vargas, Maria Thereza 22, 183
Vargas, Pedro 144
Vasco, Neno 109
Vasques, Francisco Correia 97-98, 101
Veiga Filho 92
Veneziano, Neyde 99, 101, 104
Verdi, Giuseppe 116, 167
Vergal, Campos 144
Vergueiro, Carlinhos 32n
Vergueiro, Carlos 32n, 50, 187n, 188
Verissimo, Erico 178
Viana, Fructuoso 125
Vianna, Deocélia 213
Vianna, Diorandy 194
Vianna, Oduvaldo 62-64, 70, 78, 152, 164-165,
    167-170, 172-173, 175-177, 188, 213
Vianna, Renato 182
Vianna Filho, Oduvaldo 62n, 169, 192, 194, 206
Viany, Alex 102, 213, 217
Vicente, Gil 99n, 183, 185
Vidal, Maria 63n, 67, 213
Vietri, Geraldo 226
Vigo, Jean 186
Vila, Nanci Valença Hernandes 132, 171
Vilar, Leo 16
Villa-Lobos, Heitor 93-95, 181
Vitório Emanuel, rei da Itália 53
Volpi, Alfredo 186
Voltolino 106

Wagner, Felipe 200, 205
Wagner, Richard 115, 116, 117
Waldteufel, Émile 118
Warchavchik, Gregório 94, 124-125, 216
Warchavchik, Mina Klabin 84, 113n, 124n, 125
Weber, Max 20
Weinhardt, Marilene 215
Welles, Orson 172
Wey, Waldemar 217
Willems, Emílio 222
Williams, Tennessee 56-57, 187
Wilma, Eva 195
Wissenbach, Alex 12
Wissenbach, Maria Cristina 12

Yáconis, Cleyde 226
Yates, Frances 25-29, 32

Zamoyski, August 216
Zampari, Franco 49-53, 58-59, 188, 192-193,
    212, 216-219, 230
Zampari, Débora Prado Marcondes 47, 49,
    52-53, 58, 188
Zara, Carlos 16, 225
Zemel, Berta 225
Ziembinski, Zbgniew 181, 192, 217, 226
Zlatopolski, Anselmo 144

Título
O Espetáculo da Cultura – Teatro
e TV em São Paulo 1940-1950
Autor
David José Lessa Mattos
Editor
Plinio Martins Filho
Coordenação Editorial
Luis Ludmer
Produção Editorial
Carlos Gustavo Araújo do Carmo
Design Gráfico
Dárkon Vieira Roque
Laura Nakel
Revisão
Ieda Lebensztajn
Índice
Carolina Bednarek Sobral
Formato
17 x 24 cm
Número de páginas
248
Impressão
Lis Gráfica

Imagem da capa
Arena Conta Zumbi, um dos musicais
do Teatro de Arena. (São Paulo, SP,
08.10.1966. Derly Marques/Folhapress)

Imagem da contracapa
O *cameraman* Roberto Adas
Fotografia de Raymundo Lessa Mattos